JN259970

47都道府県・地鶏百科

成瀬　宇平
横山　次郎　著

丸善出版

まえがき

　鶏と卵に関する疑問に「卵が先か鶏が先か」がある。かつてオパーリン（1894〜1980）による生命の起源の仮説は、海洋中で低分子から高分子の有機物へと進化が進み、たんぱく質を含む代謝物質（コアセルベート）が誕生し、さらに原始的な無機栄養生物が発生し、これが地球上の生命の起源であると述べていた。ところが、20世紀後半に宇宙と生命に関する研究が進み「宇宙生物学」という興味ある研究が発達し、生命の設計図であるゲノムの解析も進み、地球が誕生した時の初期の生物のゲノム情報、宇宙の成り立ちなどの解析も進み、生命の起源は太陽系における地球以外の生命の形態や仕組みなどに関する研究が注目されるようになった。

　かつて農家や庭のある家では鶏小屋で鶏を飼育し、毎朝鶏が産む卵を取り出しては、朝食のおかずにしたものであった。また、自分の家の庭で放し飼いもされた。卵を産まなくなった鶏は肉用に捌かれ、料理され、牛肉や豚肉が入手できなかった時代は、農家や町民にとってご馳走であった。

　第二次世界大戦後、アメリカから肉用のブロイラーのヒナドリが輸入され、それをケージの中で40〜50日間飼育する。こうしてできた身肉のやわらかいブロイラーがマーケットの主要な鶏となった。しかし、ブロイラーが肉用鶏の主役となると、古くから農家の庭や鶏小屋で飼育した鶏の味を懐かしみ、その鶏肉の味を求めて食べ歩く人も増えたようである。

　鶏卵についても、与える餌による違いもあるが、放し飼い（平飼い）の鶏が産んだ卵と採卵用の鶏が産んだ卵の味は違う。ブロイラーの肉と放し飼いの鶏の肉は歯応えやジューシーさが違う。ブロイラー

の肉質はやわらかく、放し飼いの鶏の肉質は歯応えがあり、ジューシーさもある。

　鶏卵の味の違いのほか、卵黄と卵白の物理性についても、ケージで飼育された鶏の卵のものは弱々しいが、放し飼いの鶏の卵は卵黄も卵白もしっかりしている。ケージで飼育した鶏の卵は人工飼料の匂いが残るが、放し飼いの鶏の卵には嫌な匂いは感じられない。

　このような、放し飼いかケージでの飼育かによる鶏肉の肉質の違い、鶏卵の匂いなどの違いがわかる人は自然状態で飼育した鶏肉や鶏卵を求める。すなわち、地鶏や銘柄鶏を求める人も多くなった。

　現在、鶏肉は安くて栄養価もあり、いろいろな料理で楽しめるなど、食肉の中では最も経済的にも利用価値のある肉である。卵の価格は、非常に安く、卵のたんぱく質を構成するアミノ酸組成は理想的なバランスとなっていて、ビタミンCを除く他のビタミン類、ミネラル類も含んでいるので経済的な完全栄養食であるといわれている。

　本書では各地域（47都道府県）の地鶏と地卵について、特性や食べ方などを紹介する。なお、各表の出所は、とくに断りのない限り、総務省「家計調査」である。

　各地域には、本書では取り上げなかった鶏の品種や食べ方が多々ある。読者の方々には本書で取り上げた以外の鶏の品種や肉・卵の食べ方があれば、教えていただき、改訂版の機会があればその際に紹介したい。

2014年7月

成　瀬　宇　平

【注】　小見出し「知っておきたい鶏肉、卵を使った料理」「卵を使った菓子」で紹介したものの中には、食材の一部として用いられているものがある。ご当地ならではの料理・菓子であれば紹介した。

目　　次

第Ⅰ部　概　説

1. 食用としての鳥と食文化 …………………………………… 2

神話と鶏　2 ／食用鳥の種類と歴史　2 ／肉用ニワトリと卵用ニワトリ　5 ／日本の伝統的な鶏と銘柄鶏（地鶏）　6 ／その他の家禽類　8 ／鶏の部位の肉と一般的料理　8 ／鶏肉の栄養と機能性　10 ／鶏肉の特性　13 ／鶏肉の熟成と美味しさの要因　14 ／鶏肉の熟成に伴う「うま味」成分の変化　17 ／鶏肉の衛生（鶏肉の安心・安全を求めて）　18 ／地鶏の特徴　19

2. 鶏卵とその他の卵 ……………………………………………21

卵の食用はいつ頃からか　22 ／鶏卵の知識　23 ／卵かけご飯と卵かけご飯醤油　25 ／卵の調理性とコツ　26 ／普通卵と特殊卵　29 ／成分の特徴　30 ／その他の卵の特徴　31

第Ⅱ部　都道府県別 鶏/鳥とたまごの食と文化

北海道　34 /【東北地方】青森県　42 / 岩手県　48 / 宮城県　55 / 秋田県　59 / 山形県　65 / 福島県　70 /【関東地方】茨城県　75 / 栃木県　80 / 群馬県　83 / 埼玉県　88 / 千葉県　93 / 東京都　98 / 神奈川県　103 /【北陸地方】新潟県　108 / 富山県　112 / 石川県　116 / 福井県　121 /【甲信地方】山梨県　124 / 長野県　129 /【東海地方】岐阜県　133 / 静岡県　137 / 愛知県　142 /【近畿地方】三重県　149 / 滋賀県　154 / 京都府　158 / 大阪府　163 / 兵庫県　167 / 奈良県　172 / 和歌山県　176 /【中国地方】島根県　180 / 鳥取県　183 / 岡山県　187 / 広島県　190 / 山口県　193 /【四国地方】徳島県　197 / 香川県　201 / 愛媛県　205 / 高知県　209 /【九州/沖縄】福岡県　214 / 佐賀県　220 / 長崎県　224 / 熊本県　230 / 大分県　234 / 宮崎県　238 / 鹿児島県　244 / 沖縄県　248

付録1　主な食鶏の特徴　251
付録2　天然記念物17種を含む在来種38種一覧（50音順）　256
付録3　焼き鶏の各部位の特徴　264
付録4　鳥・卵の入っている/鳥・卵にちなんだ郷土料理・菓子　268
付録5　都道府県ごとの鶏/鳥に関するトリビア　306

参考文献　320
索　　引　321

第Ⅰ部

概　説

1. 食用としての鳥と食文化

神話と鶏

　太陽の神様を呼び力のある長鳴鳥を鳴かせて、天岩戸の前で鳴かせたという神話はよく知られている。この時の長鳴鳥が鶏であったといわれている。記紀神話では出雲系神統の祖とされているスサノオノミコト（天照大神の弟）は暴れん坊であったため、天照大神は天岩戸といわれる洞窟に隠れてしまい、世の中は真っ暗になった。困った八百万（＝大勢）の神々が相談し、世の中が明るくなるように天岩戸の前でいろいろと試し、天岩戸の前で、長鳴鳥すなわち現在の鶏を鳴かせることになったという。朝、鶏が鳴くと太陽が昇ってきたので、鶏の鳴き声には、太陽の神話を呼ぶ力があるという神話が残っている。現在でも、鶏を放し飼いにしている神社があるが、その由来はこの神話にあるらしい。しかし、天岩戸は開かなかった。

　天岩戸の扉が開いたのは、手力男命という神様によるといわれている。すなわち、天岩戸の外は暗くみんな困っているはずなのに楽しく騒いでいるのを、天照大神は天岩戸の中で不思議に思い、すきまからのぞいたところ、手力男命が天岩戸の扉を開けて、再び明るく平和な世の中に戻したという神話が残っている。信州の「戸隠」の名は、手力男命が開けた天岩戸の扉を、長野県の戸隠山に投げたところであるという伝説もある。

　この神話に登場する鶏は食用ではなく、神聖な動物として大切にされたのである。

食用鳥の種類と歴史

　現在の日本では、狩猟法によって野鳥の捕獲は厳しく制限され、資源保護のために人工孵化・飼育が行われている野鳥もある。したがって、一般家庭の鳥料理の材料は、主として鶏であり、「鳥料理」といえば鶏の料理をさす。その他、人工飼育しているカモ、アイガモ（合鴨、野生のマガモ

とアヒルの人工交配種)、ホロホロ鳥、ウズラなどを提供する店もある。

鶏 　ニワトリは紀元前3000年には、チベット周辺地域で飼育されている。チベット周辺から、東南アジアや中国、イランへ伝わり、さらに地中海沿岸諸国やヨーロッパへと広まったとされている。ニワトリの飼育が始まったのは、6世紀頃といわれている。日本で鶏肉を食べ始めたのは、江戸時代末期であるといわれているが、天武天皇が675年に肉食禁止令を発布したときの対象となった動物は、ウシ・ウマ・イヌ・サル・ニワトリの5種であることから、この時代までにニワトリは食用とされていたことが推定できる。考古学上、4〜7世紀の古墳時代を経て、飛鳥・奈良時代の古代律令国家では、官僚組織が形成されていて、料理に関しては大膳職と内膳司が置かれていた。宮内省内膳司であった高橋氏文(789年に歴史書を成立させた)は、日本料理の始祖とされる磐鹿六雁命に「鹿」の名があるように、この時代には「鳥獣の肉を山の幸として利用していたと想像する」とその歴史書の中で記載している。

　明治時代末期には、人工孵化が一般化し、第二次世界大戦後、発達した養鶏は、まず採卵養鶏が産業として発達し、1960年以降に肉用養鶏が産業として発達した。明治時代から昭和時代中期頃まで、産業として飼われたニワトリは、卵用種、肉用種、卵肉兼用種に分けることができる。卵用種としては白色レグホン、肉用種としてはコーチンと地鶏などの交配種が各地で作られている。卵肉兼用種としてはプリマスロック、ロードアイランドレッドなどがアメリカから輸入されたニワトリが中心となっている。

ブロイラーの発達

　食用に肥育した若鶏のことをさす。アメリカが発祥の地で、1920年頃から始まり、日本には1960(昭和35)年にブロイラー専用の種が導入され、本格的養鶏が始まった。少ない餌で短期間で大きくなるので、食用とする肉部は脂肪の少ないやわらかい食感の肉質であり、かつ安価である。白色コーニッシュに白色プリマスロックをかけ合わせた二元雑種のブロイラー専用種はアメリカで開発された。日本のブロイラー専用ニワトリは、アメリカから受精卵を輸入し、日本国内の種鶏場で孵化し、生まれたヒヨコを養鶏施設でマーケットサイズまで肥育して出荷する。ブロイラーの由来は、もともと調理温

度を示す言葉で、broil（炙り焼く）用の若鶏の意味にある。肉用のブロイラーの肥育期間は1ヵ月半程である。したがって、若鶏の代名詞となっている。

代表的な肉用ニワトリの種類

ブロイラー専用種は、肉付きはよいが、産卵性はよくない白色コーニッシュ種と、産卵性のよい白色プリマスロック種を交配したものである。したがって、産卵性と産肉性がよい。

在来種の名古屋コーチン、比内鶏（ひないどり）、薩摩鶏（さつまどり）などの地鶏は、飼育期間が長いので、食味は優れている。天然記念物である比内鶏は食用にできず、保存しなければならない。比内鳥に近い種類は比内地鶏である。

- **横斑（おうはん）プリマスロック**　アメリカ原産の卵肉兼用種で、比較的産卵率は高い。羽毛が白色と黒の紋種。全国的に地域で開発する地鶏に利用される。
- **ロードアイランドレッド**　アメリカ原産の卵肉兼用種で、比較的産卵率は高い。全国の地鶏を開発するときの親鶏として利用されている。卵殻の色は褐色の赤玉である。
- **ニューハンプシャー**　アメリカ原産の採卵用鶏。肉質もよいため肉用としても利用されている。
- **白色コーニッシュ**　イギリス原産の肉用専用種。アメリカではブロイラー用に改良し、日本に導入したブロイラーのための雄鶏として利用されている。
- **コーチン**　中国原産でイギリスに導入されたもの。その後、アメリカに導入され、コーチンの名がついた。日本では明治初期に導入され、名古屋種と交配し、名古屋コーチンを確立。
- **コマーシャル鶏**　ブロイラー専用種の鶏。チャンキー、アーバーエーカー、エビアン、コップなどの農場や会社の名がついている。
- **軍鶏（しゃも）**　現在のタイから闘鶏用として江戸時代に導入された。白色コーニッシュやプリマスロック、ロードアイランドレッドなどと交配して東京しゃも、奥久慈しゃもなどとなっている。
- **烏骨鶏（うこっけい）**　全身が真っ黒なものとシルクのような白色のものとがある。骨や皮膚は黒く、卵や肉は中国では漢方に使っている。産卵率は低い。
- **天然記念物の鶏**　尾長鶏は特別天然記念物で、鳥類としては最も長い尾

羽をもっている。日本鶏は、明治維新以前から飼育されていて、日本人が長い歴史の中で確立した品種である。薩摩鶏、比内鶏がある。薩摩鶏は、300年ほど前に、後述する小国（鶏）と軍鶏を交配して確立したもの。肉は美味しいが、繁殖力は乏しい。比内鶏は、秋田県の鹿角地方で飼育されている。小型で肉色は赤く、美味しい。小国（鶏）は、平安時代に遣唐使が中国揚子江の河口にあった昌国から持ち帰ったとされている。黒柏鶏は小国（鶏）系の地鶏で、闘鶏の一種で美味しい肉質である。東天紅鶏は江戸時代の安政年間（1854～1860）には飼育されていた。最も長く時を告げる地鶏（15～20秒）として知られている、岐阜地鶏は岐阜県郡上八幡（現在の郡上市）附近で昔から飼育されていた地鶏。

肉用ニワトリと卵用ニワトリ

肉用ニワトリ

肉用ニワトリとして利用されている種類は、各地域で開発している地鶏とブロイラーがある。日本各地で町興しに開発している品種は、その地域の地鶏となっている。地鶏の肉質は、歯応え、コクをよくするために、在来種を中心に飼育期間をある程度長くして肉用種としたものが多い。このニワトリとの交配には多くは名古屋コーチンが使われている。味のよい高級地鶏には、九州南部の薩摩鶏、秋田の比内鶏があるが、いずれも天然記念物となっているので食べられず、資源保護の対象となっている。

日本各地の代表的な地鶏には、徳地地鶏（山口県）、龍神地鶏（和歌山県）、岩手地鶏（盛岡市）、会津地鶏（福島県）、芝地鶏（富山市）、猩々地鶏（三重県、天然記念物）、佐渡髯地鶏（新潟県）、対馬髯地鶏（長崎県）、トカラ地鶏（鹿児島県）、高隆寺地鶏（東京）、宮地鶏（高知県）などがある。

名古屋コーチンは、岐阜地鶏のオスとバフ・コーチンのメスとの交配種である。コーチン類には出雲コーチン（出雲）、讃岐コーチン（香川）、土佐九斤（高知県、九斤とはコーチンの意味）、熊本コーチン（熊本）などがある。その他、三河（愛知県）などもある。

前でも触れたが、ブロイラーは、アメリカで食肉用に肥育したニワトリ

である。白色コーニッシュに白色ロックをかけ合わせた二元雑種である。生後3カ月でマーケットサイズにして出荷する。ケージの中で、飼育しているので水っぽくやわらかい肉質である。

卵用ニワトリ　世界中で飼育されている卵用鶏は、地中海沿岸種とその系統が主流となっている。明治時代にいろいろな卵用鶏の品種が輸入されたが、定着したのは白色レグホーンだけであった。その後、有色卵（赤玉）のイサブラウンやボリブラウンが広まった。歴史的にはレグホーン、ミノルカ、アンダルシアンなどの品種が利用されたこともあるが、現代では、経済価値を付加した卵を多産する系統が使われている。殻の色の純白色の卵は、白色レグホーンの系統間交配、殻の色の桜色の淡褐色卵は、白色レグホーンとロードアイランドレッドや横斑プリマスロックなどの品種間交配、赤玉とよばれる殻の褐色の卵は、ロードアイランドレッドやプリマスロックを基にした系統である。

日本の伝統的な鶏と銘柄鶏（地鶏）

昔のニワトリ　日本で、最も古いニワトリの骨は、約2,000年前のもので、長崎県壱岐のカラカミ遺跡と原の辻遺跡で発見されたものである。静岡県の登呂遺跡など各地の遺跡から出土したニワトリの骨が出土していることから、弥生時代以降になって、農業を営みながら飼うようになったと、推察されている。4世紀の古墳からはニワトリの埴輪が出土している。奈良時代以降、オスのニワトリは時刻を知らせる鳥として利用され、さらに闘鶏や占いにも使われた。江戸時代になって日本鶏が各地で成立した。昭和中期までは、農家で飼育していたニワトリは、食用の卵を採り、産卵しないものは食肉として利用した。オスのニワトリの一部は「時を告げる」鳥として、矮鶏は愛玩用として飼育していた。

日本鶏の系図　日本には天然物となっている鶏と数多い在来種が存在しているので、日本鶏の系統を表現するのは難しい。そこで、日本鶏は、用途や外観、比較形態学的な手法、たんぱく質多型やミトコンドリアDNA（mtDNA）などの分子生物学的な手法から分類さ

れている。

　分類では近年のmtDNAの調節領域による分子系統学的類縁関係と、顎骨域による分子系統学的な類縁関係と、頭骨形状を2次元画像情報で解析した品種間の結果を提示している。日本鶏は、明治維新以前から飼育され、日本人が長い歴史の中で作り上げた多くの固品種が残されている。形態的には、世界的に自慢できる美しいニワトリで、鳴き声を楽しむニワトリがあり、天然記念物に指定されている。天然記念物のニワトリには、尾長鶏、小国鶏、黒柏鶏、東天紅鶏、岐阜地鶏、小地鶏（土佐地鶏）、蓑曳矮鶏（尾曳）、鶉矮鶏（鶉尾）、蜀鶏（唐丸）、蓑曳、声良、薩摩鶏、比内鶏、地頭鶏、河内奴、烏骨鶏、軍鶏（大軍鶏、中軍鶏、小軍鶏、大和軍鶏）、金八（鶏）、南京シャモ、越後南京シャモ、矮鶏がある。

在来種

　在来種とは、明治時代までに日本で成立したニワトリ、または導入されて定着したニワトリをいい、38品種がある。

　天然記念物として指定されたニワトリのほか、会津地鶏、伊勢地鶏、岩手地鶏、インギー鶏（鹿児島県種子島）、ウタイチャーンまたはチャーン（沖縄県）、エーコク（コーチンの仲間、岡山県）、横斑プリマスロック、沖縄髯地鶏、雁鶏（秋田県）、熊本種、九連子鶏（熊本）、コーチン（愛知県）、土佐九斤（高知県）、土佐地鶏、対馬地鶏、名古屋種、三河種、宮地鶏、ロードアイランドレッドなどがある（付録2を参照）。

銘柄鶏と地鶏

　地域の活性化のための産品振興などの理由から、鶏肉生産でも地域活性化に伴う地鶏や銘柄鶏とよばれるものが開発されている（JAS法上の"地鶏"は、親鶏の基準以外に、飼養密度や期間、方法等の基準がある）。銘柄鶏には、ブロイラー由来のものや地鶏由来のものがある。いずれも差別化を図るため、飼料や飼育法、出荷日数など工夫をこらしている。とくに、ブロイラーとは異なり、平飼いのように自然の状態での飼育方法のものが多い（付録1を参照）。

　軍鶏（江戸時代にシャム（現在のタイ）から導入されたもの）、比内地鶏（秋田県大館地方原産）、名古屋コーチン（明治時代に名古屋にいた在来種と中国のバフコーチンの交配種）、烏骨鶏（中国原産。中国では唐の時代から肉を利用、日本では卵が滋養・健康食として利用）がある。

その他の家禽類

野鳥の狩猟が禁止となったが、一部の鳥類については飼育し、産業化している。なお、詳細については、付録1を参照してほしい。
- **ウズラ**　キジ科の鳥。江戸時代から飼育されている。食用にはオスを利用している。
- **アイガモ（合鴨）**　アヒルとマガモの交配種。鴨料理の食材として肥育したアイガモが使われることが多い。
- **アヒル**　国内で産業的に飼育されているのは肉用種。アイガモ肉の名称で流通していることが多い。
- **七面鳥**　北アメリカ原産のキジ科の脂肪が少なく、やわらかい肉質の鳥。食用には生後5カ月から1年以内のものが使われる。
- **ホロホロ鳥**　アフリカ・ギニア地方産の小形の肉用家禽。フランス料理で利用されることが多いが、日本でも焼き鳥で提供する店もある。

鶏の部位の肉と一般的料理

ニワトリは、キジ科に属する鳥で、肉用ニワトリ・採卵用ニワトリ・観賞用ニワトリに分かれている。鶏肉は「かしわ」（柏）といわれているが、これには2通りの解釈がある。①美味しいメスのニワトリを指すことがある。羽色の黄色くなったメスのニワトリを柏の葉に見立てて、「かしわ」という造語ができたという解釈。②関西のほうで好まれるニワトリは、黄鶏であったということから。関東では軍鶏（シャモ）が好まれていた。

飛鳥・奈良・平安の各時代は、仏教の教えにより肉食禁止となっていたが、安土桃山時代に南蛮人の渡来により卵や鶏肉を食べはじめた。江戸時代には、鶴も白鳥も食用にすることは禁止されたが、明治時代になると、関西では鳥料理が発達し、やがては関東へも伝わった。昭和30年頃まではニワトリの飼育は、採卵が目的であったが、アメリカからブロイラーが輸入されると、20日間の飼育で市場に提供できるブロイラーの産業が盛んになった。アメリカからフライド・チキンが導入され、若い世代の鶏肉嗜好はやわらかい鶏肉へと移っていった。現在のスーパーなどに流通している鶏肉は、ブロイラー肉がほとんどである。この肉質に慣れた人たちは、

平飼いした地鶏の肉質は硬いと評価する場合もある。

鶏肉の部位の特徴

食用になる動物の部位により脂肪やたんぱく質、エキス分の含有量が異なることから、部位による食味の違いがある。また脂肪、コラーゲンや、エラスチンのような硬たんぱく質の含有量は食感に影響する。

とくに、脚、クビ、手羽先などの肉質は運動の激しい部位なので、筋肉が発達しており食感には弾力がある。また、皮にはコラーゲンも多いが、脂肪含有量が高いので、焼いて脂肪がたれ落ちても、脂肪含有量が多いことからこの食感を好む人が多い。

- **手羽** 手羽もと。手羽先・手羽中ともいう。手羽先は、ゼラチン質や脂肪が多く、濃厚な味をもっている。スープやカレー、煮物など濃い味付けの料理が合う。手羽もとは、ウイングスティックともよばれ、手羽先に比べると淡白な味なので、炒め物や揚げ物に使われる。骨付きのものは、水炊きにすると骨から良いだしがでる。
- **むね肉** 脂肪が少ないので味は淡白である。低脂肪のため100g当たりのエネルギー（136kcal）は低い。油を使った料理（から揚げ、フライ）に向いている、また、濃い味付けの炒め物、煮物、照り焼き、焼き鳥に向いている。蒸し物にして、いろいろなソースを加えて食べる料理も多い。
- **もも肉** むね肉に比べて肉質は硬く、味にはコクがある。照り焼き、ローストチキン、フライ、から揚げなどの料理として食べられる。骨付きのものは、カレーやシチューなどの煮込み料理にすると、骨から溶出するエキス成分により、一段とうま味が増す。
- **ささみ** 形が笹の葉に似ているので、この名がある。ササミ100g当たりの脂肪含有量は0.5gと少なく、たんぱく質は24.1gと多い。淡白な味なので、揚げ物にして油のうま味を加える料理がある。肉質がやわらかく、蒸したり、茹でたりしてから細く切って、サラダなどに加える料理もある。

鶏内臓（副生物）の特徴

- **かわ** 皮下に付着している黄色の脂肪は除いて使用するが、それでも脂質含有量が多い。100g当たりのエネルギーは497kcalで、エネルギーは高い。調理のドごしらえとしては、黄色の脂肪層を除き、茹でてから冷水に入れて余分な脂肪や臭みを洗い流してから調理する。串焼きがさらに脂肪が除かれ、塩味で食べることが多い。から揚げ、炒め物、煮物、和え物などにも使われる。

- **きも（心臓）** ハツともいわれる。肝臓と一緒に売られている。下ごしらえは、周りの脂肪を除き水洗いし、縦半分に切って、血液の固まりを除き、さらに冷水で血抜きをしながら丁寧に洗う。串焼き、煮物、揚げ物、炒め物に使われる。

- **きも（肝臓）** レバーともいう。たんぱく質、ビタミン類、ミネラル類が豊富である。下ごしらえは、冷水に30分ほど漬けて、血抜きと臭みを除く。串焼き、煮物、揚げ物、炒め物などで食べる。

- **すなぎも（筋胃）** 食べたものを砂と一緒に潰す機能があるのですなぎもといわれる。すなぶくろともいわれる。筋肉は硬く、コリっとした食感がある。クセはない。脂肪含有量が少ないので、100g当たりのエネルギーは低い。煮物、から揚げ、炒め物などに使う。

- **その他** 未成熟の卵と肝臓や心臓などが一緒になっているものは、煮物で賞味される。

鶏肉の栄養と機能性

たんぱく質供給源としての鶏肉

鶏肉は、部位により栄養成分に違いがあるが、鶏を総体として健康に係わる機能性をまとめると、①栄養素を供給する機能、②美味しさを付与する、③健康の維持・増進、病気を予防する機能がある。

鶏肉の栄養素としては、良質のたんぱく質、ミネラル類、ビタミン類を含み、これらの供給源として重要な役割を果たしている。人間の体の各部位を構成しているたんぱく質は、ある一定の日時により新しいたんぱく質ともともと存在していたたんぱく質が交換してゆく。たんぱく質が交換す

ることを代謝回転（turn over）といい、古いたんぱく質の半分が新しいたんぱく質と交換することを半減期という。私たちの体を構成しているたんぱく質は、1日70gが失われる。したがって1日に最低70gのたんぱく質は摂らねばならない。鶏肉は各部位により多少の差はあるが、100g当たり20g前後のたんぱく質を含んでいる。1日3回の食事において、毎食100gの鶏肉を食べたとすると、60gのたんぱく質を体内に摂り入れることができる。もちろん他の食材からもたんぱく質が摂取される。毎日の食事ではご飯や、パン、魚、大豆製品などを食べるので、無理に300gの鶏肉を食べなくてもよい。

　たんぱく質は、「生命の素」ともいわれ、筋肉や血液など、からだの主要な部位を構成する。たんぱく質は、20種類以上のアミノ酸から形成される物質である。アミノ酸の多くは体内でもつくられるが、体内でつくられず食品から摂取しなければならないものもある。これを必須アミノ酸といい、どれか1つでも不足すると、他のアミノ酸とも反応できずたんぱく質がつくれない。必須アミノ酸をバランス良く含むたんぱく質ほど高栄養素として良質のたんぱく質であるといわれる。

　たんぱく質の機能性としては、神経の伝達物質の生成、血液の成分、筋肉の成分、皮膚の成分、ホルモンの成分、酵素の成分、免疫物質の生成などがある。

脂質の構成脂肪酸のバランスは理想的

　鶏の脂質含有量は部位により異なる。皮部の脂質含有量が多いが、皮を取り除けば、脂質含有量は少ない。筋肉部は平均して10％前後である。実際の料理は、下ごしらえの時に、脂肪層や皮を除くことが多いので、牛肉や豚肉ほどの脂質摂取量は多くない。脂質については、構成脂肪酸のバランスが、血中コレステロールの増加を抑制したり、脂質の機能性に関係している。私たちの体の細胞膜は脂質成分（脂肪酸やコレステロール）から構成されている。必須脂肪酸（リノール酸・リノレン酸・アラキドン酸）は生体の正常な働きを制御する生理活性物質「イコサノイド」の前駆体となっている。アラキドン酸は脳神経の働きに関与する成分ともなる。脂質も健康維持のために、過不足なく毎日摂取する必要がある。脂質の過剰摂取は肥満に繋がるので、摂り過ぎないことも

重要である。摂取する脂肪酸の理想的な脂肪酸組成は、飽和脂肪酸（S）：1価不飽和脂肪酸（M）：多価不飽和脂肪酸（P）／3：4：3であるとされている。鶏の脂肪酸はS：M：P／3.0：4.4：1.6で、理想的な割合に近い。脂質にはビタミンAの前駆体のレチノールが含まれている。レチノールは皮膚や粘膜の健康に重要な成分である。

鶏肉のペプチドの働き

ペプチドとはたんぱく質を構成しているアミノ酸の数個の結合（ペプチド結合）したもので、たんぱく質が豊富に存在する鶏肉には存在している。一般には、たんぱく質が摂取され、消化管でたんぱく質分解酵素（プロテアーゼ）によってペプチドに分解されてからアミノ酸となって吸収される。しかし、ペプチドの形で吸収されるものある。それは、食肉に特有のアンセリン（β-アラニン-L-メチルヒスチジニン）とカルノシン（β-アラニン-L-ヒスチジニン）で、血圧上昇の抑制作用やカルシウムの吸収促進作用がある。鶏肉のスープが健康によいという理由には、スープにはカルノシンやアンセリンが豊富に存在するからであることも明らかになっている。これらのペプチドは皮に多いコラーゲン（硬たんぱく質）からもスープに溶け込むことが明らかになっている。

鶏肉の筋肉の筋小胞体に存在しているカルセケストリンという特異なたんぱく質は、筋肉中でカルシウムと結合しているので、小腸でのカルシウム吸収を促進する働きがあると考えられている。カルシウム吸収が良くなれば、鶏肉は骨粗鬆症の予防に役立つことになる。

カルノシン・アンセリンの抗酸化作用

鶏肉に含まれるカルノシンやアンセリンは、それぞれアミノ酸が2個結合したものなので、ジペプチドに属する。これらは、たんぱく質の酸化分解を抑制するという抗酸化作用のあることが明らかになった。さらに、交感神経の抑制や血圧を下げる効果のあることも明らかになっている。

▼鶏肉のカルノシンとアンセリンの含有量 （mg／100g）

鶏肉の部位	鶏（むね）	鶏（もも）	鴨（むね）
カルノシン	432	153	80
アンセリン	791	315	272
両成分の合計	1,223	468	352

出典）㈶日本食肉消費総合センター：「鶏肉の実力」(2012)

　カルノシンとアンセリンの抗酸化作用は、体内でがん細胞を誘発する過酸化水素や活性酸素、スーパーオキシドアニオンラジカルなどを消去することがわかってきている。ストレスに敏感で胃潰瘍などになりやすい人は、たんぱく質やアンセリン、カルノシンを含む鶏肉料理を利用する食生活も必要と思われる。

　最近、カルノシンやアンセリンには、抗疲労効果のあることもわかってきた。とくに、カルノシンには運動パフォーマンスを上げる効果、アンセリンには血糖値を下げる効果のあることもわかってきている。

鶏肉の特性

ブロイラーの特性

　食品や料理についての美味しさの評価は、食べ慣れたものを美味しいと評価することが多い。おふくろの味が懐かしく美味しいと感じるのは、子どもの時から母親の作った料理の味付けや食感に慣れているからである。

　最近、流通している鶏肉でやわらかいのは、短期間で肥育したブロイラーの肉である。日本の市場に出回っている鶏肉は、ほとんどがこのブロイラーである。このブロイラーの食感はやわらかく、この食感に慣れた人々は、平飼い（放し飼い）の鶏肉を食べると硬く感じ、美味しいとは評価しない。しかし、昔、平飼いの鶏肉を食べた経験のある人は、ブロイラーはやわらかすぎて美味しくなく、昔の鶏肉は弾力性もあり噛めば噛むほど味があったと懐かしむことがある。

　肉用のブロイラーは、第二次世界大戦中にアメリカで研究開発され、1960年に日本に輸入され、1965年頃、現在のような本格的生産システムが組み込まれた。このブロイラーの開発目的は、「より少ない飼料で、よ

り多い肉を、より早く作ること」である。肉用ブロイラーは、白色ロックと白色コーニッシュの一代雑種として作ることができたが、味についてはあまり考えなかった。約50gのヒナを8週齢で、2.5kgの若鶏に成長させて、出荷することができるのである。現在は大規模養鶏場も出現しているが、トリインフルエンザが発症した場合には、被害は大きくなる。一代雑種であるため、日本の養鶏場では、必要に応じてアメリカからこのヒナの種卵を輸入しなければならないという複雑さがある。

ブロイラーは、短期間で効率よく、大量に飼育できるが、肉色の赤みは薄く、味は淡白で、やわらかい。脂質含有量は他の食肉と比べると少ないので、たんぱく質食品としての評価は高く、胃腸障害の病人の食材として適している。

食味が淡白な点は、調味料や油脂類、香辛料を補って、自分の好みの料理に仕上げるという調理時の工夫が考えられる。

地鶏の特性　地鶏は、筋肉内に豊富なうま味が存在し、肉質はやや硬めなので、肉から味を引き出す料理が合う。「水炊き」や「鶏がらのらーめんスープ」は、肉のうま味を引き出した食べ方であるといえる。

筋肉の成分の違いは、飼育期の環境や運動によって異なる。運動により、筋線維は太くなり引き締まるので、歯応えのある食感をもっている。筋肉のヘモグロビンやミオグロビンは運動により増加するので、肉の色はブロイラーよりも赤みを示している。運動により筋肉にミオグロビン、酵素、グリコーゲンなど代謝に必要な成分が蓄積され、さらには筋肉内の代謝が活発であるから、代謝産物も増え、風味がよい。

鶏肉の熟成と美味しさの要因

動物の筋肉は、と畜後に「死後硬直」が始まり硬くなり、やがて硬直がとけて軟化する「解硬」となり、「熟成」を経て、食べ頃の食感と食味をもつ食肉へと変化する。熟成期間は、動物の種類、年齢、栄養状態、と畜方法、と畜後の取り扱い、気温によって異なる。一般には、牛肉が約10日間、豚肉が約5日間が目安となっている。鶏肉の場合は半日～1日間で、

肉のうま味成分の含有量が最も多くなるのは、と畜後7時間前後であり、そのピークが過ぎると、うま味成分は分解し、減少する。

死後硬直と熟成の過程

同じ動物の場合、死後の硬直の発生とその後の解硬は、夏の期間は早く、冬の期間は遅い。硬直の時間は、冬は夏の2倍の長さになる。実際には、一定の低温の装置の中で行われる。硬直は基本的には、筋肉の収縮の仕組みと同じである。ATPはあらゆる生物のエネルギー源で、細胞内に存在する。酵素反応によって、ATP (adenosine-tri-phosphate) からリン酸 (phosphate) が離れるときに発生する。このATPがカルシウム・イオンと関与して、筋肉の太い線維（ミオシン）と細い線維（アクチン）が結合するために起こる。生の筋肉の収縮と違うのは、この反応はゆっくり進行し、しかも元には戻らない。筋肉が硬直するまでの過程で起こる主要な生化学反応は、クレアチンリン酸、グリコーゲンのようなATP再生源の蓄積量の低下であるので、ATPの含有量も低下する。また、クレアチンリン酸は、高エネルギーリン酸化合物といわれ、筋肉中にはATPの5倍以上も含む。ATPから1分子のリン酸が離れるときに8kcalが発生する。ATPから1分子のリン酸が離れると、ATPはADP（2分子のリン酸が結合した形）として残る。このADPはクレアチンキナーゼという酵素の働きの助けをかりて、再びATPが合成される。この反応に関与するのがクレアチンリン酸である。ATPの再生については、アデニル酸キナーゼという酵素の助けによって2分子のADPから1分子のATPとAMP (Adenosine-mono-phosphate) がつくられる。一方、細胞に蓄積されているグリコーゲンは、グルコースに分解されて解糖反応という複雑な代謝経路を経て乳酸を生成する。この解糖反応の途中でもATPが生成される。

　生きている動物の場合は、乳酸の生成が生成されても、解糖反応に戻り、エネルギー代謝であるクエン酸サイクル（TCAサイクル）に組み込まれる。エネルギーを発生すると同時に炭酸ガスと水も生成し、体外に排泄される。

　生きている動物の体内にはATPを供給する反応が進行している間は生体内にATPの存在は維持される。ところが、食用のために、動物がと畜されるとATPが再生する反応は起こらないので、ATP含量は急激に低下する。

と畜後、筋肉内の解糖反応が進行すると乳酸が生成されるので、筋肉のpHは低下し、酸性状態になる。生きている時の筋肉のpHは約7.2であるが、と畜後、最終的に到達するpHは5.4〜5.5に達する。この状態になると筋肉は徐々に収縮し硬くなる。この状態に達すると、骨格などのカルシウムイオンを貯蔵している器官は生理的機能が失われて、カルシウムイオンが漏れ出す。このカルシウムイオンは、太い線維と細い線維の間へ滑り込み、筋肉たんぱく質のアクチンとミオシンの間に強い結合ができあがり、アクトミオシンとなる。この状態のたんぱく質は硬くなる。と畜後、ATPが存在しなくなっているので、アクトミオシンはアクチンとミオシンには戻らない。アクトミオシンは、食塩を加えると糊状を示す。この性質を利用してできるのが、ソーセージなどの加工品である。

鶏肉の熟成と硬さ

鶏肉も、と鳥（鳥を締めること）後死後硬直を起こし、筋肉は硬くなり、その後熟成して軟らかくなる。西村敏英氏（日本獣医生命科学大学応用生命科学部教授）は、地鶏のむね肉を熟成すると3日目で30〜40％程度が軟らかくなることを明らかにしている。官能検査でも、と鳥直後よりも、3日間熟成したものがはるかに軟らかいことが明らかになっている。5日まで保存した場合、その間徐々に軟らかくなることを観察している。

鶏肉の場合、と鳥後すぐに解体することが多いが、と鳥後は死後硬直が起こり、筋肉が収縮して、線維が縮まってしまうので、死後硬直が終わる4時間後ぐらいに解体すると、熟成も効果的に進行する。

数日の熟成でグルタミン酸が増える

うま味成分のグルタミン酸は、ブロイラーのむね肉では熟成2日目のものが、熟成前の50％以上と増えていることが明らかになっている。地鶏の場合は、熟成3日のものが熟成前のものに比べてうま味成分が増えている。熟成5日頃まで徐々にうま味成分としてのグルタミン酸が増加することが明らかにされている。熟成が適度に進んだ肉は、加熱調理の場合、メイラード反応が進み、美味しく感じる加熱臭が増えることも明らかになっている。

鶏肉の熟成に伴う「うま味」成分の変化

鶏肉の美味しさ

鶏肉の美味しさには、味の面からは「うま味」「コク」「まろやかさ」が寄与している。香りの面からは焼いたときの香ばしさが寄与している。香りは食肉の種類や部位により特徴もある。食感については、一般には、ジューシーさや弾力性が関係してくる。ブロイラー肉のやわらかさに慣れている現代の人はやわらかい肉を好み、比較的硬めの弾力を好む人は、若い時に放し飼い（平飼い）の鶏肉を食べた経験のお年寄りに多い。ブロイラーは、7～8週で出荷するのでやわらかいのが特徴である。地鶏や銘柄鶏は平飼いのために運動量が大きく、飼育期間も80日以上となっているので、組織は硬く弾力や歯応えがある。

鶏肉を焼いたときの香りが食欲を誘う

鶏肉を焼いたときに食欲を誘う匂いは、鶏肉に含まれる脂肪部分が関係している。鶏肉の赤身、牛の赤身や豚の赤身を焼くと肉に共通した美味しい匂いが生じる。この匂いの成分としてイオウ化合物が検出される。焼いた場合にはピラジンやアルデヒド化合物もできる。とくにピラジンは加熱臭の代表的な成分である。また、加熱によって肉に含まれるアミノ酸と糖がメイラード反応を起こし、褐色物質メラノイジンが生成され、これも加熱によるに匂いとなっている。

一方、脂質を構成している脂肪酸の種類は、食肉の種類によって異なる。鶏肉の特徴的な匂いは、加熱によって脂質成分から生成される「2,4-デカジエナール」という物質であることが明らかにされている。この物質はアルデヒド化合物なので、あまり多いと不快に感じることがある。

うま味成分は部位によって違いもある

肉のうま味成分は、死後硬直や熟成中に核酸関連物質から生成されるイノシン酸と、熟成中にたんぱく質の熟成によって生成されるアミノ酸が主体となっていることが明らかになっている。

軍鶏と土佐ジローという地鶏のイノシン酸量は、鶏を締めて2日間貯蔵した場合、胸肉の含量がもも肉に比べて多いことも明らかになっている。

アミノ酸の中で代表的なうま味成分のグルタミン酸の含有量はむね肉より、もも肉が多いことが明らかになっている。もも肉とむね肉のうま味を比較すると、グルタミン酸含量の多いもも肉が美味しいとの評価もなされている。

鶏肉の衛生（鶏肉の安心・安全を求めて）

鶏由来の食中毒はサルモネラ

鶏由来の人への食中毒は、サルモネラ・エンテリティディスとサルモネラ・ティフィムリウムであるが、鶏にとって猛毒な細菌は、ヒナの病気「ひな白痢」をもたらすサルモネラ・プローラムと、家禽チフスという感染症をもたらすガリナルムである。これらの感染症が見つかれば、全部廃棄するという手段がとられる。人の食中毒に関係するサルモネラ・エンテリティディスとサルモネラ・ティフィムリウムは、成鶏に存在しても病状が現れないので、この細菌が検出されたからといって廃棄することはない。私たち自身が、サルモネラによる中毒を起こさないように、下ごしらえや調理の時に注意することである。ただし、サルモネラが鶏の血液中に存在してしまうと、まれに卵で検出されることもある。

近年問題になっているのは鳥インフルエンザである。高病原性のH5N1亜型は、2004年から2010年にかけて爆発的に世界に広がり、鶏の流通や飼育に大きな影響を及ぼした。日本でも九州から茨城県の養鶏場で年々見つかり、大量の鶏を廃棄した。2013年は、中国ではH7N9型の鳥インフルエンザにより100名以上の死者が出た。鳥インフルエンザが広まる原因の一つには、感染している渡り鳥が各地の鶏やその他の鳥に感染を広げることに由来するのが多いので、感染防止には世界的規模で行わなければならない。

食中毒の原因菌としては、トップがカンピロバクター、以下、サルモネラ、黄色ブドウ球菌と続く。基本的には鶏由来の汚染が原因の上位を占めている。鶏の飼育環境を衛生的に維持することが難しいこと、餌を摂るときに土や砂も一緒に摂ることが多いので、腸内に食中毒菌も入ってしまうことなどが、鶏肉の汚染の原因と考えられる。したがって、鶏肉の下ごしらえや調理には衛生的な取り扱いが重要なのである。鶏肉を置いたまな板

はその段階で汚染されてしまうので、その後の調理過程での細菌汚染が起こらないように注意して取り扱わなければならない。

　食中毒菌を完全に排除することは難しい。リスク回避は、養鶏場から家庭あるいは食堂などに至るすべての段階で洗浄、消毒を保たなければならない。食品を取り扱うところは、HACCP（食品の衛生管理システムの国際基準）を決めて徹底的なリスク回避を行わなければならない。養鶏場、鶏肉の処理場、鶏肉の流通においても衛生管理システムを決め、実行することが必要になっている。

鳥インフルエンザ　日本での鳥インフルエンザの感染経路については、ロシア、シベリア、中国、朝鮮半島などからの渡り鳥が、日本へ運び込んでくることが多い。日本各地へ白鳥や鶴などが持ち込んでくる鳥インフルエンザは、小鳥や小動物に感染し、これらの動物が養鶏場に近づいて、養鶏場の鶏が感染するという経過をたどる。これが人へ感染するかどうかは、鳥インフルエンザの型によって異なるが、市場で生きた鶏を取り扱う中国では、毎年のように人に感染し、死亡する例も多い。人から人への感染は今のところ明らかではない。

地鶏の特徴

　日本全国には、約200種類の地鶏や銘柄鶏がある。月刊誌『男子食堂』（2012年12月号、2013・12廃刊）が消費者を対象にwebで、国産鶏肉（地鶏）の人気を調査している。その結果からわかった人気地鶏の20銘柄は次に示すとおりであった。

　①名古屋コーチン、②比内地鶏、③みやざき地頭鶏、④阿波尾鶏、⑤さつま知覧どり、⑥青森シャモロック、⑦讃岐コーチン、⑧さつま若しゃも、⑨伊勢赤どり、⑩はかた一番どり、⑪奥久慈しゃも、⑫三河赤鶏、⑬みちのく鶏、⑭川俣シャモ、⑮紀州うめどり、⑯博多華味鶏、⑰タマシャモ、⑱大和肉鶏、⑲駿河若しゃも、⑳筑波地鶏

　上位5位の特徴は以下のとおりである。

名古屋コーチンの特徴

数ある地鶏の中で唯一の血統種。中国の「バフコーチン」と現在の名古屋市周辺で飼育されている地鶏を交配させてつくられた新しい品種で、当初は「海部種」「海部の薄毛」などとよばれていた。1900年には「名古屋コーチン」と呼び名が変わり、1905年に、日本で初の国産実用鶏として認定された。その後、品種改良が重ねられ、養鶏産業の発展や各地の地鶏ブランドの開発にも貢献してきている。愛知県は、名古屋コーチンから生産された地鶏については、DNA検査を行い、ブランドを守っている。雌雄ともに名古屋種の鶏は「純系名古屋コーチン」といわれている。

ブランド名が名古屋コーチンの正式品種名は、名古屋鶏。飼育法は平飼いである。適した料理は、ひきずり(名古屋地方の鶏のすき焼き)、味噌煮込みなどの鍋料理、串焼き、くわ焼き、から揚げなどがある。名古屋コーチンの飼育は、本来、野生の鶏が生活する環境で飼育することがポイントとされている。名古屋コーチンについては、「親鶏を育てる種鶏場・孵卵場」と「食用になるひなを育てる飼育養鶏場」の2カ所に分けて飼育している。飼育用の人工の飼料は、カロリーを低くし、カルシウムなどのミネラル、ビタミンの含有量を多くしたものを調製し投与している。卵が孵化しひなが誕生すると、雌雄の選別をし、食用には雌のみを飼育する。雌のほうがうま味成分のイノシン酸の含有量が多く、味がよい。

比内地鶏の特徴

比内鶏を飼育する農家が昭和初期から減少したため、比内鶏は絶滅の危機に直面し、1942(昭和17)年に国の天然記念物に指定され、食用が禁じられた。1965(昭和40)年に地域色を活かした特産物や郷土料理として再び注目されるようになった。1973(昭和48)年に秋田県畜産試験所が品種改良に着手した。比内鶏を父親に、アメリカ原産のロードアイランドレッドを母親にして現在の「比内地鶏」が誕生した。

食べ応えがあり、硬くなく、うま味もあり、煮物にしたものの美味しさは評判がよい。比内地鶏は、秋田の郷土料理の「きりたんぽ」とともに、重要な郷土特産品となっている。比内地鶏の父親である「比内鶏」は、古くから秋田県北部の地方を中心に食用として飼育されていた日本特有の品種であった。江戸時代には年貢として納められていた。前述したように飼

育する農家が少なくなり、絶滅危機に陥った。

比内地鶏の飼育方法はストレスがないように、平飼いまたは放し飼いで育てられ、主に鍋料理に使われる。

みやざき地頭鶏

宮崎県は畜産県として知られている。牛・豚の飼育同様に養鶏の盛んなところである。また、鶏肉料理店の多いことでも知られている。「安心・安全・愛護」をスローガンに鶏の飼育の条件については、宮崎県は国内で最高の基準として、「1平方メートル当たり2羽以下の密度」で飼育することを義務づけられている。

ブランド名「みやざき地頭鶏」は雄の地頭鶏と劣性ホワイトプリマスロックのF1で雌の九州ロードの交配種である。飼育方法は平飼いである。身肉は軽い歯応えと、口の中にはジューシーさが染み込んだうま味を感じるのが特徴。宮崎県では炭火焼き、チキン南蛮などが知られている。

阿波尾鶏

雄のシャモと雌のホワイトプリマスロックの交配種。高知では闘鶏に使うことから、この交配のヒントになったのかもしれない。飼育方法は平飼いである。阿波尾鶏の肉にはうま味成分のアミノ酸が多く含まれ、コクもある。肉質は弾力と粘りのある歯応えである。各種の料理に向く。とくに焼き物、煮物にするとより美味しい。

さつま知覧どり

ブロイラー種の鶏で、約450日と長い飼育日数が上質の脂肪とうま味をもった鶏となっている。平飼いでの異例ともいえる長期の飼育期間は、適度な運動により筋肉はしまり脂がのり、長い飼育期間でもブロイラー種でありながら理想とする食感とうま味を生み出している。肉の成分としてはグリコーゲン、リノール酸、アミノ酸が多く含まれるようになっている。料理としては、もも焼き、鶏のたたきに適している。

2．鶏卵とその他の卵

日本での鳥の卵の利用は、鶏卵、ウズラの卵、アヒルの卵などがあるが、

一般に、卵といえば、鶏卵をさすことが多い。江戸時代以前は、鶏は「時を告げる鳥」「闘鶏」として扱われ、宮中での鶏肉や鶏卵の食用を禁止していた。天武天皇4（675）年が牛や犬とともに鶏の食用を禁止していたが、この禁止令はあまり守られなかったというから、隠れて鶏の食用は続けられていた。

卵の食用はいつ頃からか

　古代・中世においては卵は、「加比古」とよんだ。「加比」（カヒ）は、貝殻の意味で、貝子、殻子と表記されることもあった。現代、普通によんでいる「玉子」または「鶏卵」を「たまご」というようになったのは、1600年代ころからではないかと推察されている。その理由として、1603年にイエズス会が編纂し長崎学林から刊行された『日葡辞書』では、「caigo, tamago」が併記されていることから、この時代が「たまご」というよび方が一般化していく過程を反映していると考えられている。

　安土桃山時代に南蛮料理、南蛮菓子、卵料理、カステラやボーロが導入されている。江戸時代になり、鶏卵が用いられるようになったが、最も簡単な卵料理である「卵かけご飯」が誕生した時代は明らかでない。卵かけご飯の味付けには醤油が必要であることを考えれば、江戸時代に考えられた食べ方と考えられる。昔から洋の東西を問わず卵の愛好家はいたが、生卵をご飯にかけて食べる「卵かけご飯」という食べ方は、日本の独特の食文化であるといわれている。

　江戸時代前期の1626（寛永3）年に、幕府が二条城に後水尾天皇を招いたときの献立に、「玉子ふわふわ」という料理が記録されている。現在、静岡県袋井市で販売しているご当地玉子料理「たまごふわふわ」は江戸時代からの玉子料理といわれている。袋井市の「たまごふわふわ」の作り方は、熱しただし汁によく泡をたてた卵を一気に入れて、蓋をして蒸したものである。『料理物語』（1643［寛永20］年）には、この頃の玉子ふわふわの作り方も記載されている。現在のオムレツの祖形の一つと考えられている。この料理は、長崎から京都・江戸へと伝えられたものであるが、現在も東海道の途中に残っているのは、歴史的な何らかの意味がありそうである。

江戸時代の玉子料理には、玉子貝焼き・包玉子・麩の焼き玉子・玉子豆腐・出汁巻き玉子などがある。江戸時代中期の1785（天明5）年には「玉子百珍」との別称のある『万宝料理献立集』『万宝料理秘密箱』と題する玉子を素材にした数十にわたるさまざまに工夫された料理書が刊行されている。この時期から鶏と卵を素材にした料理が多くみられるようになっている。

　明治時代になり、1888（明治21）年の新聞には、「卵は滋養食品として普及し、卵には人体に必要な栄養素を最も適当な分量と最も味のよい比率で含み、その料理法は500以上もあり、世界中これを嫌う国はなく、脳を養うに適当であるばかりでなく、薬用としても貴重である」と書かれている。明治時代以降、第二次世界大戦中も卵は病人や体の弱い子どもたちの大切な滋養食品であった。また、年末年始の贈答品、出産祝いや病気見舞いの贈答品としても喜ばれた食べ物であった。

　卵は、栄養的に優れた食品であり、価格も安く、健康食品として毎日利用できるようになったのは、産業として養鶏が発展してからである。

鶏卵の知識

平飼いの鶏の卵と採卵用鶏の卵の違い

　かつては、鶏は農家の庭や町場では自宅の庭の飼育小屋で飼育していた。今でも、営業として農家で飼育している場合は、自宅の敷地に大きな飼育小屋をつくり、ときには敷地内で放し飼い（平飼い）をしている。かつては、農家や自宅で飼育していた場合は、餌として米糠、野菜のくずなどを使用していた。現在では、フィッシュミールなどをベースにした餌を与えている。平飼いの場合は、運動をし、敷地内の雑草や昆虫なども食べているためか、黄身も卵白もしっかりしている。

　一方、採卵用にケージで飼育している鶏の卵は、ときどき餌のフィッシュミールの生くささを感じるものもある。

　最近は、採卵用の鶏の卵が多く、ほとんどの人がこの卵の味や匂いに慣れているので、平飼いの鶏の卵と採卵用の鶏の卵の食味を食べ比べてみると、後者に対して美味しいという評価が高い。一方、平飼いの鶏の卵の味に慣れた年代の人は、平飼いの鶏の卵を好んでいる。

日本の養鶏

日本での養鶏場には食肉用の養鶏場と採卵用の養鶏場がある。食肉用は地鶏の生産に特化している地域やブロイラーの飼育を主体としているところがある。鶏卵の生産については、鹿児島、愛知が盛んであるが、近年は関東、東北、北海道での生産も増加している。関東・東海・九州で、全体のほぼ半分の羽数が飼育されている。

赤玉卵と白玉卵の違い

白玉は、卵殻の表面が白色で、消費量も流通量も最も多い卵である。羽毛の白い白色レグホン種の卵である。白色レグホンは、採卵用のために育種改良された鶏で、世界で最も多く飼育されている。この種の鶏は、アメリカやオランダの種鶏会社が供給している。栄養価が高く（とくにたんぱく質のアミノ酸バランスがよい）、大規模養鶏により大量に生産され、単価は安いので、物価の優等生として定着している。

赤玉は、卵殻の表面が茶褐色の卵で、羽毛の茶褐色の鶏が産卵する卵である。赤玉の卵の採卵用の鶏としては、ボリスブラウンが最も多い。特殊卵は褐色のものが多いが、採卵用の鶏として羽毛の褐色系の鶏を使うためである。

烏骨鶏卵（うこっけいらん）は、中国紅西省が原産の鶏冠（とさか）、皮膚、骨、肉まで紫黒色をした鶏で、日本では、一部の人が自宅の飼育小屋で飼育している程度である。卵は淡褐色の殻で、週に1、2個しか産卵しない。

白玉、赤玉、ウコッケイの卵の栄養価には大差はない。

鶉卵（じゅんらん）は、日本で飼育している鶉（ウズラ）の卵である。卵は、小さいが栄養価は、白玉・赤玉と差がない。

卵黄の色

卵黄に含まれる色素の大部分は、カロテノイド色素で、キサントフィルに分類されるルテインとゼアキサンチンが多く、クリプトキサンチン、β-カロテンも含む。これらの色素は、配合飼料に含まれる色素成分が卵黄へ移行している。卵の卵黄の色は与える飼料の内容で変わる。黄色いトウモロコシが多ければレモンイエローの卵黄に、パプリカ（赤ピーマン）や紅花などが追加されると徐々に濃いオレンジ色になる。トウモロコシも与えないで代わりにお米で育てると黄色が全くない白っぽい卵黄になる。

日本人は、濃い黄色の卵黄や、やや赤みがかった黄色の卵黄を好むので、キサントフィルを多く含むアルファルファミールやイエローコーン、パプリカなどの配合量を多くすると、これらに含まれるキサントフィルが卵黄へ移行して濃い黄色の卵黄ができる。また、九州は他の土地に比べて、昔から濃い赤い色の卵黄が好まれる。卵黄の黄色の濃淡はビタミンAの効力とはあまり関係がない。

　外国では、卵黄の濃い卵は好まれないようである。

卵かけご飯と卵かけご飯用醤油

　白米のご飯や麦飯に醤油で味をつけた生卵をかけた「卵かけご飯」は、いつ頃に誕生したかは明らかでないが、おそらく現在100歳の人でも食べた経験はあったようだ。第二次世界大戦後の食生活の貧弱な時代は、惣菜がないと毎朝卵かけご飯を食べたものである。

　しかし、「卵かけご飯」という料理名のようなキーワードが生まれたのは最近のようである。「生卵の殻を割り、中身の卵白と卵黄を容器に入れ、箸でかき混ぜ均一にし、これに適量な醤油を入れて、醤油が均一になるようにかき混ぜ、これを温かいご飯にかけて、卵とご飯を口の中にかき込む」というのが「卵かけご飯」の食べ方である。かつては、単に「卵をかけて食べる」といっていたことが多いが、「卵かけご飯」という料理名らしきものがつくと、それなりに、定義のようなことも記載したくなる。

　「卵かけご飯」は、2007年に読売連合広告社から『365日たまごかけごはんの本』が発行されたことから、「卵かけご飯」の名は定着したといえる。

　卵かけご飯に適した醤油の開発を手がけている会社もある。これは「だし醤油」に似たもので、味は開発者の好みで作られている。福岡に存在している醤油会社は、このような醤油の開発に興味があるらしい。なぜなら、福岡市内には、卵かけご飯用に開発した醤油を集めている店があり、客はその店で好みの醤油を選び、卵かけご飯を楽しむというシステムとなっている。

　福岡の醤油会社では、ヨーグルトを食べるときの醤油も開発している。

卵の調理性とコツ

鶏卵の性質

卵殻は、大部分が炭酸カルシウムから成り、卵殻膜はケラチンとムチンから成っている。卵殻には気孔があり、卵の内部の炭酸ガスや水分が少しずつ蒸散しているので、冷蔵庫での保存中に重さは徐々に減少していく。

卵白は、外水様卵白、濃厚卵白、内水様卵白とカラザの4部分から成りたっている。新鮮な卵の濃厚卵白の割合は多く、しっかりした弾力をもっている。鮮度低下とともに、濃厚卵白を形成しているたんぱく質の網目構造が弱くなって水様性卵白の割合が多くなり、弾力が消えてくる。卵白を構成している卵白たんぱく質は、オボアルブミン、コンアルブミン、オボグロブリン、オボムコイド、オボムチン、アジピン、リゾチームなどである。リゾチームは外部から卵殻の気孔を通して侵入した細菌の生育を抑える性質がある。

卵白は攪拌すると気泡ができる。気泡の表面にはたんぱく質の分子が吸着され、これが空気に触れて変性する。攪拌が進むと泡膜は厚くなり硬くなる。この性質を利用することにより、ケーキを作るときのメレンゲとなる。

卵黄は、乳白色液状のラテブラを中心として黄色卵黄層と白色卵黄層が交互に層を形成している。卵黄を構成している卵黄たんぱく質は、リポビテリン、リポビテレニン、リベチン、ビテリン、ビテレニン、ホスビチンである。

卵の熱凝固

たんぱく質の分子は、ポリペプチド鎖からなり、分子間はS-S結合、水素結合、イオン結合などで二次結合をし、さらに複雑な結合をし、全体として球状の分子となっている。加熱により結合は切れて、再び別の結合状態となり、元の状態に戻らなくなる。卵を加熱すると60℃で凝固するが、低い温度ではゲル化し、温度の上昇とともに硬くなる。卵黄は、卵白よりも高い温度で凝固するが、完全に凝固すると粒状となりほぐれやすくなる。

卵に存在しているたんぱく質が加熱により凝固することを**熱変性**という。熱変性したたんぱく質は、元の卵白や卵黄のように液体には戻らない。卵

料理のほとんどは、たんぱく質の熱凝固をどのように制御するかがポイントである。熱によるたんぱく質の凝固の程度によりゆで卵、玉子焼き（出し巻き）、オムレツ、ポーチドエッグ、茶碗蒸しができる。

熱凝固温度とゆで卵

一般にたんぱく質は60〜70℃で熱凝固する。だし汁などで薄めない卵白は、約60℃で固まり始め、62〜65℃で流動性を失い、70℃で完全に固まる。卵黄は65〜70℃でほとんど完全に固まる。

卵白と卵黄の凝固温度に多少の違いがあることから、ゆで卵には固ゆで卵や卵黄が半熟のゆで卵、温泉卵などができる。加熱温度の目安として、①水から加熱して60〜70℃で15分間保つと、卵白も卵黄も同じ程度に凝固した半熟卵ができる。②水から加熱し、沸騰水中で3分間茹でると、卵白は凝固し、内部の卵黄が生に近い半熟卵となる。③水から加熱して、65〜70℃の湯に20〜25分入れておくと、卵白は半熟、卵黄が軟らかい、いわゆる温泉卵となる。④固ゆで卵をつくるには、水から加熱して100℃（沸騰した状態）で10分前後加熱を続ける。

卵調理の際には、冷蔵庫から取り出した卵は常温に戻してから水に入れて加熱する。なぜなら、卵殻が冷えていると加熱温度によりひび割れを起こすことがあるからである。また、冷蔵庫に保存しておいたときの卵の卵白や卵黄のたんぱく質や糖たんぱく質（粘性物質）の結合状態を安定に戻すためである。

調味料の影響

卵料理には食塩、醤油（食塩とアミノ酸）、食酢などの調味料が使われることが多い。食塩の添加は、熱凝固を促進させる。①ゆで卵を作るときに、水の中に水に対して1％程度の食塩を加えておくと、卵殻が割れたときの卵白の流出を防ぐことができる。②食塩の中の苦汁成分のカルシウムイオンも卵白の凝固を促進するほか、凝固物を硬くする。卵に牛乳を加えて加熱すると、牛乳中のカルシウムにより、卵の凝固がしっかりする。③食酢は茹で水や卵のpHを下げ、たんぱく質の凝固を促進する。ポーチドエッグは、加熱した薄い食酢の湯に、卵を割って入れ、卵白のたんぱく質を凝固させる。また、溶いた卵に食酢を加えると凝固してしまうように、たんぱく質の溶液に薄い酸性物質

を少しずつ加えていくと、たんぱく質は凝固するからである。この凝固するpHを**等電点**という。

卵白の起泡性(きほうせい)

卵白を攪拌器で、すばやく攪拌すると気泡ができる。気泡の表面には、たんぱく質（卵白のグロブリン）の分子が吸着され、これが空気に触れると酸素により変性する。攪拌が進むにつれて泡膜は厚くなり、硬くなって安定する。さらに攪拌を続けると、たんぱく質の分子は過密になり、固体のような粒状になる。安定した泡は、そのままの状態にしておくと、水様化する。起泡力に影響する要因としては、①卵白の種類、②卵の鮮度、③攪拌方法、④温度、⑤添加物があげられる。

- **卵白の種類** 濃厚卵白より水様卵白のほうがあわ立ちはよいが、泡の安定度は濃厚卵白のほうがよい。卵白を形成しているたんぱく質の網状構造のしっかりしている濃厚卵白は、泡を形成しているたんぱく質の網状構造もしっかりしているからである。
- **卵の鮮度** 鮮度のよい卵の卵白よりも、鮮度が低下し水様卵白の多い卵白のほうが泡立ちはよい。鮮度のよい卵の卵白は、機械的に切るようにして水様化卵白を多くすれば、泡立ちがよくなる。
- **攪拌方法** 電動での攪拌と手動での攪拌が考えられる。電動での攪拌は、攪拌速度が速く、濃厚卵白でも機械的な攪拌により水様卵白が増えるので、泡立ちはよくなる。手動での攪拌は、攪拌速度が電動攪拌に比べて遅く、攪拌力も弱いので水様卵白の量は多くならず、泡立ちはよくない。卵白を泡立てるとき、レモン汁のような酸性の液体を加えると、pHが4.6～4.7になる。これは、たんぱく質のオボアルブミンの等電点に近づくので、凝固する。そのために、粘度が下がり、泡立てやすくなる。また、たんぱく質の分子は、表面膜をつくりやすくなり、比較的安定な泡膜をつくることができる。
- **温度** 泡立ちのよい卵白の温度は、熱凝固しない程度の高さがよい。温度の上昇とともに、卵白の表面張力が低下するので泡立ちがよくなる。しかし、温度が高い場合の泡の安定性は低下する。起泡力と安定度および泡の状態から、卵白の泡立てるときの温度は30℃前後が適当であることが明らかにされている。

- **添加物** 卵白の泡立ちを抑制する物質としては、卵黄、酒石酸、食塩、砂糖などがあげられている。卵黄は、卵黄中の脂質（レシチン）が、泡立ちを抑制する作用がある。酒石酸は、pHを低下させるので泡立ちを抑制し、食塩はたんぱく質の凝固を早め、砂糖はたんぱく質の硬化を遅らせることによると考えられる。

　卵白の起泡性を利用したものには、スポンジケーキ、一般的なケーキ、メレンゲ、淡雪かん、フリッターなどがある。

卵黄の乳化性　卵黄に含まれる脂質成分の一つのレシチンは、分子内に脂質と結合する部分と水に溶ける部分が存在している。卵黄と食酢を混ぜると、乳化作用が起こり、均一に混ざりマヨネーズとなる。その理由は、卵黄中の水分と食酢は、卵黄に含まれる脂質とが、卵黄に同時に存在しているレシチンの乳化作用により水と脂質が均一になるからである。

普通卵と特殊卵

普通卵　白色レグホン種の白色卵（白玉）と名古屋コーチンやボリスブラウンのような羽色の褐色の鶏の卵の褐色卵（赤玉）がある。また、地鶏のように放し飼いされている鶏が産む自然卵とケージの中で飼育されている養鶏の卵にも分けられる。

特殊卵　機能性を期待した成分を添加した飼料を投与して飼育した鶏が産む卵である。

- **ヨード卵**　飼料に海藻などを混ぜ、鶏の体を通して卵にヨウ素を移行させたもの。「ヨード卵・光」として流通している。普通卵の約20倍のヨウ素を含む。ヨウ素の人体での機能性を期待し、生活習慣病予防やアレルギー予防、乳がん予防などの研究が続けられている。
- **ビタミン強化卵**　飼料にα-トコフェロールやβ-カロテンを添加し、鶏の体を通し卵へ移行させ、ビタミンE（α-トコフェロール）やβ-カロテンを1個につき60mg程度を強化した卵。
- **脂肪酸強化卵**　とくに、リノレン酸、DHAの強化。飼料に魚油や魚油

から調製したEPA、DHAを添加し、鶏の体内を通して卵に移行させた卵。

成分の特徴

鶏卵を構成している部位を重量比でみると、脂質27〜32％、卵白56〜61％、卵殻8〜12％である。卵黄と卵白を合わせた主成分はたんぱく質と脂質である。ビタミン類ではビタミンC以外のほとんどの栄養素をバランスよく含む。ミネラルでは亜鉛や鉄分も含む。

- **たんぱく質**　卵黄を構成しているたんぱく質と卵白を構成しているたんぱく質の性質は異なる。卵白のたんぱく質は単純たんぱく質のオボアルブミン、オボグロブリン、糖たんぱく質である。オボグロブリンの一種であるグロブリンG1はリゾチームといい、グラム陽性菌に対して溶菌作用があるので、卵の保存性に効果がある。糖たんぱく質は、卵白の粘性に関係している。卵黄のたんぱく質は脂質やリンなどと複雑な結合をしている。この複合たんぱく質は孵化してヒナになるために必須の成分と考えられている。この複合たんぱく質には脂質と水を乳化させる働きのあるレシチンが存在し、マヨネーズをつくるのに貢献する成分である。
- **たんぱく質のアミノ酸**　たんぱく質を構成しているアミノ酸バランスは良く、アミノ酸スコアが100として、栄養指導や献立の栄養計算に利用されている。
- **脂質**　卵白中の含有量は微量である。ほとんどが卵黄中に存在する。その中の60％は中性脂質、30％がリン脂質（主にレシチン）である。脂質成分に含まれるコレステロールは100g当たり1,400mgも含むので、人の血中コレステロールの増加に関係するといわれている。しかし実際には、卵を食べると血中コレステロールが増加するという研究者もいれば、それほど影響しないという研究者もいる。アミノ酸バランスの良いたんぱく質の摂取量を考えれば、1日に1〜2個の卵の摂取は健康上必要であるというのが現在の定説となっていると考えたほうがよい。なお、人の体の中のコレステロール量は、体内で合成される量がほとんどなので、食事から摂取した量は大きく関係しないといわれている。
- **ビタミン**　ビタミン類は主として卵黄に多く含まれる。100g当たりの

ビタミンAは、レチノール当量で480μg、B_1は0.21mg、B_2は0.52mgが含まれている。Cは卵黄にも卵白にも存在していない。卵黄中のビタミンEは3.6mg、Dは6μgである。
- **色素** 赤玉の色素は、血色素（ヘモグロビンなど）と赤色系色素のプロトポーフィン）である。

その他の卵の特徴

- **あひる卵** 野生のあひるを飼い慣したものの卵。成分は鶏卵とほとんど変わらない。酢として中華料理のピータンに加工される。
- **うこっけい卵** うこっけいの卵は、健康上から優れた卵といわれているが、普通の鶏卵（白色レグホンの卵）と比べて、特記するところはない。
- **うずら卵** 鶏卵と比べると、たんぱく質、脂質、ビタミン類は、鶏卵のそれらの1.7～2.3倍である。
- **がちょう卵** 1羽当たりの1年間の産卵数は30～40個である。ヨーロッパ、中国では利用している。

第Ⅱ部

都道府県別
鶏 / 鳥とたまごの食と文化

1 北海道

▼札幌市の1世帯当たりの年間の鶏肉、鶏卵の購入量

種　類	生鮮肉（g）	鶏肉（g）	やきとり（円）	鶏卵（g）
2000年	44,359	12,825	1,508	34,310
2005年	42,743	13,596	1,545	28,700
2010年	47,035	15,520	1,699	32,421

　北海道の産業は大規模酪農経営が特色であり、また北海道を取り囲む海域は暖流と寒流が交わり、世界有数の好漁場でもある。北海道は、かつて蝦夷地といわれアイヌの人々が川を遡上するサケやシシャモは神からいただく食料として信仰し、大切にしていた。1869（明治2）年に北海道とよばれるようになった。1886（明治19）年には、北海道庁が設立され、現在の形となった。幕末には幕府直営の牧場が札幌に開かれていたので、酪農は開拓のてがかりともなっていた。十勝地方を中心に農業も開け、現在は北海道産の美味しいコメ、パン用の小麦の生産に成功している。

　最近、町の活性の一つとして人気の「B級グルメ」では、第1回B級ご当地グルメ祭典で「室蘭やきとり」が「ブロンズグランプリ」に入賞するなど、室蘭市のやきとりの知名度は高い。酪農や羊の飼育の盛んな北海道では、鶏肉も重要な食肉で道内には5万羽以上の鶏を飼育している養鶏場もあり、1万羽以上の自然鶏卵をもつ養鶏場もある。北海道自然養鶏会があり、養鶏業の発展に取り組んでいる。

　年間の生鮮肉、鶏肉、鶏卵の購入量の平均値は、北海道全体に比べると札幌市のほうが多い。惣菜のやきとりは、北海道全体に比べ、札幌市は少ない。ただし、どこの地域でもいえることであるが、居酒屋などで酒の肴として利用しているやきとりの量は含まれていないので、正確には比べられない。「室蘭やきとり」が2006年の第1回「B級グルメ祭典」において入賞して知名度を上げたことも北海道全体のやきとりの購入量に影響しているかもしれない。

　北海道の名物料理のジンギスカンは、羊肉の一種の焼肉料理であるから、

焼肉という食べ方が古くから普及していることを考慮すれば、やきとりは珍しい肉料理ではなかったかもしれない。

2011年の1世帯当たりの1年間の鶏肉購入量の平均は、北海道では13,521g、札幌市では14,766gで、ともに2010年に比べると減少している。このことは、家庭で行う調理が少なくなっている原因の一つとして考えられる。

全国的に鶏肉ややきとりの購入量を比べると、2005年の購入量が少ないという傾向がみえる。この要因としては、2005年から2009年にかけての東南アジアを中心とする鳥インフルエンザの広範囲な感染が関係しているのかと推察している。

さて、北海道はサケをはじめとする各地の漁港に水揚げした魚、カニなどの地域特有の鍋料理の種類は多い。鍋料理は、鶏肉にも適応されている。北海道の地鶏や銘柄鶏には「北海地鶏」（Ⅰ、Ⅱがある）、新得地鶏（北海道上川郡新得町）、中札内田舎どり、中札内産雪どり、桜姫、知床どり、純吟赤鶏などがある。「北海地鶏Ⅱ」は、身近な食材として馴染みのある鶏である。居酒屋やレストランで、「地鶏」と表示している場合は、この「北海地鶏Ⅱ」が多いようである。道内の市場や食肉専門店で、「○○鶏」と表示されているものは、北海道の「銘柄鶏」であるといわれている。「北海地鶏」は北海道畜産試験場で、1992（平成4）年に開発したものが「北海地鶏Ⅰ」、2006（平成18）年に開発したものは「北海地鶏Ⅱ」といわれ、北海道内では広く利用されている。とくに、後者はグルタミン酸やイノシシ酸が豊富でよい品質として評価されている。

鶏肉は、鍋料理のほか照り焼き、串焼き、フライドチキンなど一般的な料理が多い。贅沢な料理では北海道の地鶏でなく、九州の地鶏（銘柄地鶏）を丸ごと利用して提供している鳥料理専門店もある。

北海道内には採卵用の養鶏を行っているところも多い。卵料理は全国的に、あるいは世界的に共通している。卵の日本的な食べ方である「卵かけご飯」には、北海道羅臼産の昆布のだしを入れた卵かけご飯専用の醤油が作られている。北海道の千歳地域では町興しのために玉子どんぶりのコンペを行うなど、単純な卵も町興しの種になるようである。卵の購入量は、北海道の年間平均値よりも札幌の平均値のほうが多いのは、市内で生活している人のたんぱく質供給源として卵の利用が多いことを意味していると

いえる。

　鶏卵は、家庭や料理店の料理だけではなく、プリンをはじめとする菓子類にも使われている。北海道には各種の銘菓があり、その中でクッキー類は北海道土産として購入する観光客や出張帰りの人が多い。東京・有楽町にある北海道のアンテナショップでクッキーを探したところ——北海道は酪農の本場だから乳牛や粉末ミルクを加えたクッキーは多いが——鶏卵を加えたクッキーとして「札幌農学校」を見つけることができた。原材料は「小麦粉、バター、練乳、パウダーショートニング、卵、砂糖、米飴、食塩、洋酒、香料」と表示されている。かつてのクラーク教授の農学校をイメージしたネーミングのためか、現在、人気の北海道土産となっている。

　十勝地方は小豆の栽培でよく知られており、小豆餡を使った和菓子が多い。この地方のどら焼きは、人気がある。十勝銘菓の「バターどら焼き」の皮には鶏卵が使われていて、「小麦粉、鶏卵、砂糖、バター、小豆、はちみつ、発酵調味料、植物性油脂、トレハロース、膨張剤」と表示されている。小麦粉の次に鶏卵を書かれていることは、小麦粉に次いで多い量の鶏卵が使われていることを意味する。

知っておきたい鶏肉、卵を使った料理

- **茶碗蒸し**　北海道の茶碗蒸しの特徴は、なんと言っても銀杏の代わりに、栗の甘露煮が入ること、そして甘露煮から甘味が溶け出し、全体に甘めの味付けである。卵とだしのほかには、鶏肉やエビ、ナルトなど、入れる具に違いはないが、栗の寒露煮以外に甘露煮のおつゆや砂糖を入れる家庭もある。ちなみに、大阪には"うどん"が入った茶碗蒸し"小田巻蒸し"という料理があり、鳥取では具として"春雨"が入る。
- **ざんぎ**　北海道では、鶏のから揚げを"ざんぎ"とよぶ。味は付いていないか薄味で、食べるときに特製のソースとコショウをかける。冷めても美味しい。本場釧路のザンギ専門店の「鳥松」や「鳥善」で取り扱うメニュー、"骨付きザンギ"と"骨なしザンギ"、"鶏のから揚げ"の三品だが、道内外で評判のお店。
- **鶏の半身揚げ**　小樽名物の鶏料理。タレに漬け込んだ若鶏の半身を、衣なしであっさりとした塩味で、外はパリッと、中はふっくらと豪快に素揚げにしてある。「なると」が有名。"若どりのネックのから揚げ"も珍

味。

- **美唄中村の鶏めし**　美唄市中村地区に伝わる郷土料理。この中村地区には、明治時代の北海道開拓に、三重県や愛知県からの入植者が多かった。そもそも中部地方は名古屋コーチンに代表されるように養鶏業が盛んで、入植した美唄でも鶏を飼ったことから鶏飯が根付いた。鶏肉から内臓、皮まで無駄なく使い、ご飯は鶏がらと野菜でとったスープで炊く。中村地区の中村は、開拓の功労者"中村豊次郎"に由来する。

- **美唄の焼き鳥**　一本の串に、鳥のレバーやハツ、砂肝などの内臓や鶏皮を、北海道産玉ねぎと交互に刺した"もつ串"が特徴の焼き鳥。味付けは塩コショウ、炭火焼が基本。もも肉やむね肉は、精肉の"せい"とよぶ。注文は豪快に10本単位で行う。美唄が炭鉱で栄えていた昭和20年代半ばから親しまれており、冠婚葬祭に持ち帰る習慣がある。2006年には、美唄焼き鳥ブランド確立のために、「美唄焼き鳥組合」が設立された。美唄市は、北海道の室蘭市、福島県福島市、埼玉県東松山市、愛媛県今治市、山口県長門市、福岡県久留米市とともに"日本七大やきとりの街"といわれている。なお、焼き鳥の各部位の説明は付録3を参照されたい。

- **美唄のもつそば**　大正から昭和にかけて、美唄は炭鉱で非常に栄えた。この炭鉱で仕事を終えた工夫の空腹を満たしたのが、鳥のもつが入った"もつそば"。今では焼き鳥屋で飲んだ後のしめの料理として、焼き鳥のもつ串を1本入れて提供される。

- **室蘭のやきとり**　豚肉のやきとり。豚肩ロース肉と玉ねぎを串に刺してたれで焼き上げて、洋ガラシを付けて食べる。人口に対する焼鳥店の数は全国3位の多さ。室蘭市は明治42年から100年あまり鉄鋼の街として栄えた。工場の労働者の胃袋を満たす、格好の食べ物としてやきとりが拡まった。室蘭市は、北海道の美唄市などとともに"日本七大やきとりの街"といわれている。付録3も参照。

- **かしわぬき**　釧路の蕎麦屋で提供される名物料理。"かしわそば"からそばを抜いた、鶏とねぎのスープのようなもの。かけ蕎麦のつゆで鶏肉とねぎを煮たもので、鶏のだしとねぎが蕎麦つゆによく合う。

- **鶏醤**　新鮮な北海道産の鶏の内臓に天然塩を加えて、じっくりと発酵・熟成させて生まれた醤油。醤油のルーツである肉醤ともいわれるもので

北　海　道　37

ある。香ばしく、うまみ成分も多く、複雑な味である。卵かけご飯(TKG)によく合う。
- **釧路ラーメン** 鶏がらスープと鰹だしのあっさり系のしょうゆ味のラーメン。札幌ラーメン、旭川ラーメン、函館ラーメンとともに北海道四大ラーメンの1つ。麺も特徴ある細麺の縮じれ麺を使う。
- **コロンブスの卵** 室蘭の「やきとり一平」で提供される串物で、うずらの卵を殻ごと串に刺して焼く。殻はバリバリ、中身はホックリしている。

卵を使った菓子

- **うずらのプリン** うずらの卵で作った2層の味が楽しめるプリン。プリンの下の層にはうずらの卵がたっぷり使われた濃厚なとろとろプリン。上の層は生乳で作ったクリーミーなまろやかプリン。一番下には特製のカラメル。室蘭のうずらは飼料に工夫をして、お菓子作りの邪魔になるうずら卵の特有の臭いを低減した。真狩産のほくほくの男爵を使った"ポテトプリン"もある。
- **わかさいも** 洞爺湖周辺の名産。「わかさいも本舗」が作る、サツマイモの焼き芋の形をした焼き菓子で、表面に卵醤油が塗ってあるので香ばしい香りがする。餡は洞爺湖周辺で作られた大福豆の白餡。サツマイモを使わないで焼き芋のほくほく感と、むっちりとした舌触りも再現している。
- **マルセイバターサンド** 帯広の六花亭製菓㈱を代表する銘菓。ホワイトチョコと地元十勝産のバターで作った風味豊かなバタークリームにレーズンを入れ、同じく地元十勝産の卵で焼いた優しい甘さのビスケットでサンドしたお菓子。名前の由来とレトロなパッケージデザインは、十勝開拓の祖の依田勉三が率いる晩成社が十勝で最初に作ったバターの「マルセイ」にちなんでいる。
- **どら焼きヌーボ** 千歳の「morimoto」が、年に一度、秋限定で作るどら焼き。秋に収穫したばかりの十勝産の小豆で作った餡を使って作られる。存在感のある餡に負けないように、どら焼きの生地にはヨード卵を使い、しっとりとコクのある味わいに仕上げてある。
- **笑友（エミュー）生どら焼** 東京農業大学発のベンチャー企業「東京農大バイオインダストリー」が生産したエミューの卵で作った"どら焼"。

独特の弾力性を持つエミューの卵と、北海道産の小麦粉、オホーツクの海洋深層水を使って作る。エミューの産卵期が11月から4月なので、その期間の限定生産。

- **米粉シュークリーム** 1914（大正3）年創業の旭川の菓子処"梅屋"が作るシュークリーム。小麦粉の代わりに、旭川産ブランド米"ゆめぴりか"の粉を使う。"ゆめぴりか"は"米-1グランプリ"で日本一美味しいと"ササニシキ"や"コシヒカリ"を抑えて1位となった。生地にもカスタードクリームにも良質の卵を贅沢に使っている。シュークリームの「シュー（chou）」はフランス語で「キャベツ」の意味で、「クリーム」は英語。別々の国の言葉から日本で出来た造語。ちなみに靴は「Shoe」。

地 鶏

- **北海地鶏** 北海道畜産試験場で、名古屋コーチンと中軍鶏、ロードアイランドレッドの交配により作られた。適度な歯応えがあり、脂がのっていて、コクのある高品質な肉が特徴。中札内若どりが生産している。
- **新得地鶏** 体重：平均3,000g。肉質はわずかな酸味によりすっきりと澄んだ後味が特徴。道畜産試験場が"北海地鶏Ⅱ"として開発。むね肉はしっとりと、もも肉は赤身が強く黄色に脂がのり、焼くとくせがなく歯応えがあり、地鶏本来の味が楽しめる。旨味成分のイノシン酸やグルタミン酸が豊富に含まれる。川上郡新得町の、放牧場付きの平飼い鶏舎で120日と長期間飼われる。名古屋コーチンの雄に、大型軍鶏とロードアイランドレッドを交配した雌を掛け合わせた。十勝・新得フレッシュ地鶏事業協同組合が生産している。

銘柄鶏

- **中札内産雪どり** 体重：平均雄2,800g。非遺伝子組換えでポストハーベストフリーの原料に、炭焼きのときに発生する「木酢液」を主原料とした地養素を加えた専用飼料を給与。平飼いで飼養期間は65日間、健康に育てた。白色コーニッシュと白色プリマスロックを交配。中札内若どりが生産している。
- **桜姫** 体重：平均2,900g。ビタミンEが普通の鶏肉の3倍含まれる。透明感のある肉食と白く仕上がった脂肪が美しい。鶏種はチャンキーやコ

ブ。飼養期間は平均51日。日本ホワイトファームが生産する。
- **知床どり**　体重：平均2,900g。北海道産小麦や藻粉末を加えた植物性飼料を与えて育てた、臭みの少ない鶏肉。肉は透明感があり、白上がりの脂が美しい。鶏種はチャンキーやコブ。飼養期間は平均51日。日本ホワイトファームが生産する。

たまご

- **サラダ気分**　魚粉や肉骨粉を一切使用しない原料を基本とした飼料を与えて産ませた良質な卵。嫌な生臭さがなくさわやかで美味しい卵。ビタミンDが普通の卵より多い。ホクリョウが生産する。
- **北のこく卵**　コクのある美味しい卵。北海道の大自然の中で厳選された飼料と愛情で育てられた鶏から産まれた卵。普通の卵に比べてビタミンやミネラルが豊富。硬い卵殻とプリッと盛り上がった黄身が特長。日本農産工業の北海道支店が販売する。

その他の鳥類

- **滝上町の七面鳥**　旭川と紋別市の中間に位置する滝上町が七面鳥の生産と販売を行っている。スモークドターキーは、肥沃な土地で育った七面鳥を地元産ハーブと天然塩で作った特性ダレに約2週間漬け込み、丁寧に蒸し上げ、桜のチップで7時間ほど燻す。表面はつやつやのきつね色に仕上がり、桜のチップの香りが食欲をそそる逸品。滝上町七面鳥生産組合が通信販売している。なお、七面鳥の総説は巻末の付録1に掲載した。
- **エミュー**　東京農大バイオインダストリーが新規産業モデルの構築を目指して生産販売している。エミューの肉や卵、生どら焼きやソーセージなどの食品だけでなく、保湿性と浸透性に富む脂でスキンクリームなどを作り、また、卵の殻はエッグアートとして、羽毛はアクセサリー、皮はオーストリッチ風の皮革製品にしている。

県鳥

タンチョウ（ツル科） 純白で美しい姿とともに北海道を代表する鳥として広く親しまれているので制定。丹頂鶴の丹は"赤い色"を意味し、頭頂部が赤い鶴ということ。"ツル"の名前の由来は諸説あるが、"つるむ"すなわち、ツルの雄が大きな翼を広げて、首を上下に動かして舞う求愛ダンス、その後、ツルはつがいとして結ばれて"つるむ"ことになる。このつるむが"つる"となったとする説が有力だし、情景が目に浮かぶ。英名は、red-crowned Crane。工事などで、資材を吊り下げる重機のクレーン（crane）は、首の長いところが似ているところからついた。分布は、日本以外にロシア、中国にいるが、日本の丹頂鶴は留鳥性が強く、北海道で繁殖する。雌雄同色。特別天然記念物に指定されている。絶滅危惧Ⅱ類（VU）。

2 青森県

▼青森市の1世帯当たり年間鶏肉・鶏卵の購入量

種類	生鮮肉（g）	鶏肉（g）	やきとり（円）	鶏卵（g）
2000年	43,211	10,048	3,720	37,916
2005年	39,943	10,436	1,785	32,430
2010年	45,538	14,492	3,114	39,281

　青森県は、江戸時代・明治時代を通じた産業育成により現在では屈指の農畜産地となっている。農水産物を合わせると食料自給率は、北海道・秋田に次いで高位にある。畜産に関しては、かつての馬から肉牛・乳牛・豚・鶏へと転換した。肉牛に関しては、霜降り肉の多い「あおもり黒毛和牛」、赤身肉の多い「あおもり短角牛」はよく知られている。

　青森県内にも90社前後の養鶏場が存在するほど、県内産の鶏肉や鶏卵が広く利用されるようになっている。青森県は関東への卵の供給量が東北随一。ブランド地鶏としては、青森シャモロック（五戸町）、味鶏肉、津軽どり、まごころ、めぐみどりなどが知られている。奥羽山脈を水源とする地下水は、養鶏に適し、良質の卵の生産にもよい影響を及ぼしている。青森県の肉用若鶏の養鶏羽数は、全国で4位で、2008年は570万羽、2009年は611万羽で、1年間に5.2％の増加がみられている。

　東北地方の1世帯当たりの生鮮肉の年間購入量は、日本の他の地域と比べても最も少ない。鶏肉の1世帯当たりの年間購入量は北陸地方が最も少なく、次いで東北地方となっている。東北地方、青森市の1世帯当たりの鶏肉の年間購入量は、年々増加しているが、惣菜のやきとりの購入量は2005年には減少し、その後は増加している。青森市の鶏卵の購入量については、2005年に減少している。東北地方の鶏卵の購入量も2005年、2010年とも2000年に比べると減少しているが、青森市の2010年の鶏卵の購入量は2000年のそれよりも増加している。なお、2011年度の家計調査年報によると、2011年の1世帯当たりの鶏肉の購入量は13,270g（10,577円）であり、東北地方の中では購入量の多い地域であった。この傾向は2000年、

2005年、2010年でも同じようにみられた。

　青森県は八戸漁港を根拠とする三陸沖の沖合漁業、陸奥湾を中心とする魚介類の養殖業が発展した。畜産用の飼料は、これら水産業から副次的に産生される魚介類の部位から生産されているので、畜産関係の良質の飼料も生産されるという優位な地域でもある。

　青森県内の多くの人の鶏肉の利用は、から揚げ、副生物を使った串焼き（やきとり）、鉄板焼きなどの料理で食べることが多い。鶏肉と味噌を合わせて、ゆっくり煮込みながら練った郷土料理は、1930（昭和5）年に柏木農学校（現在の柏木農業高等学校）の佐々木という先生が考案したもので、柏木農学校の「柏」と鶏の別名「かしわ」の両方の名をとって「かしわみそ」と名づけた郷土料理である。

　卵料理では、青森市内、青森県内の料理店や居酒屋、すし屋がそれぞれ特徴のある茶わん蒸し、だし巻き卵、玉子焼きなどを提供している。青森は魚介類の水揚げも豊富な地域であるから、魚介類の中でカニを入れた茶わん蒸しは、青森地域の名物であるようである。

　青森の知名度の高い料理としては、B級グルメの祭典で毎年の人気上位にある「八戸せんべい汁」が、江戸時代（幕末）天保の大飢饉の頃に八戸藩内で生まれ、その後200年余りにわたって現在の青森県の南部地方の郷土料理として展開されている。南部せんべいを手で割って醤油ベースの汁がベースとなっている。これに使われる鶏肉や豚肉やそのだしも重要な材料となっている。野菜類としてゴボウ、キノコ、ネギなどが使われているので、栄養的にもバランスのとれた汁物といえよう。これに使う鶏肉が東北地方でも鶏肉の購入量が多くなっている要因とも考えられる。「八戸せんべい汁」を提供する店は、青森県内には約200店舗があり、そのうち青森市内には約180店舗もあるとのことである。

　青森県は豊かな米作地帯であり、北海道と日本海沿岸との古くからの交易による恵まれた生活の中から生まれた青森県人の外交的で進歩的な気質は、県外にも八戸せんべいを広めるようになったのだろう。東北地方での展開はもちろんであるが、東京都内にも神奈川県川崎市にも八戸せんべいの店が展開されている。これら、県外の店の展開も青森の地鶏の普及に結び付いているようである。

知っておきたい鶏肉、卵を使った料理

- **かしわ味噌**　青森県立柏木農業高等学校の人気の缶詰。ご飯に載せて食べる鶏肉を味噌で煮詰めた缶詰で、学校の名前の柏木のかしわと鶏肉のかしわから命名。
- **たまごみそ**　青森の家庭料理。各家庭でアレンジされているが、鍋にだし汁と鶏肉を入れて煮立て、味噌を溶きねぎを入れて卵でとじる。ご飯にかけても美味しい。
- **縄文鍋**　青森県産の産品で作ったご当地グルメ。県で開発した地鶏の"青森シャモロック"と、県特産でぬめりが少なく香りと歯ごたえが良く笠まで白いなめこの"初雪たけ"、出荷量全国1位の"ごぼう"、出荷量3位の"大根"、出荷量4位の"ニンジン"、東北での生産量1位の"長ネギ"、特産で柔らかくて美味しい"ネマガリダケ"を、醤油ベースの鶏がらスープで煮て、県産の野菜の中で生産額が1位で国内の4割シェアで、生産量全国1位の"長いも"をすってすいとんを作り、鍋に入れる。他に季節の野菜を入れてもよい。
- **貝焼き味噌**　地元陸奥湾の帆立貝の貝殻を鍋に見立てて作る郷土料理。ホタテの貝柱を煮て、ホタテのエキスが出たスープに味噌を溶き、ねぎを散らして卵でとじる。
- **八戸ばくだん**　イカの水揚げ高日本一の八戸が誇る、新鮮なイカや海鮮の丼物で、卵黄が中央に載り、贅沢な"たまごかけご飯（TKG）"。たれの醤油には、青森県田子特産のにんにくとショウガが入る。名前は、食べると、美味しさが口の中で爆発するところから"ばくだん"と命名された。
- **青森シャモロックバーガー**　長い年月をかけて県の畜産試験場が開発した"青森シャモロック"と、冷めても美味しい青森県産の低アミロース米"ゆきのはな"で作った「ライスバーガー」。お米を"青森シャモロック"のガラスープで炊き上げることで、ご飯の中まで鶏の旨みがしみこみ美味しく仕上がっている。空港などで販売している。
- **青森おでん**　おでん種は、たまごやこんにゃく、大根、蒲鉾のてんぷら（大角天）や筍が入るが、一番の特徴は、からしではなくおろし生姜を混ぜた味噌を付けて食べること。青森の冬の厳しい寒さに耐えられるよ

うに、体を温める生姜を味噌に入れたところ評判になり定着した郷土料理。商工会議所を中心にした「青森おでんの会」が設立されている。一般に"おでん"は、昆布や鰹節でだしをとり、醤油などで味付けをしたつゆで、ゆで卵や大根、こんにゃくなどさまざまな具材を煮込んだ料理だが、具材や味付けは各地で異なる。"おでん"のルーツは、室町時代の田楽にあるといわれている。田楽には、串に刺して焼く"焼き田楽"と、具を茹でた"煮込み田楽"があり、この"煮込み田楽"の"田"に接頭語の「お」を付けて"おでん"になったといわれている。

- **ひっつみ** 青森の八戸や二戸から、岩手県の北部に伝わる郷土料理で、すいとんの一種。鶏肉や野菜、季節の山菜など具だくさんの醤油仕立ての汁もの。小麦粉の生地を熟成することによって柔らかい弾力のある生地となる。"ひっつい"は、"引っ摘む"の方言で、生地を引っ張ってちぎり、鍋に入れることから、"ひっつみ"とよばれる。

- **せんべい汁** 八戸市周辺に江戸時代から伝わる郷土料理。鶏でだしを取った醤油味がポピュラーな鍋料理。野菜やきのこ、糸こんにゃくなどの具材を煮て、せんべい汁専用に焼いた南部煎餅「おつゆ煎餅」を割り入れて、長ネギを散らして食す。だし汁を吸った煎餅がとても美味しい。

- **うに丼** 八戸市の名勝、種差海岸周辺で作られるうに丼は、生うにではなくて蒸したうにとあわびを卵でとじた丼が一般的。昔からうにがたくさん取れるので、蒸しうににして保管する習慣があり、そこから生まれた料理。一方、生うにを使う丼は「生うに丼」として区別される。

卵を使った菓子

- **八戸うみねこバクダン** 八戸の代表的な観光スポットの蕪嶋神社のある蕪島は、ウミネコの繁殖地でも有名。この蕪島のウミネコをモチーフにしたお菓子。卵白で作ったメレンゲに、緑色の抹茶チョコと茶色のコーヒー味のチョコがコーティングされている。八戸では、空から降ってくるウミネコの糞を"ばくだん"とよんでいる。ばくだんの意味を知らないと、単にふわふわの美味しいお菓子だが、意味を知ると、確かに"糞"にもみえる。パッケージのデザインもウミネコの形をしている。

地 鶏

- **青森シャモロック** 体重：雄平均3,280g、雌平均2,680g。県畜産試験場（現在県畜産研究所）が20年の歳月を掛けて開発。横斑プリマスロックの改良種の速羽性横斑プリマスロックの母と横斑シャモの父を掛け合わせた。見た目の羽の色の姿も美しく、肉質は、ほど良い歯ごたえと濃厚なうまさが特徴。専用飼料を与え約110日飼養する。出荷2週間前にはさらに県特産のガーリック粉末を与えて育てる。青森シャモロック生産者協会が生産する。

銘柄鶏

- **めぐみどり** 体重：平均2,800g。マイロを中心とした専用飼料を与えて、第一ブロイラーが生産する。一般の鶏肉と比べて、肉色はピンクで脂肪は白く見た目はさわやかであり、またビタミンEを普通の鶏肉の5倍含む。
- **まごころ** 体重：平均2,900g。餌付けから出荷までの全飼育期間、合成抗菌剤、抗生物質未使用の飼料で育て、また、伝染病予防のワクチン以外使用していない。第一ブロイラーが生産する。飼養期間は平均52日。

たまご

- **身土不二（しんどふじ）** 「身土不二」とは「体と土は一つ」という意味で中国の書に由来する。「歩いてゆける身近な範囲に育った物を食べて暮らすのが良い」という。この考えに基づいて作った卵。使用する飼料の原料は、農場で作った有機野菜や草、飼料米、天然ミネラル。そして殻のカルシウム源は青森のホタテの殻を使う。東北牧場が生産する。
- **きみちゃんのもっこりたまご** 水と餌と鮮度保持にこだわった卵。独自の技術で水と飼料を改良して卵の波動値を高めた。今までとは一味違い、一度食べるとまた食べたくなると評判の卵。鮮度保持効果の高いシールドパックで産みたての状態で届ける。坂本養鶏が作る。

―― 県鳥 ――――――――――――――――――――――――――――――

ハクチョウ（コハクチョウ）、白鳥（小白鳥）（カモ科） 1974年鳥学会によりハクチョウはコハクチョウと称される。英名は Bewick's Swan。雌雄同色、冬鳥、全身白く、黄色い嘴の先と脚が黒い。嘴の黒い部分は、大白鳥より小白鳥のほうが大きい。昔から知られており日本書紀にも記載がある。鳴き声の真似をして"コーイ、コーイ"と呼ぶと集まってくる。青森県は多くのハクチョウが越冬のため飛来する。

3 岩手県

▼盛岡市の1世帯当たり年間鶏肉・鶏卵購入量

種類	生鮮肉（g）	鶏肉（g）	やきとり（円）	鶏卵（g）
2000年	33,894	8,988	2,122	30,790
2005年	37,257	10,675	2,435	29,641
2010年	42,698	13,535	2,249	32,404

　かつての岩手県は、三陸地方で漁獲される魚介類を除いて、厳しい自然環境に悩まされ、コメの栽培に適している耕地は少なく、穀類としてはソバやその他の雑穀の栽培をし、食料としたこともあった。現在では自然環境を活かし、多彩な食材を生み出し、高価ではないが珍しい食材も利用して「食材王国」となり、食料自給率は100％を超えるに至っている。東京・東銀座に出店されている岩手県のアンテナショップは、他の地域のアンテナショップよりもいち早く進出し売り場面積が広く品物も多いので、東京の名物店となり、上手に岩手県をアピールしている店である。

　岩手県の銘柄米の「いわて純精米」は、「ひとめぼれ」の転換したコメで、岩手県の産地を見事にアピールしている。水産物は、三陸近海やその沖合が好漁場であるから不自由しないが、サケの人工的採卵・受精・放流も行い自然のサケの生産にも力を入れている。銀サケ、ウニなどの養殖も展開させ、長期間家族が離れる遠洋漁業から家庭と養殖場を日帰りし、家族を大切にする漁業経営にも取り組んでいる漁村もある。

　岩手県の畜産としては、和牛のいわて短角和牛がよく知られている。鶏では、いわて赤どり（東磐井）、味わいどり（気仙沼）、清流赤どり（気仙沼）、奥羽州いわいどり（東磐井）、奥の都どり（東磐井）、菜・彩・鶏（東磐井）、サラダチキン（岩手郡）、さんさどり（二戸）、吟鮮鶏（二戸）、地養鶏（東磐井）、南部どり（東磐井）、南部どり赤かしわ（東磐井）、南部どり純鶏、みちのく赤鶏などの多くの銘柄鶏がある。銘柄鶏の種類の多いのは、岩手県の畜産試験場、消費者へのリサーチに基づく「南部かしわ」の生産や販売に関する積極的な戦略や助言があったことによると思われる。

このような多種類の銘柄鶏の開発は、他県よりも優れていると考えられる。県庁所在地盛岡市の1世帯当たりの鶏肉の購入量は、2000年は東北地方の中でも最も少なかったが、年々購入量は増加し仙台市や福島市の1世帯当たりの購入量よりも多くなっている。また、鶏肉の生産量は、鹿児島県、宮崎県に次いで多い。

岩手県の鶏卵の生産量は、都道府県格付け研究所のホームページ（2013年7月）によると、75,000トンで、全国では13位となっている。盛岡市の1世帯当たりの鶏卵の購入量については、2000年、2005年は東北地方では最も少なかったが、2010年には東北地方の仙台市や福島市に比べれば増加している。

これら、養鶏を交えて畜産の発達は、県民性と、小岩井農場など近代農業の舞台となった地域であったことと関係があるように思われる。すなわち、性格的には控えめだが、手をぬかずまじめに職務に取り組む姿勢は裏方の実力を発揮し、さらに今日の畜産の発展へと繋がったと考えられる。

鶏肉料理の種類には、珍しいものはないが、使用している鶏の種類は、岩手産の地鶏の店もある一方で、宮崎産の銘柄鶏を使っている店もある。鶏肉は、焼き鳥や水炊きなど、ほとんどの料理に使われる。鶏ガラは、だし用に使われている。

遠野地方の正月料理の「けいらん」は、鶏卵ではなく、米の粉に湯を加えて鶏卵の形にしたものである。かつては、病人の栄養補給のためにだけ、鶏卵を食べた時代もあった。栄養的に優れた鶏卵が、一般の人が毎日食べられるようになったのは、第二次世界大戦が終わって、健康の重要さから栄養学的研究が展開し、栄養不足のない生活が普及してからである。

知っておきたい鶏肉、卵を使った料理

- **だまこ汁**　鶏のだしで、野菜とだま（ご飯と片栗粉、地方によってはこれに牛乳を入れてよくこねて団子にした物）を煮る素朴な郷土料理。地鶏と地元の野菜、お米で作るだまこ汁で新米の収穫を祝う。お鍋で炊いたご飯をすりつぶして丸い団子にし、地鶏と野菜からでるだしで煮る。家族親戚皆で団子を作って、だまこ汁を皆で味わった。秋田のきりたんぽより歴史があるといわれている。
- **卵めん**　江刺の名物。江戸時代、幕府の禁教の迫害を避けて、長崎から

江刺に逃れてきたキリシタンがもたらしたと伝わる麺で"蘭麺"とよばれた。自由民権運動の主導者として知られる板垣退助も、お気に入りの麺で、"卵めん"と名付けたと伝わる。小麦粉に卵をたっぷり入れてのばした、腰の強さと、つるりとした食感、そして、卵の美味しさが加わった、黄金色の細麺。

- **ふすべもち** 岩手県南地方では、お正月以外でも餅をつき食べる食風習がある。"辛い"を意味する"ふすべる"から名前が付いたのがふすべもち。皮付きごぼうをそのままおろし、鍋で炒め、キジの挽肉を入れだまにならないように炒め、だし汁、醤油、酒で味を整え、輪切りの鷹の爪を加えて、つきたての餅をちぎって入れる。
- **鶏蛋湯（チータンタン、チータン）** 盛岡じゃじゃ麺を食べ終わった後、その器に生卵を割り入れ、茹で汁を注ぎ、じゃじゃ味噌といわれる特製の肉味噌を加え、かき混ぜて作るスープのこと。このスープを飲まないとじゃじゃ麺を食べた気がしないといわれる。第二次世界大戦後に満州から伝わったといわれているじゃじゃ麺は、茹でた平うどんに、特製のじゃじゃ味噌ときゅうり、ネギ、おろし生姜、好みで酢やラー油、にんにくをからめて食べる。じゃじゃ麺は、わんこそば、冷麺とともに"盛岡三大麺料理"といわれている。

卵を使った菓子

- **かもめの玉子、黄金かもめの卵** 土産菓子。大手亡（インゲン豆の一種）、砂糖、小麦粉、鶏卵で作ったほくほくの黄身餡を、カステラ生地とホワイトチョコで包んだ風味豊かなお菓子。第22回全国菓子大博覧会で「名誉総裁賞」を受賞。"黄金かもめの卵"は、栗を丸ごと1個黄身餡の中に入れ、外側の皮の表面を金箔で飾った、黄金文化平泉を代表する土産。大船渡のさいとう製菓が作る。
- **小岩井農場のアイスクリーム、マドレーヌ** 農場内で産まれた新鮮な卵と、農場内で作った濃厚ミルクで作る。卵を贅沢に使うことで乳化剤などの添加物を使わずに卵の力だけで乳化させた。クリーミーで卵の風味を活かしたコクのあるカスタードバニラ味。マドレーヌは、新鮮な卵とミルク、農場内で作った良質な醗酵バターで作る。芳香な香りとやさしい味わいが楽しめる。小岩井農場は今から130年ほど前の1888（明治

21）年、岩手山麓の裾野に広がる不毛の荒野を、国家公共のために農場にするという高邁な考えを持った小野義眞、岩崎彌之助、井上勝の3名から始まる。ちなみに小岩井農場の名前はこの3名の苗字の頭文字からつけられている。不毛の大平原の開墾は西洋式の最新の機械を使っても難航し十数年の歳月を要した。その後も度重なる苦難を乗り越えて農場事業が始まった。現在、農場は一般公開され、家畜や畜舎の見学や、バター作り体験、ガイドツアーも実施されている。園内のレストランでは農場の卵を使ったオムレツなどを食べることができる。東京の直営レストランにも毎日卵やミルクを直送し、オムレツや温泉卵が載ったスパゲッティカルボナーラなどが提供されている。

地 鶏

- **岩手地鶏** 在来種。天然記念物。原産地：岩手県。体重：雄平均1,800g、雌平均900g。岩手県北部の山間部や紫波町、県南部で飼育されていた地鶏。一時、絶滅したと思われていたが、再発見され、現在は畜産研究所で保存されている。野生色が強く飛ぶ力も強い。1984（昭和59）年に天然記念物に指定された。天然記念物に指定されている"地鶏"は他に、"岐阜地鶏""三重地鶏""土佐地鶏"。
- **南部かしわ** 体重：雌3,000～4,000g。軍鶏や岩手地鶏、ロードアイランドレッド、白色プリマスロックなどを交配して誕生。雫石の水と野菜、穀類を与え120日間の長期放し飼いすることで、ほど良い脂の旨みのある、しまった肉質に仕上がる。スープを作るとコクと甘味が出る。鍋物、焼き鳥、ソテーに向く。岩手しずくいし南部かしわ生産組合が生産する。
- **三陸地鶏** 体重：平均2,900g。軍鶏とロードアイランドレッドを交配した雄に白色プリマスロックの雌を交配。特定JASの地鶏に認定されている。平飼いで飼養期間は89日。三陸地鶏生産販売協議会が生産する。

銘柄鶏

- **純和鶏** 体重：平均2,700g。純国産の紅桜の雄に小雪の雌を交配して生まれた純国産のブランド鶏。肉質はジューシーで旨みが濃く、弾力のある食感。日本人が美味しいと実感できる味わい。平飼いで飼養期間は平均64日以上。仕上げ用飼料にハーブを配合。ニチレイフレッシュファ

ームが生産する。

- **さわやかあべどり**　体重：平均2,900g。植物性の原料を中心とした飼料で育てたので、低脂肪で肉食もピンクで鶏特有の臭いもない。また、トウモロコシを使わないので脂肪も白色。一般の鶏肉よりビタミンEが多い。平飼いで飼養期間は平均48日。白色コーニッシュの雄と白色プリマスロックの雌の交配。阿部繁孝商店が生産する。
- **南部どり**　体重：雄平均2,750g、雌平均2,750g。美味しさの追求と防疫対策のために、フランスから南部どりの祖父母にあたる赤どりの原種鶏を独自に輸入して作り上げた。飼料はすべての期間、抗生物質や合成抗菌剤は不使用で、薬の代わりに抗菌力の高い納豆菌やハーブオイルを使用。やわらかい脂を作るために、飼料に中鎖脂肪酸を多く含むココナッツオイルを加えて、まろやかな食感の肉質を実現したオリジナルチキン。レッドコーニッシュの雄に白色ロックの雌を交配。アマタケが生産する。
- **奥州いわいどり**　岩手県南部の磐井地方で生産される。専用飼料は、植物性タンパク質を中心にし、ブナやナラなどの広葉樹の樹液と、海藻粉末、ヨモギ、木酢液などを配合。鶏舎の床暖房に鶏糞ボイラーを利用した、平飼いの環境対応型養鶏。白色コーニッシュの雄と白色ロックの雌の交配。一関市のオヤマが生産する。
- **奥の都どり**　体重：雄平均2,900g、雌平均2,900g。岩手県南部の磐井地方で生産される。専用飼料は、植物性タンパク質を中心にし、ブナやナラなどの広葉樹の樹液と海藻粉末を配合。平飼いで飼養期間は平均49日。鶏舎の床暖房に鶏糞ボイラーを利用した、環境対応型養鶏。白色コーニッシュの雄と白色ロックの雌の交配。一関市のオヤマが生産する。
- **地養鳥**　体重：雄平均2,900g、雌平均2,900g。植物性タンパク質中心の飼料に炭焼きのときに発生する木酢液を主原料とした地養素を配合。全国地養鳥協会員指定製品。平飼いで飼養期間は平均49日。白色コーニッシュの雄と白色ロックの雌の交配。オヤマが生産する。
- **菜・彩・鶏**　体重：平均2,900g。鶏肉嫌いの原因の独特の匂いを低減するために、飼養期間後期には、動物性タンパク質を含まない飼料で育てる。仕上げにはビタミンEを強化した飼料を使用。飼育期間中は抗生物質や合成抗菌剤は不使用。平飼いで飼養期間は平均54日。白色コーニッシュの雄と白色ロックの雌の交配。十文字チキンカンパニーが生産する。

- **みちのく清流味わいどり** 体重：平均2,900g。産地、生産者、飼育法などの生産情報を開示し、木酢酸、海藻、ハーブ抽出物を添加した飼料を与えた若どり。平飼いで飼養期間は平均50日。白色コーニッシュの雄と白色プリマスロックの雌の交配。住田フーズが生産する。
- **鶏王** 体重：平均2,900g。飼養期間後期と仕上げの飼料には、アスタキサンチンを含む天然酵母のファフィア酵母とパプリカ抽出物を加え、肉色を視覚的に差別化した。さらに、仕上用飼料にはエゴマ油を加えてω3系脂肪酸のα-リノレン酸を強化した。平飼いで飼養期間は平均60日。白色コーニッシュの雄と白色ロックの雌の交配。十文字チキンカンパニーが生産する。
- **五穀味鶏** 体重：平均2,900g。コクと旨みのために、とうもろこし、丸大豆、マイロ、玄米、ライ麦の5種類の穀物を加えた専用飼料を使用。第一ブロイラーが生産する。飼養期間は平均50日。

たまご

- **北の卵** ビタミンEを強化した卵。専用の植物性飼料に丸大豆や伊藤忠飼料独自のヤシの実の油を配合。白玉で4個入り、6個入り、10個入りがある。飼料メーカーの伊藤忠飼料のグループ会社のアイ・ティー・エスファームが生産する。
- **イーハトーヴ物語** 地元産の雑穀や300種類もの有機酸とアミノ酸を含んだ天然由来の独自飼料と、水質バランスのとれた活性水を与え常に健康管理と衛生管理に気を使って作った卵。農場から出る鶏糞は米やホップ栽培の肥料に活用。北山山系の種山高原の麓に位置する菊池農場が生産する。「イーハトーヴ」は宮沢賢治が描いた理想郷。

その他の鳥

- **ホロホロ鳥** 花巻市の石黒農場が生産し、全国に販売。盛岡だけでなく、東京や横浜、福岡のお店で食べることができる。ホロホロ鳥はアフリカ原産のため寒さに弱いが、花巻に湧き出る温泉を床暖房に使い飼育している。肉質は、野鳥のようなクセや臭みがなく、白身の肉質はやわらかく弾力があり、脂肪分も少なくあっさりとした味わい。ヨーロッパでは、牛肉に匹敵するほど美味といわれ「食鳥の女王」と称される。家畜化の

歴史や名の由来などは付録1を参照。

県鳥

キジ、雉（キジ科） 英名は Japanese (Green) Pheasant。オスは、胸の緑色、赤い顔が美しい。首に白い輪があるのは、高麗雉（こうらいきじ）。漢字の雉のつくりは、"とり"の意味で、矢のように飛ぶ鳥からきている。命名は、"ききん"とも"けけん"とも聞こえる鳴き声に由来するといわれている。生息域は、平地や山地の農業地、林の藪地、河川敷、草地など。岡山県も県鳥に指定。留鳥。

---

4 宮城県

▼仙台市の1世帯当たり年間鶏肉・鶏卵購入量

種 類	生鮮肉 (g)	鶏肉 (g)	やきとり (円)	鶏卵 (g)
2000年	39,094	9,810	1,537	34,824
2005年	36,528	9,332	1,686	33,401
2010年	38,613	10,722	1,875	28,119

仙台市の名物肉料理には、牛タン料理がある。もともとは、仙台牛の牛タン(「タン」は英語の tongue に由来)焼きとして庶民の料理から始まったものである。今でも、牛タン定食、牛タン弁当が人気なのは、庶民の料理の名残であろう。比較的脂肪含有量が多く、やわらかい肉質であることが人気となったのである。焼肉用な食べ方、茹でてワサビ醬油で食べる方法などがある。牛タンを食べるのは仙台市だけと思われがちであるが、以前から畜肉の副生産物として串焼きなどで食べられていた。総務省統計局発行の「家計調査年報」には「牛タン」の項目がないのは、全国の焼肉店で利用しているものの、家庭での利用が少なく、一般消費者への販売量が少なく、地域的な専門店での利用が多いからであると思われる。

仙台市の名物が牛タン料理であるなら、牛肉の購入量を参考にする。「家計調査年報」(総理府統計局)によると、仙台市の年間(2000年、2005年、2010年)の1世帯当たりの牛肉・豚肉・鶏肉の購入量の変移は表のとおりである。

▼仙台市の1世帯当たりの食肉の年間購入量

	鶏肉 (g)	牛肉 (g)	豚肉 (g)
2000年	9,810	7,198	17,942
2005年	9,332	4,700	19,694
2010年	10,722	5,238	19,198

表に示されているように、2005年の鶏肉・牛肉の購入量が減少しているのは、鳥インフルエンザ感染やBSEの発症と関係があったのかもしれ

ない。どの年代でも鶏肉や牛肉の購入量が豚肉に比べて少ないのは昔からいわれている東北地方の豚肉食文化の影響によるものと思われる。現在、利用している牛タンは、カナダから輸入している。

牛タンが庶民の料理として発達したのだから、仙台市では鶏肉も庶民の料理として発達できる要素はもっているといえるが、県庁所在地を仙台市とする宮城県は、古くから笹かまぼこで知られているように水産加工品の発達している地域なので、養鶏の発達が遅れたのではないかと推察している。宮城県人はあれこれと工夫するのが得意らしい。牛タン料理は、捨てる副産物の利用として工夫されたものかもしれない。仙台市は東北地方で他所のものを受け入れやすい地域であるので、県外とくに東京を中心とする関東地方の料理を積極的に導入したと思われる。

宮城県のよく知られている銘柄鶏は、みちのく鶏である。銘柄牛には仙台牛（仙台牛）、漢方和牛などがある。みちのく鶏は、主として、正肉、副産物（内臓など）が出荷されている。県内には30カ所以上の養鶏場があり、それぞれこだわりの鶏を生産している。宮城県の銘柄鶏には、みちのく鶏のほかに、COOP若鶏、宮城県産森林どりが生産されている。

鶏卵についても、赤玉の卵も白色の卵も生産し、県内に販売している。鶏卵の1世帯当たりの購入量は、2000年よりも2005年が少なく、2010年はさらに少なくなっている。2011年の購入量は、29,843gと少し増加している。2000年以降、卵の価格が少し高くなったことも関係し、2011年以降になりやや安定してきたために購入量が増加したと考えられる。

宮城県の農家での鶏卵の利用は、主として「卵かけご飯」で、農家の庭の鶏舎で飼育していた鶏が毎日、産み落とした生卵を割卵し、濃口醤油を入れ、かき混ぜてご飯にかけて食べる素朴な食べ方ではある。毎朝食べる1個の生卵は、農家の人にとって大切なたんぱく質供給源であった。港町で生活している人は、サケの卵のイクラや筋子を利用する機会が多かったので、鶏卵を利用する機会は少なかった。

知っておきたい鶏肉、卵を使った料理

- **卵入りうー麺**　郷土料理。白石市名物の温かい素麺で、通常、植物油を塗りながら麺を延ばすところを、油を使わないで作り、長さも約10cmと短いことが大きな特徴。"温麺（おんめん）"が、"おう麺""うー麺"に転訛した。

江戸時代、孝行息子が病床の父親のために、油を使わないで、消化が良く、体が温まる食べ物として作ったのが始まりといわれる。栄養価を高め、色どりよくするために、卵が練り込まれている。白石地方は、水の質が良く、冬の蔵王おろしは、そうめんの乾燥に適していた。江戸時代には、"白石三白"といい、和紙と葛粉とともに、このう一麺が白石の名産で、盛んに製造されていた。

- **甘ったれうどん** 蔵王のご当地グルメ。北海道産の小麦粉で打ったうどんを茹で、醤油ベースの甘い特製ダレをかけ、生卵の黄身を載せ、刻みねぎを散らしたうどん。トッピングには、削り節や納豆、しらす、などをお好みで。名前は、スープが「甘いたれ」なのと「作り方が簡単で"あまったれ"る」に由来する。"卵かけご飯（TKG）"や讃岐の"かまたまうどん"にヒントを得たようだ。蔵王町の高野本店が作る。
- **石巻やきそば** 郷土料理。蒸籠で二度蒸した茶色い麺が特徴の焼きそば。元々は日持ちを良くするために二度蒸しを始めたが、その独特に香ばしい香りが評判になった。焼きそばの上に目玉焼きが載るのが定番。味付けは、ソースではなく魚介のだしが基本だが、最近は各お店で独自の工夫がなされている。

卵を使った菓子

- **萩の月** 卵を使った銘菓。宮城県の県花のミヤギノハギが咲き乱れる宮城野の空に浮かぶ名月をかたどったお菓子。卵をたっぷり使ったカスタードクリームを高級カステラ生地でふんわりと包んだ。仙台市の菓匠三全が製造する。

地　鶏

- **蔵王地鶏** バブ・コーチンや烏骨鶏などから作られた秦山鶏と名古屋コーチンを交配。烏骨鶏の血を引き、鶏肉の繊維質が細くしっかりしており、適度な歯応えが特徴。穀物主体の専用飼料により、余分な脂肪が付かずに、独特の風味がある。

銘柄鶏

- **宮城県産森林どり**　体重：平均3,000g。専用飼料に森林エキスの木酢酸とビタミンEを加えて育てた、低カロリーで低脂肪、ビタミンEが豊富なヘルシー若どり。飼養期間は平均52日。鶏種はチャンキー。丸紅畜産が生産する。
- **みちのく鶏**　空気の清浄な環境のもとで、カボチャの種子、スイカズラの花などを加えた特殊な配合飼料を与え、宮城県桃生郡で生産されている。

たまご

- **花たまご**　良質の魚粉やきな粉を豊富に与えるのでDHAやレシチン、ビタミンが卵に多く含まれているので、健康志向の強い方に合った卵。DHAは頭を良くするといわれており、ビタミンEは抗酸化作用、レシチンは生活習慣病の予防に。ヒナの時から安全安心の飼料で育った鶏が産んだ卵。花兄園（かけいえん）が生産する。
- **宮城栗駒高原　森のあおば**　飼料に酵母と酵素を加えて健康な親鳥から産まれた新鮮で美味しい卵。ヒナのときから十分な体調管理を行い、元気に育てた若い鶏から産まれた卵。岩島産業が生産する。

> **県鳥**
>
> **ガン、雁、かり（カモ科）**　大型の水鳥の総称で、白鳥に次いで大きな、マガン、ヒシクイなど代表的な渡り鳥を指す。宮城県は国内最多のガンの飛来地。"カリ"の名前の由来は、春になると北へ帰ってゆく"帰り"の中略とする説が有力だ。雌雄同色で地味。渡り鳥は、群れで飛ぶ際、気流の乱れを避けるためにV字編隊飛行をする。マガンは準絶滅危惧（NT）、ヒシクイは絶滅危惧Ⅱ類（VU）。

5 秋田県

▼秋田市の1世帯当たり年間鶏肉・鶏卵購入量

種類	生鮮肉 (g)	鶏肉 (g)	やきとり (円)	鶏卵 (g)
2000年	41,865	12,121	2,669	34,571
2005年	38,787	12,578	2,025	27,721
2010年	42,053	14,121	2,102	28,118

　秋田県は、江戸時代以来コメの産地として知られている。とくに、1984（昭和59）年に、病気に強く、優れた食味をもつ「あきたこまち」が開発されてから、さらに秋田のコメは人気となっている。農作物では畑のキャビといわれているホウキギの実の「とんぶり」、三種町の沼でとれるジュンサイなどの珍しい天然物もある。

　秋田料理で有名な「きりたんぽ鍋」に欠かせないのが鶏肉である。本来は、秋田の「比内鶏」を使っていた。この比内鶏が現在は天然記念物として保護されている。そこで、比内鶏の雄とロードアイランドレッドの雌を交配した「比内地鶏」が開発され、この肉がきりたんぽ鍋の材料として使われている。

　きりたんぽは、秋田産のコメを炊いてご飯とし、これをすり鉢の中ですりつぶし、杉木を材料とした串に細長く竹輪のように巻き付けて焼いたもので、比内地方の郷土料理の一つである。きりたんぽ鍋は、比内地鶏のだし汁の中にきりたんぽ、野菜類、マイタケを入れ、さらに比内地鶏の正肉を食べやすい大きさに入れてしょっつる（魚醤油）の味付けで食べる。

　きりたんぽ鍋の具材は、団子状に丸めたきりたんぽの「だまっこ」「だまこもち」、マイタケ、その他の野菜を使う。比内地鶏の肉が入り、魚醤油の「しょっつる」で汁の味を調える。これらの動物性食品も植物性食品も使われているところから栄養学的にはバランスのとれている料理に組み立てられている。だまっこからはでんぷんやブドウ糖などの糖質、野菜やキノコからは食物繊維、ビタミン類、ミネラル類、鶏肉からはたんぱく質や脂肪などの各種栄養素が体内に取り入れることになる。酒の強い秋田県

の人にとっては、酒の肴としても理想的な鍋なのである。

　秋田県の県庁所在地秋田市の1世帯当たりの年間の鶏肉購入量は東北地方の中でも2000年が12,121g（東北地方は9,430g）、2005年は12,578g（東北地方は9,901g）、2010年は14,121g（東北地方は10,949g）で、常に東北地方の1世帯当たりの購入量より多く、東北地方の他の県庁所在地の購入量よりも最も多い。このことは、秋田県の銘柄鶏の比内地鶏の利用と結びついていると思われる。

　比内鶏は、秋田県の鹿角(かづの)地方で飼育されている地鶏で、1942（昭和17）年に天然記念物に指定された。そのため、食用とすることは、法律で禁じられている。この比内鶏の雄とロードアイランドレッドの雌を交配して誕生したのが、一代雑種の比内地鶏である。秋田県大館地方原産の地鶏となっている。体形は軍鶏(しゃも)に似ていて、小型で肉色は赤系で適度の脂肪も含む味の良い鶏肉といわれている。150日以上も平飼いしたものが出荷される。

　秋田には美人が多いといわれ、「秋田美人」の誕生には歴史的な由来があるようだが、冬は豪雪に打ち勝つ生活を続けなければならないことから、物静かで、誠実で、家族や親戚とのつながりを大切にする性質が自然と会得していくのだろうという説があり、「秋田美人」は顔や体形だけでなく心も美しいのであるともいわれている。美人の肌の健康に成分として話題となっているコラーゲンは、コラーゲン分子の形で体内に取り入れることは考えにくいところである。しかし、鶏肉の皮についているコラーゲンは鍋の中で煮込まれているときに、ゼラチンに変化し、このゼラチンは体内でアミノ酸やペプチドに分解されてから取り入れられる。きりたんぽ鍋を食べてアミノ酸を体内に取り入れているので、秋田の女性は美人といわれているのかもしれない。比内地鶏の出荷形態は、中抜き、正肉、副生産物（内臓など）、カット正肉などであるから、料理は焼き鳥、から揚げ、網焼きなどすべてに適している。比内地鶏は、適度な脂肪を含み、脂肪球が細かいので鍋の材料としては最適である。

　比内地鶏のうま味は、ブロイラーや採卵鶏に比べイノシン酸を多く含んでいることによるといわれている。脂質を構成する脂肪酸としてオレイン酸が多いので心臓病の予防によいともいわれる。主成分のたんぱく質を構成しているアミノ酸には、肝臓の働きを活性化するメチオニンが多いので、酒好きの秋田の人にとって、比内地鶏を食材として加えたきりたんぽ鍋は、

肝臓の障害を予防する料理となっていると推察する。

知っておきたい鶏肉、卵を使った料理

- **きりたんぽ鍋** 秋田を代表する名物料理。秋田名産の比内地鶏に、お米で作った"きりたんぽ"を入れた郷土の鍋料理である。"きりたんぽ"は、うるち米にもち米を10％ほど混ぜて炊き、熱いうちに粒が少し残るくらいまですり潰して、秋田杉の丸串にちくわのように巻きつけて炭火で焼いたもの。比内地鶏のだしと肉、きりたんぽから香るほのかな杉の香りと焦げたご飯の香りが食欲をそそる。昔の山鳥やキジの味を再現するには比内地鶏でなければ美味しさは半減するといわれている。名の由来は、棒に巻きつけた形が、稽古用の槍の穂先「たんぽ」に似ているからといわれる。"きりたんぽ"は、戦国時代の武士の兵糧食として作られたという説と、大阪冬の陣の落城の際に真田幸村が考案したという説、熊などを撃つまたぎや木こりが山に入ったときの携行食だったという説などがある。
- **だまこもち、だまこ鍋、だまっこ汁** 郷土料理。きりたんぽにする前のすりつぶした米を団子状に丸めて、鶏肉や白菜、ネギといった季節の野菜やキノコなどの山菜を、鶏がらのスープで煮た料理。団子は煮崩れを防ぐために塩水に漬けておく。素朴だが美味い家庭料理。
- **八郎潟の鴨鍋** 冬になると八郎潟に渡来する鴨は貴重なタンパク源で、昔から地元の人も食べる町の特産品。現在は地元の「八郎潟町マガモ生産組合」が有機米を生産する農家の水田などで鴨を飼養している。鴨肉は、独特の風味と甘味、そして、食感はほど良い歯ごたえがある。季節の野菜と作る鍋は、風味ある鴨の脂がしみて美味しい。
- **かやき** 郷土料理。帆立貝の殻を鍋にして作る料理で「貝焼」が語源。材料は、特産の比内地鶏などの鶏肉や地元の名産のはたはなどの魚介類と季節の野菜、豆腐など。材料を貝の上に並べて、しょっつるか味噌で味を付け、貝風呂という小さな七輪で煮る。冬は鴨肉が使われる。
- **お狩場焼き** 江戸時代、角館城主の佐竹北家が、鷹狩をして獲ったキジや鴨などを、その場で山椒味噌を付けて焼いた野趣あふれる料理が発祥。狩場で焼いて食べるから"お狩場焼き"という。
- **秋田比内地鶏弁当、比内地鶏鶏めし弁当** 比内地鶏のガラスープで炊き

上げたあきたこまちを使用。ご飯の上に比内地鶏のしぐれ煮や肉そぼろを載せ、比内地鶏のササミフライ、季節の山菜の煮物、そして、特産品のいぶりがっこが付いた、地元の味を堪能できる駅弁。伝統工芸の曲げわっぱに入ったものもある。

- **鶏めし弁当（大館）** 1899（明治32）年創業の大館市の㈱花善が作る評判の駅弁。戦後の物のない時代に配給の米、砂糖、醤油、ごぼうだけで工夫して作った料理が"鶏めし"の原型といわれる。その後1947（昭和22）年に醤油で甘辛く煮た鶏肉と玉子のそぼろを使って"鶏めし弁当"を発売した。お弁当の容器は、保温性と殺菌効果のある秋田杉の曲わっぱを使用し、冷めても美味しいご飯のために、季節によって炊き方を工夫している。お米は県産のあきたこまちを使用。ご飯多めの満足弁当。
- **高原比内卵のピクルス** 比内地鶏の卵で作った珍しい卵のピクルス（酢漬け）。アメリカの料理研究家のヘジン氏のレシピを再現して、比内地鶏生産の「秋田高原フード」と、秋田のレストラン"テーブル・ヒルズ・キッチン"の山本シェフが作った。そのまま料理に使ってもよいが、サラダ、ソースなど工夫すると良いアクセントになる。
- **横手の焼きそば** ルーツは戦後の屋台という庶民に親しまれ続けた焼きそば。茹でたストレートの太麺、具は豚挽き肉やキャベツ、上に半熟の目玉焼きを載せるのが特長である。また、紅しょうがではなくて福神漬けが添えられる。ソースはやや甘めだが、トッピングの目玉焼きをからめて食べると美味しい。横手やきそば暖簾会が全国PRを行い、ご当地グルメとして知名度が高い。

卵を使った菓子

- **金萬** 秋田銘菓。卵を混ぜて味に深みと濃厚さを持たせた白餡を、蜂蜜と卵を贅沢に使った皮で包んで焼いた菓子。金萬が作る。
- **かまくら** 横手のカステラ饅頭。卵たっぷりのカステラ生地で、卵黄入りの黄身餡を包み、冬の横手の風物詩のかまくら形に成形し、雪のように砂糖を降りかけたお菓子。

地鶏

- **比内地鶏** 秋田県北部の比内地方で昔から飼われていた比内鶏は、藩政

時代には年貢として納められるほどその肉やスープは美味しかった。今は天然記念物に指定されて保護保存されている。現在、比内地鶏の系統は県内に二つある。秋田県畜産試験場が天然記念物の比内鶏とロードアイランドレッドを交配して作出した比内地鶏の系統と、これより以前から比内鶏を収集し、保存していた佐藤広一氏らの黎明舎系統とがある。前者は、ストレスを避けるために十分に広い環境で、野鶏のように飼養している。また、後者は、風味や食感に優れた雌鶏だけを選別し、ストレスなく衛生的に育てるために、ゆとりのあるケージで個体管理して飼育している。どちらも150日以上も飼育するので肉質もしまり旨みも良い。比内地鶏は、愛知の名古屋コーチンや鹿児島の薩摩鶏と並ぶ日本三大美味鶏といわれる。JAあきた北中央比内地鶏振興部会や、秋田高原フードなどが生産する。

たまご

- **高原比内地鶏卵**　地鶏で説明した秋田高原フードがストレスなく衛生的に産ませた比内地鶏の卵。
- **あやめ卵**　専用飼料に鶏のお腹の調子を整えるために納豆菌と有用微生物群を加えて産まれた卵。米とりんごと養鶏の町の平鹿町の樽見内耕新農場が生産する。

その他の鳥

- **八郎潟のまがも**　冬になると八郎潟に渡来する鴨は貴重なタンパク源で、昔から地元の人も食べる町の特産品。独特の風味と脂の旨味、歯ごたえのある食感が好まれていたが、狩猟できる量が少なく値段も高かった。そこで、10年ほど前に、鴨が渡来するのと同じような環境で鴨の飼育がスタートした。八郎潟町マガモ生産組合が生産している。有機米を生産する農家の水田で約2カ月間放し飼いにし、その後、組合が湖で獲れるワカサギなど与えて約3カ月飼育する。「鴨鍋セット」と「燻製品」が売られている。

> **県鳥**
>
> **ヤマドリ、山鳥（キジ科）** 長い尾羽が特徴の日本固有の種。生息域は雉とは異なり山の中なので、山鳥という。奈良時代から山鳥として知られており、万葉集や小倉百人一首にも歌われている。英名は、Copper Pheasant。銅色の雉。群馬県の県鳥にも指定されている。

⑥ 山形県

▼山形市の1世帯当たり年間鶏肉・鶏卵購入量

種類	生鮮肉 (g)	鶏肉 (g)	やきとり (円)	鶏卵 (g)
2000年	38,789	9,732	1,782	35,445
2005年	37,811	10,143	2,117	30,776
2010年	45,378	11,438	2,478	32,694

　山形県の北西部は、日本海に面しているが、県の中央部は最上川が流れ、四方が山地に囲まれた盆地と平野が多い。盆地は、南から米沢・山形・新庄の盆地が形成され、平野は南から置賜・村山・庄内の平野が形成され、最上川は庄内平野を潤して日本海にそそいでいる。山形の人々、とりわけ、庄内地方の人々は海、川、山野の幸に恵まれ、住みよい地域に暮らしているのである。

　江戸時代には、庄内平野で収穫した「庄内米」を北前船で京都・大阪（当時は大坂と書いた）へ運び、京都や大阪との交易があったために、京都の文化が山形に伝来し、その影響による言語・芸能・食習慣などが残っているところがある。山形県内の各地には、その地域独特の野菜や山菜があるのは、京野菜の栽培の影響と思われている。とくに、郷土料理の味付けには、味噌仕立てという京料理の影響が残っている。

　山形県の県庁所在地山形市の市民の1世帯当たりの食肉の購入量をみると、2005年の牛肉の購入量が2000年、2010年と比べると、減少している。これに対して、2005年の豚肉や鶏肉の購入量は2000年よりも増加しているのは、BSEが関係していると推測している。

▼山形市の1世帯当たりの食肉の購入量

種類	牛肉 (g)	豚肉 (g)	鶏肉 (g)
2000年	10,862	15,312	9,732
2005年	7,071	17,803	10,143
2010年	9,176	21,789	11,438

　山形県の郷土料理、芋煮会の材料の肉の種類は牛肉や豚肉で、鶏肉を使

うことはあまり聞かない。

　山形市市民の年間の食肉の購入量は、牛肉よりも豚肉利用が多いことは、東北地方全体の豚肉文化の影響による。ただし、関東では山形牛や米沢牛を利用するすき焼き専門店は多い。このことは、自分たちの食生活に利用する食肉は、昔からの食文化を受け継いでいることを意味し、生活のための収入源として牛肉が存在していることを意味している。

　家計調査によると、山形市の1世帯当たりの鶏肉の購入量は、豚肉に比べれば少ないが、山形市の2011年の鶏肉の購入量は12,034gと前年よりも多くなっていることから、2012年以降も増加すると推測している。総じて、日本の各家庭の生活費は減少か、物価上昇に追随していけない家庭が多いことから、感染症などの突然の事故がなければ、計画生産が可能な鶏肉を購入し、重要なたんぱく質供給源となると推測している。山形県内の鶏卵の生産は「都道府県格付研究所」のホームページ（2013年8月）を参考にすると年間12,000トンで、全国では35位である。

　山形県の地鶏や銘柄鶏には、赤笹シャモ（観賞用で、山形地鶏の交配に使われた）、やまがた地鶏、出羽路どり、山形県産ハーブ鶏などがある。

　鶏肉も鶏卵も出荷先は主に山形県内で、一部は関東へも出荷している事業所がある。鶏肉や鶏卵の料理には、全国的に普通にみられるものが提供され、特別なものはないようである。

知っておきたい鶏肉、卵を使った料理

- **鳥のもつ煮**　郷土料理。鶏のレバーや砂肝、キンカン（卵巣）、皮などを軟らかく煮込んだ料理。最上地方では鶏を飼う農家が多く、農村部では祝い事があると鶏をさばいてお祝いした。新庄市周辺も養鶏業が盛んで鶏料理が定着しており、家庭でも日常的に食卓に登場し、居酒屋では定番のメニューだ。なお、新庄では他にも牛のモツも馬のモツも食べる。なお、鳥もつの名称の説明は、巻末の付録3の「焼き鳥」の説明を参照。
- **愛をとりもつラーメン**　愛を鳥もつラーメン。新庄市で食べられているご当地ラーメン。養鶏業が盛んだった新庄で昔から食べられている"鳥のもつ煮"を入れたラーメン。縮れ麺で鶏がらスープのあっさり醤油味。鳥もつもあっさりしてラーメンによく合う。酢を入れても美味しい。大正時代に開店したお店もあるほど歴史がある。「愛をとりもつラーメン

- COME 店そば　かむてんそば。ご当地グルメの蕎麦。山形の日本そばは美味しいことで全国的に評判が高い。その中でも新庄には自慢の日本そばがある。そのそばに、今や新庄名物となった"鳥もつ"をトッピングした。そばつゆと鳥のもつ煮は相性が良い。新庄駅前商店街が開発した。
- とりもつバーガー　ご当地グルメのハンバーガー。刻んだ鳥のもつ煮を混ぜたチキンのパテを使い、メンマと白髯ねぎをトッピング。ソースは中華風ソース。有志が「もつラボ」を結成して新庄のもつ文化で町興しを進めている。
- 冷やしとりそば　寒河江で提供される冷製のそば。暑い山形の夏を乗り切るため茹でたそばを冷水でしめ、冷たい鶏だしをかけ、スライスした鶏肉、ねぎを載せて食す。山形には、"冷やし"と付く料理が多く、氷の載った冷やしラーメンや冷たいお茶漬けもある。
- スモッち　殻付きの鶏卵を、桜とサクランボのチップで燻製にしたスモークエッグ（燻製たまご）で、中の黄身はしっとりとした半熟の状態。1個ずつ包装されているので、開封するとスモークの香りが漂い、食欲をそそる。白い卵の「スモッち」と、少しコクのある赤い卵の「スモッち GOLD」がある。天童の半澤鶏卵が販売する。

卵を使った菓子

- ホワイトロール　300年以上前に創業した鶴岡市の清川屋が製造する洋菓子。卵黄を使わずに卵白だけで作られたもちもちのスポンジで、県内産のフレッシュ牛乳を使ったミルキーな極上の生クリームを包んだ洋菓子。
- おしどりミルクケーキ　長く愛されている山形を代表するお土産品。卵と牛乳由来のタンパク質やカルシウムが豊富に含まれており、食べる牛乳といわれている。味は、イチゴ、抹茶などもあるが、山形名産のさくらんぼの佐藤錦や洋ナシのラフランスをブレンドした商品もある。東置賜郡の日本製乳が作る。

地鶏

- **やまがた地鶏** 体重：雄平均3,000g、雌平均2,000g。県農業総合研究センターが赤笹シャモと名古屋種、横斑プリマスロックを交配して2003（平成15）年に開発した地鶏。もも肉が赤みを帯び、旨みに優れ、コクがあり、見た目と味わいを兼ね備えた鶏肉。グルタミン酸がブロイラーより10％多いのも特徴。平飼いで「やまがた地鶏飼養管理マニュアル」に準じて約140日間もの長期間飼養。やまがた地鶏振興協議会が生産する。

銘柄鶏

- **山形県産ハーブ鶏** 体重：雄平均3,000g、雌平均2,900g。植物性飼料に天然ハーブを添加した飼料で育てるので、鶏肉の嫌な臭みが少なく、コクのある鶏肉に仕上がっている。飼養期間は平均50日。鶏種はチャンキーやコブ。ニイブロが生産する。

たまご

- **朝採り紅花生たまご** 衛生的な鶏舎で、厳選した飼料と、山形県産の紅花や米ぬかなどを与えることで、卵白は生臭みが少なく、卵黄に甘みとコクが感じられる。美味しさと鮮度にこだわった卵。鶏が元気になるように健康管理を徹底。山田ガーデンファームが生産する。
- **山形の活卵** のびのびとした広く清潔な鶏舎、山形の自然が育てた飼料を食べた、ストレスのない健康な鶏が産んだ卵。板垣養鶏場が生産する。

その他の鳥

- **ダチョウ飼育** 朝日町で飼育し、肉と卵、そして、皮を加工して高級皮革のオーストリッチとして販売している（ダチョウの説明は付録1を参照）。

- 県鳥 -

オシドリ、鴛鴦（カモ科） 雄の冬羽は、緑色の冠毛と翼に栗色から橙色のイチョウの葉の形をした反り上がった剣羽、思羽があり、胸は紫、背はオリーブ色で非常に美しい。名前の由来は、雌雄が寄り添って泳いだり休むので、雌雄の仲が良いことに由来し、"鴛鴦夫婦"や"鴛鴦の契り"の言葉もある。英名はMandarin Duckで雄の冬羽が、中国清朝時代の官史風の服装に由来。長崎県、山形県、鳥取県も県鳥に指定。

7 福島県

▼福島市の1世帯当たり年間鶏肉・鶏卵購入量

種 類	生鮮肉（g）	鶏肉（g）	やきとり（円）	鶏卵（g）
2000年	34,934	8,380	1,782	35,953
2005年	31,998	8,600	2,209	33,655
2010年	34,948	10,262	2,695	32,694

　福島県は、いわき市周辺を中心とする「浜通り」、福島市・郡山市・白河市など東北本線や東北新幹線周辺を中心とする「中通り」、会津若松や磐梯山を中心とする山間部の会津地方の3つの地域に区別され、それぞれの食文化に違いがある。浜通りは、水産物の豊富な地域であったが、2011年3月11日の東日本大震災に伴う東京電力の福島第一原子力発電所の事故が起きた。電力関係が機能しなくなっただけでなく、震災後3年以上も経過しているのに、復興どころか、福島原子力発電所周辺には人が住めないほどに放射性物質が飛散し、放射能レベルは高濃度になり、また、放射性物質が海洋にも流出し海洋の放射性物質による汚染、海洋に生息している魚介類の放射性物質による汚染が続いているため、いまだに養鶏ばかりでなく田畑での農作物の栽培もできない状況である。

　福島県産の地鶏や銘柄鶏は中通りの川俣の「川俣シャモ」と伊達地方の「伊達鶏」、山間部の会津地方の「会津地鶏」がある。川俣地方と伊達地方は、福島第一原子力発電所から離れてはいるが放射性物質により汚染された地域もあり、いまだに避難している人がいる。川俣地方から会津へ避難した養鶏業者には再び川俣地方で川俣シャモの飼育のできることを期待しながら、避難地で細々と川俣シャモの飼育を続けている。川俣シャモも伊達鶏も阿武隈山系の自然の中で、開放鶏舎で健康で安全・安心な鶏の飼育を行っているので、目には見えない放射性物質による鶏舎の汚染を常に気にしていなければならないのである。

　鶏卵の購入金額で県庁所在地の福島市は購入金額全国2位（1位は神戸市、3位は堺市）。福島市の1世帯当たりの生鮮肉の年間購入量は、

34,000g台を推移しているが、2005年の購入量がやや減少している。この原因として家畜・家禽の感染症の発生が関係していると推測している。鶏肉の購入量は2000年よりも2005年、2005年よりも2010年と増加している。市販のやきとりの購入量も鶏肉の購入量と同じような傾向である。このことは、家庭での鶏肉料理が増えただけでなく、調理済み食品の利用傾向が増加していることと関連している。また、全国的に鶏肉を購入する理由として「価格が手ごろ」をあげている人は多い。食肉を購入するときの重要なポイントが「値段の手ごろなこと」にある人が、全国的に多い傾向がみられることから、今後とも鶏肉の購入量は増える傾向があると推測している。

福島県の会津地方の知名度は、NHKの大河ドラマ「八重の桜」(2013年)によって高くなっているが、鶏肉を使った食べ物に限ると福島県の中央部に位置する喜多方が有名である。喜多方市は、「喜多方ラーメン」で町興しに成功している。ラーメンのスープのだしの材料として鶏肉や鶏がらは必須なので、この地方は鶏肉の利用に大いに貢献しているといえる。

知っておきたい鶏肉、卵を使った料理

- **焼き鳥** 福島市周辺は、"川俣(かわまた)しゃも"や"伊達どり"の生産が盛ん。この鶏を広めるために、「福島焼き鳥の会」が結成されている。特製のつくね"いいとこ鳥"と豚内臓のやきとり店が混在する。たれには、県産の梨が使われている。"世界一長い焼鳥"の競争を、山口県長門市や和歌山県日高川町と繰り広げている。福島市は、北海道の美唄市、室蘭市、埼玉県東松山市、愛媛県今治市、山口県長門市、福岡県久留米市とともに"日本七大やきとりの街"といわれている。(各部位の説明は付録3を参照)

- **伊達鶏ゆず味噌焼き弁当** 福島の銘柄鶏"伊達鶏"を使った評判の駅弁で、1890(明治23)年創業の伯養軒が作る。特製のゆず入りの味噌に漬け込んだ伊達鶏のむね肉を風味良く焼き、スライスして、黄色が美しい錦糸卵と鶏そぼろの上に彩り良く盛り付けられたお弁当。

- **凍み豆腐入りたまご丼** 郷土料理。郡山北部周辺は、気候や地形、風土が凍み豆腐作りに適した土地で、風味が良くてきめが細かく、まろやかでやわらかい凍み豆腐が作られている。この凍み豆腐と、信夫冬菜、な

ければ小松菜を卵でとじた丼物。凍み豆腐は、和歌山県の高野山で作られ製法が精進料理とともに全国に広まったとする説と、伊達政宗が兵糧の研究で編み出した説、大陸から伝来した説がある。「凍み豆腐」は東北や甲信越での呼び名で、「高野豆腐(こうやどうふ)」は高野山以西と信州である。JAS（日本農林規格）では「凍(こお)り豆腐」となっている。

- **塩川の鳥モツ**　喜多方市塩川のモツ煮は、内臓ではなくて鳥の皮の煮込みが出てくる。昔塩川では鶏肉は売り物で、残った鳥の皮を上手に使った家庭料理が郷土料理となった。鳥皮はコラーゲンが豊富な美容食。町内のお店で定食がいただける。有志により「塩川鳥モツ伝承会」が結成されて地域活性につなげるために全国に情報発信をしている。
- **ラジウム玉子**　飯坂温泉の63〜70℃の温泉水で作った温泉卵。白身はゼリー状で、黄身はプリンのように滑らかに仕上がっている。飯坂温泉は、日本初のラジウム温泉で、2世紀頃には日本武尊が、また松尾芭蕉も入ったと伝わる温泉。鳴子温泉、秋保温泉とともに奥州の三名湯。

卵を使った菓子

- **伊達男プリン**　新鮮な卵をたっぷり使った大きなプリン。370gのボリュームがあるが、味付けに工夫してあるので飽きがこない。アグリテクノが作る。
- **檸檬(れも)**　1852（嘉永5）年創業の郡山市の柏屋が作る銘菓。新鮮なミルクとクリームチーズ、卵でしっとり丹念に焼き、ほのかなレモン風味と口どけの良さが特徴。
- **会津あかべえサブレ**　会津に伝わる厄除けの民芸玩具の"赤べこ（赤牛）"から生まれたご当地キャラが"あかべえ"。この可愛らしいキャラクターを模してサクサクのサブレに仕上げた。

地 鶏

- **川俣シャモ**　体重：雄平均3,300g、雌平均2,600g。レッドコーニッシュと軍鶏を交配した雄に、ロードアイランドレッドの雌を交配して作出。平飼いで飼養期間は平均110〜121日と長い。漢方を混ぜた専用飼料を与え広々としたスペースでゆったりと育てる。肉質は、深いコクがあり脂っぽくなく適度な弾力がある。鍋料理、ローストチキンに向く。また、

川俣シャモ料理研究会加盟店ではいろいろな料理が楽しめる。川俣シャモファームが生産する。江戸時代、川俣は絹織物の生産で栄えており、富を得た人たちが軍鶏の闘鶏を楽しんでいたという素地がある。

- **会津地鶏** 在来種。体重：雄平均3,100g、雌平均2,500g。平家の落人が会津に持ち込んだ地鶏で、愛玩用に飼われていた鶏を、県の養鶏試験場が、大型で肉質が良く産卵能力も向上するようにロードアイランドレッドとホワイトロックを交配して作出した。平飼いで飼養期間は平均125日と長い。肉質は適度な歯ごたえがありコクと旨味に優れ、鶏特有の臭みがない。会津養鶏協会が生産する。また、長い歴史のある郷土の伝統芸能の会津彼岸獅子の獅子頭に、会津地鶏の黒く長い尾羽が装飾として使われている。

銘柄鶏

- **伊達鶏** 体重：雄平均3,400g、雌平均2,800g。穀物主体の無薬の専用飼料を与えて丹精込めてじっくり育てた。肉質はジューシーで味わいがあり発売以来多くの人に愛され続けている。平飼いで飼養期間は平均75日。美味しさと品質を追求して、ヘビーロードアイランド系の雄にロードアイランドレッドとロードサセックスを交配した雌を掛け合わせて作出。

たまご

- **会津地鶏のたまご** 800年近く前から会津地方で飼われていた地鶏の血を受け継ぐ会津地鶏、本物の味とこだわりの卵。
- **米と大麦でつくったたまご** 食糧自給率向上のために国産の飼料米を配合、さらに、大麦とオレガノなどのハーブも加えて育てた美味しい卵。6個入り。アグリテクノが生産する。
- **伊達男たまご** 健康なニワトリを育み、健康なタマゴを生み出す「公園農場」。365日、安心で安全な、そして新鮮で美味しい卵を供給するアグリテクノが生産する。また、農場直送の新鮮鶏卵の加工販売、循環型対応として鶏糞肥料事業も展開している。

県鳥

キビタキ（ヒタキ科） ヒタキは、鳴き声が火打石を打っているような"カッカッ"という音から"火焚き"となった。キビタキの雄は、胸、腰、喉の部分の羽がきれいな黄色である。英名は Narcissus Flycatcher で、水仙のような（に綺麗な）蝿を捕る鳥。Narcissus（ナルキッソス）は、ギリシャ神話の、「泉に映った自分（ナルキッソス）の姿に恋をして、かなわぬ恋にやせ細り死んでしまい水仙になった」という話に由来する。ナルシストの語源。

---

8 茨城県

▼水戸市 1 世帯当たり年間鶏肉・鶏卵購入量

種類	生鮮肉 (g)	鶏肉 (g)	やきとり (円)	鶏卵 (g)
2000 年	37,524	10,781	2,828	29,718
2005 年	33,689	9,500	2,138	27,101
2010 年	39,699	12,926	2,476	28,608

　矢野恒太記念会編集・発行『日本国勢図会』（2013/2014）によると、関東地方での畜肉の飼育数は、群馬県は乳用牛が全国5位（2011年が39万頭、2012年が39万頭）、豚の飼育数全国4位（2011年が61.0万頭、2012年が63万頭）、肉用若鶏の関東地方での飼育数は全国5位内には入らないが、採卵用鶏は茨城県が1位（2011年が1,312万羽、2012年が1,253万羽）、隣接する千葉県は2位（2011年が1,275万羽、2012年が1,190万羽）である。関東地方は鶏卵の産業が全国で1、2位の県を有していることになる。関東地方も京浜葉地区も鶏肉の年間購入量は10,000g台であり、鶏卵の購入量は関東地方も京浜葉地区も2000年は30,000g台であったが、2005年、2010年には28,000g台に減少している。

　2005年の1世帯当たりの年間の鶏肉の購入量は、2000年と2010年のそれに比べると減少しているのは、全国の購入量と同じ傾向である。

　茨城県の採卵用鶏の飼育数は全国1位であるが、県庁所在地水戸市の1世帯当たりの年間鶏卵購入量は、2000年は29,718gであったが、2010年は28,608gと少なくなっている。鶏卵の需要は10年前に比べるとやや減少していると考えられる。鶏卵は、安いコストで優れた栄養成分であり、いろいろな料理に利用できるので毎日1個は必ず食べることが望まれている。

　市販のやきとりの購入は少ないが、居酒屋や大衆的な料理店で利用する機会は多いはずである。1世帯の購入価格からは年間10本程度の串焼きを食べていると推定できる。男性成人が、一日の仕事が終わって、帰宅途中に立ち寄った居酒屋や大衆向きの料理店での利用を考えれば、もっと金額は高いと推定できる。

茨城県の地鶏や銘柄鶏は、自然環境のよい奥久慈や筑波山の水源のあるつくばで開発している。奥久慈しゃも、つくばしゃも（つくば地鶏）、やさと本味どり（やさとしゃも）、つくば茜鶏（あかねどり）などが開発されている。最近の地鶏の特徴は、食味・食感（歯ごたえなど）の良い肉質であること、栄養的に脂肪は少ない傾向にある。安全性の面では抗生物質や農薬の含まない鶏が多い。鶏肉の皮は細菌汚染されやすいので、鶏の解体後の取り扱いと保管は衛生的であることが必要である。

　秋から冬にシベリアや中国から日本各地に飛来する渡り鳥は、鳥インフルエンザ（Bird flue）のウイルスを持ち込むことが多くなっている現在は、秋から冬に養鶏業が心配になり、鳥インフルエンザに感染しないように養鶏関係の役人、研究者、事業者が感染しない努力している。

　水戸駅から東京駅までは、特急で1時間程度で行ける距離なので、東京の料理に関する情報が茨城県に普及するには長い時間を必要としない。

　茨城県の農業人口は多く、日本有数の農作物を栽培している。農作物は県内の消費だけでなく、東京都や神奈川へも出荷している。鶏肉や卵も県外にも出荷している。水戸市を中心として郷土料理に魚料理が多いのは水産業が発達しているからである。太平洋沿岸は水産業が盛んであるが、北茨城地区は2011年3月11日の東日本大震災による東京電力福島第一原子力発電所の事故で放射性物質の被害を受け、漁業は震災前の状態には戻っていない。畜産関係では、銘柄鶏のほかに、高級黒毛和種の「常陸牛」、銘柄豚の「ローズポーク」もよく知られている。いろいろな料理に興味をもっていた水戸光圀は、豚肉、牛肉、牛乳を材料とした料理を作らせたといわれている。江戸時代には御三家の一つとして重んじられた水戸藩は水戸学という考えのもとに常陸独自の文化が作られた。

知っておきたい鶏肉、卵を使った料理

- **レンコン団子汁**　土浦は日本一の蓮根の産地。おろした蓮根と鶏肉に片栗粉、卵を混ぜて団子にし、季節の野菜や鶏もも肉とともに煮た汁。レンコン団子だけを肉団子のように料理すれば多くの料理に使え、地元の家庭では重宝している。
- **行方バーガー（かもパックン）**　地元の合鴨農法で育った上質な鴨肉を使った、行方のご当地グルメ。わさび菜、酢バス、鴨肉と鶏肉のパテ、

ねぎ、練り梅、セリ、キャベツ、レタスの照り焼きバーガー。他に、霞ヶ浦で採れるナマズや鯉を使った、なめパックン、こいパックン、行方の豚肉を使ったぶたパックンもある。
- **梅肉入り炒り豆腐** 水戸名産の梅干を使った炒り豆腐料理。細い千切りの人参、椎茸を炒め、だしと豆腐を入れ、溶き卵でとじて、ちぎった梅干と絹さやを散らす。

卵を使った菓子

- **おみたまプリン** 茨城空港開港に合わせて復活されたプリン。県産の新鮮卵、低温殺菌のノンホモ牛乳など上質の素材を使ったプリン。濃厚な味わいでとろける格別の美味しさのこのプリンは、プリンだけで十分満足できる味なので、カラメルソースは付いていない。水戸市は年間のプリンの購入金額が全国1位。
- **黄門様の印籠焼** 水戸黄門の里、常陸太田に大正13年創業の「印籠焼本舗光月堂」が作る印籠の形をした焼き菓子。生地は水を一切使わずに小麦と地元の奥久慈卵を使い、中の餡には奥久慈茶や水戸名物の梅を入れて、素材にこだわった銘菓。

地 鶏

- **奥久滋しゃも** 体重：雄平均2,600g、雌平均2,100g。茨城県養鶏試験場（現県畜産センター）で、軍鶏の雄と、名古屋コーチンとロードアイランドレッドを交配した雌を掛け合わせて作出。生産地の地名から"奥久慈しゃも"と命名。奥久慈の自然の中で、十分運動をさせ丁寧かつ野性的に育て、肉質は低脂肪でしまりがあり歯ごたえ抜群で味わい深い。ブロイラーの飼養期間が約50日のところ、倍以上の120日から150日飼い、飼う手間は3倍から4倍かける。全国にも出荷されるが、大子町の旅館や飲食店でも食べることができる。しゃも弁当、鍋、はっと汁、親子丼、鳥弁当、うどん、そば、ステーキ、ハンバーガー等種類も豊富。全国特殊鶏（地鶏）味の品評会で1位に輝いた。農事組合法人奥久慈しゃも生産組合が生産する。
- **つくばしゃも** 体重：雄平均3,100g、雌平均2,900g。専用飼料にお腹の調子や免疫を増強する納豆菌やオリゴ糖を添加することによりすべての

飼育期間を無薬で育てる。歯ごたえがあり食味の良い安全な地鶏の肉。中型軍鶏の雄にレッドブローの雌を交配。平飼いの開放鶏舎で飼養期間は平均105日と長い。やさと農業協同組合が生産する。
- **筑波地鶏**　茨城県畜産センターが中心になって開発。関東圏で初めてのJASの「地鶏」と認定された。

銘柄鶏

- **やさと本味どり**　体重：雄平均3,100g、雌平均3,000g。専用飼料にお腹の調子や免疫を増強する納豆菌やオリゴ糖を添加することによりすべての飼育期間を無薬で育てる。平飼いの開放鶏舎で平均55日間飼育する。鶏種はチャンキー、コブ。農事組合法人奥久慈しゃも生産組合が生産する。
- **つくば茜鶏（あかねどり）**　体重：平均3,100g。専用飼料は、動物性原料は使わずに植物性原料を使い、主原料は非遺伝子組換え。抗生物質や抗菌剤不使用。鶏肉特有の臭みがなくジューシーな肉質なので、女性にも子どもにも好まれる。平飼いで飼養期間は平均80日。ロードアイランドレッドとヘビーロードアイランドレッドを交配した雄に、ロードアイランドとロードサセックスを交配した雌を掛け合わせた。共栄ファームが生産する。

たまご

- **健やか都路育ち**　美味しさと安全性と栄養にこだわった卵。独自の配合飼料でコクのある味わいと、調理後の色合いを確保した。ヒナからのパッキング工場まで一貫した衛生管理を実施。ビタミンEは普通の卵の5倍、DHAも多い。都路のたまごが生産する。
- **鳥羽田農場の平飼いたまご**　鶏舎内に鶏が眠れる止まり木があり、床は鶏糞が溜まらない清潔な網目構造で、卵を産む巣箱がある平飼いで飼育した鶏が産んだ卵。昔ながらの味がする。飼料にはアスタキサンチンを配合。倉持産業が生産する。
- **筑波の黄身じまん**　優れた生産農場を厳選して生産した、ビタミンEが普通の卵の10倍含まれる卵。倉持産業が生産する。
- **ごまたま**　いい卵は健康な鶏からと考え、親鳥を開放的な鶏舎で日光を浴び、飼料に日本古来の健康食"胡麻"をたっぷり加えた。胡麻を食べ

て元気いっぱいの鶏が産んだ美味しい自然の卵。あじたま販売が生産する。

- **奥久慈卵** 奥久慈の大自然に囲まれ緑薫風が通りぬける開放鶏舎で飼育。大自然から届けられる、殻も厚く黄身の色も濃く味わい抜群の卵。ひたち農園が生産する。スーパーだけでなくレストラン、加工品などにも使われている。

その他の鳥

- **ダチョウ飼育** 石岡市の常南グリーンシステムが生産販売を行っている。観光牧場の「石岡ファーム」と、千葉県の「袖ヶ浦ファーム」があり、園内でダチョウ肉のバーベキューや目玉焼きが味わえる。販売は、ダチョウのもも肉や生卵の他にも、ダチョウ肉で作ったソーセージやカレー、ダチョウの卵を使ったどら焼きもある。また、食用ではなくて、装飾用の卵殻、羽根、そして、ダチョウ繁殖用の有精卵や雛、飼育用の設備の販売も手がけている（ダチョウについては付録1も参照）。

> **県鳥**
>
> ヒバリ、雲雀（ヒバリ科） 留鳥。晴れた日に鳴くので"日晴り"といわれる。また、鳴きながら空高く舞い雲にのぼるので"雲雀"とも書く。雌雄とも頭から尾まで黄褐色だが、雄は頭の羽をよく立てる。昔から俳句や和歌に数多く詠まれている。英名は、空で戯れている鳥の意味から"Skylark"。熊本県も県鳥に指定している。

栃木県

▼宇都宮市の1世帯当たり年間鶏肉・鶏卵購入量

種　類	生鮮肉（g）	鶏肉（g）	やきとり（円）	鶏卵（g）
2000年	37,416	8,281	2,175	32,630
2005年	32,372	7,887	2,315	29,200
2010年	38,630	12,024	2,478	28,569

　栃木県は、広い農地と豊かな水資源に恵まれ、東京という大消費地が近いこともあって、各農産物の生産量は多い。晴天の日が多くハウス栽培に適しているので、「とちおとめ」「女峰」などのイチゴは県内で開発した品種であるが、関東地方では人気のイチゴとなっている。栃木県はこんにゃく、麦の栽培も盛んである。ナシでは、主に幸水や豊水の品種を生産しているが、果樹の品種改良が研究の得意分野であるためか独自のナシの品種「にっこり」も生産している。

　栃木県には、農業に適した平地がかなりあり、水にも恵まれている。そのために、栃木県の住民は、たいした苦労をせずに、農業を営むことができた。

　栃木県の北部の那須野原台地には、黒毛和牛の銘柄牛「とちぎ和牛」が放牧されているなど、那須野原台地を中心に和牛や乳牛の飼育が盛んである。栃木県が開発している銘柄鶏には、那須の神那どり、栃木しゃも、那須高原どり、錦どりなどがある。いずれも栃木県を取り囲む恵まれた自然環境の中で、運動量も豊富な健康で、食品衛生の面からみても安全で、食味も食感の良い銘柄鶏を目指して飼育し、出荷している。錦どりは、鳥すき、水炊きなどの鍋料理に最適な鶏といわれている。

　栃木県の県庁所在地宇都宮市の1世帯当たりの生鮮肉や鶏肉の購入量は、2000年、2010年では、茨城県の水戸市、埼玉県の浦和市やさいたま市のそれよりも多い。2005年の生鮮肉や鶏肉の購入量が、2000年と2010年のそれと比べると購入量が減少している。この理由は、鳥インフルエンザの感染と関係があったのかもしれない。

鶏卵の年間購入量は2000年よりも2005年が少なく、2005年よりも2010年が少ない。2011年の宇都宮1世帯当たりの鶏卵の購入量（28,493g）も少なくなっている。重要なたんぱく質源である鶏卵の摂取量減少は、ストレス社会で生き抜くためには問題となる。なぜなら、神経伝達物質の生成はたんぱく質が関係しているからである。

知っておきたい鶏肉、卵を使った料理

- **かんぴょうの卵とじ**　かんぴょうは、夕顔の未熟果肉をひも状に剥いて乾燥したもの。栃木県が全国1位の生産量をほこる。庭先でのれんのように干されるかんぴょうは、栃木県の夏の風物詩。
- **日光のオムレツライス**　日光は明治、大正時代にも海外の要人が訪れたリゾート地で、昔から洋食が盛ん。西洋料理の明治の館などで食せる。
- **とて焼き**　那須塩原産の卵と牛乳を使ったほど良い厚みの丸く焼いた生地に、クレープのように具をはさみ、紙に巻いて食べる新しいご当地グルメ。生地はクレープでもパンケーキでもどら焼きでもないこだわりの生地。スイーツから惣菜系まで、各店で工夫した具が楽しめる。"トテ"とはトテ馬車のトテで、馬のリズムに合わせて御者が吹くラッパの音「トテー、トテトテッ」からきている。温泉街塩原の顔が"トテ馬車"である。
- **鶏めし弁当**　日光で150年続く老舗、油源のお弁当。じっくり煮上げた国産鶏肉を、日光の実山椒で香味焼きにし、茶飯の上に鶏そぼろ、錦糸玉子、栃木特産のかんぴょうとともにいただく有名なお弁当。
- **合い盛り**　ご飯と焼きそばを合い盛りにしたご当地グルメ。鶏がらスープ味のとろみの付いた野菜炒めを、ご飯とかた焼きそばを合い盛りにしたお皿に掛ける料理。うずらの卵が具に入る。ご飯と餡で中華丼風に食べて、かた焼きそばを混ぜて食べると、また新しい味が楽しめる。那須塩原で提供される。
- **鶏つくねと若竹煮**　タケノコの生産では、栃木県は関東一番の生産高を誇る。このタケノコと、鶏のひき肉を卵黄で団子にまとめたつくね、そしてわかめとの煮物。子供がタケノコのように真っすぐにすくすくと育つことを願って作る郷土料理。

卵を使った菓子

- **栃木路いちご街道**　完熟の栃木のイチゴ"とちおとめ"を独自製法でジャムにして白餡に練り込み、時雨種で包んだ蒸し菓子。卵たっぷりの蒸した生地を口に含むと、イチゴの香りと絶妙の酸味が美味しい新しい和菓子。栃木県はイチゴの生産量日本一。宇都宮市は、お菓子の年間購入金額は全国で3本の指に入る。

地 鶏

- **栃木しゃも**　体重：雄平均3,000g、雌平均2,000g。栃木県畜産試験場が開発した高品質の肉用鶏。フランス料理の食材としても知られ肉質の良い"プレノアール"と、肉の旨味に定評のある"しゃも"の血を引いている。強健で粗放飼育に適するため自然養鶏のような放し飼いによる飼育が可能で、このため肉に脂肪分が少なく、歯応えがあり、風味、コクともに優れている。軍鶏の雄に、プレノアールとロードアイランドレッドを交配した雌を掛け合わせた。平飼いで飼養期間は平均160日と長い。栃木しゃも加工組合が生産する。

たまご

- **那須野卵**　専用飼料に牧草やブナ等の広葉樹の精溜液、海藻、オリゴ糖を加えて、那須野で飼育した。生臭さがなく生卵で食べるとなお美味しさがわかる。那須ポートリーが生産する。
- **那須御養卵**　那須の大自然のおいしい空気と太陽光線を浴びた放し飼いで育てる。甘みが強く艶があり、栄養を豊富に含む味の濃い卵。卵の嫌な臭みがない。盛り上がった卵黄は箸でつまめる。美味しい卵の条件の鮮度と鶏の健康と飼育環境、そして餌に50年以上こだわる稲見商店が生産する。

県鳥

オオルリ、大瑠璃（ヒタキ科）　雄は、美しい紫がかった青色（瑠璃色）の鳥。鳴声は美しく、ウグイス、コマドリとともに日本三名鳥といわれる。英名は、Blue-and-white Flycatcher。

10 群馬県

▼前橋市の1世帯当たり年間鶏肉・鶏卵購入量

種類	生鮮肉 (g)	鶏肉 (g)	やきとり (円)	鶏卵 (g)
2000年	29,854	7,814	2,145	33,607
2005年	30,134	7,956	2,265	26,263
2010年	31,254	10,032	2,581	27,926

　群馬県は豚肉の飼育が盛んである。常に、いろいろな団体によってその豚肉を材料として町の活性化が考えられている。毎年のB級グルメの祭典に出店して、群馬県がPRに努める材料として豚肉やその他の食べ物を利用しているようである。群馬県の豚肉の飼育頭数は全国4位（2011年が61万頭、2012年が63万頭）、乳牛の飼育数は5位（2011年が3.9万頭、2012年も3.9万頭）であった。

　群馬県の地鶏・銘柄鶏には風雷どり、榛名うめそだち、上州地鶏（上州シャモ）、名古屋コーチン（別称：越後コーチン）、榛名赤どり、榛名百日どり、榛名若どり、ブレノワール（別称：榛名黒どり）などがあるが、飼育羽数は鹿児島県や宮崎県に比べれば少ない。銘柄名に「榛名」の名の付いたのが多いように、上州の榛名湖や榛名山に近い自然環境のもとで、開放型鶏舎で長期間、穀類、純植物性飼料、納豆やその他の特殊成分を配合した特殊な飼料と、農薬、抗生物質、食品添加物を含まない飼料で健康的な条件で飼育している。赤肉系の肉質で脂肪が少なく、歯ごたえのある食感とうま味・コク味をもつ高級肉として流通している。

　県庁所在地前橋市の1世帯当たりの生鮮肉や鶏肉の購入量は2000年から2010年までの10年間についてみると、少しずつ増加の傾向がみられる。これに対して、1世帯当たりの鶏卵の購入量が減少している。この傾向としてはコンビニエンスストア、スーパーなどで調理済み食品を購入する消費者が多く、また、サラリーマンが弁当を持参しないで、街のレストランで外食したり、子供は学校給食を、サラリーマンは社員食堂を利用することが多いから、家庭で卵料理を食べる機会が少なくなったことがあげられ

る。

　群馬県の郷土料理には、小麦粉を使った「おっ切り込み」「すいとん」「焼きまんじゅう」「すすり団子」などがあり、伝統的な加工食品にはこんにゃく、「館林うどん」「水沢うどん」もある。こんにゃくを除けば、小麦粉に含まれるでんぷんの利用が多い。動物性食品としては主として利根川の上流で漁獲される川魚料理や保存食が多かった。地球温暖化や農薬による河川や湖沼の汚染はなかなか解決できないことを考えた場合、安全性を重視して飼育している地元の地鶏の利用が今まで以上に望まれる。

　群馬県は、海を有していないので海産物の利用は多くなかったが、人の交流も物質の輸送も便利になり、海のものは鮮度低下することなく、県内の販売店に届く現在である。安価な動物性たんぱく質を得るためには養鶏を盛んにし、鶏肉を利用することが望まれる。

　郷土料理の「焼きまんじゅう」は、小麦粉と発酵菌で作るまんじゅうを蒸した後、甘い味噌だれを塗って焼いたものである。味噌だれを鶏のひき肉と味噌を和えて作るか、長野のお焼きのようにまんじゅうの中に入れる餡として鳥味噌も利用すれば、新しいバージョンの焼きまんじゅうとなると思われる。

　歴史的にみると、古代の上毛野氏という有力な豪族がいた。かれらのもとで古墳文化が栄えたが、現在はその影響はまったくなくなっている。平安時代なかばには、京都から下ってきた源氏・平家などの系譜をひく武士が古代豪族の系譜をひく人々にとってかわり、古代豪族の文化が消滅したといわれている。この時に群馬の地域に下った源氏・平家の武士たちが勢力の競い合いがなかったら、京文化の影響を受けた素敵な食文化が残っていたにちがいない。江戸時代まで小競り合いが続いたために保存食や小麦粉を中心とした郷土料理だけが継承されている。

知っておきたい鶏肉、卵を使った料理

- **タルタルカツ丼**　安中市のご当地グルメ。卵でとじない甘辛ダレを含んだカツに、濃厚なタルタルソースを掛けた丼物。甘辛のたれとタルタルソースがよく合う。輪切りにしたゆで卵の上にタルタルソースを載せた別の皿が出され、カツが揚がるまでの間、自分好みのスペシャルタルタルソースを作れる。

- **下仁田ネギ丼** 群馬県の特産の下仁田ネギを、親子丼を作る要領でだしでよく煮て、卵でとじた丼。下仁田ネギ独特の甘みと、とろとろした食感が特徴。下仁田ネギの品種は、根深、夏型ねぎで、ねぎの白い部分を食す。下仁田周辺の限られた地域で栽培しないと美味しく育たない。親子丼にしてもよい。
- **館林うどん** 群馬三大うどんの一つ。良質な小麦が穫れ、製粉業が盛んな館林地方は、名峰赤城山の伏流水もあり、江戸時代からうどん食文化がある。茹でたうどんに温泉卵、地元産の醤油をかけたシンプルなうどん。他の三大うどんは、桐生うどん、水沢うどんである。
- **鶏めし弁当** 高崎駅の駅弁。醤油味で炊いた香り高いご飯に、独自の調理法でさっぱりと作った鳥そぼろが一面に載る。その上に海苔を敷き、鳥の照り焼きとコールドチキンが載る。他には赤こんにゃくやカリカリ梅、栗甘露煮、香の物などが入る。1884（明治17）年創業の「たかべん」が1934（昭和9）年に発売したロングセラーの駅弁。木製の折箱に入っている。

卵を使った菓子

- **シルクカステラ、シルクメレンゲ** 上州銘菓。養蚕が盛んで良質な水が豊富にあり、燃料の石炭も入手しやすい富岡は、明治時代に製糸業が盛んだった。その影響で、現在でも、絹に関係する商材が残っている。絹から作ったシルクパウダーは消化吸収の良い必須アミノ酸を含んでいる。このパウダーを加えたカステラや卵白で作るメレンゲがある。シルクのようにふわっと滑らかな食感が人気。1903（明治36）年創業の「甘楽菓子工房こまつや」が有名。
- **鉢の木** 1916（大正5年）創業の「鉢の木七冨久」が作る銘菓。求肥と卵白を合わせて、淡雪羹に近い品の良い口当たりにした半生菓子。味は、紫蘇、柚子、黒糖がある。第14回全国菓子大博覧会「総裁賞」受賞。また、やわらかい玉子煎餅で、黒胡麻餡や小倉餡を包んだ洋風の和菓子「鉢の木の里」も評判である。店名の「鉢の木」は、「いざ鎌倉」で有名な謡曲「鉢の木」に由来する。

地　鶏

- **上州地鳥**　群馬県畜産試験場が育種改良し、群馬県内の孵卵場で生産したヒナを、平飼いで飼育する。薩摩鶏と比内鶏を交配した雄に、レッドロックの雌を交配した。群馬農協チキンフーズが生産する。

銘柄鶏

- **榛名うめそだち**　体重：雄平均2,850g、雌平均2,850g。植物性原料を主体とし、梅酢、ココファット（ヤシ油）を添加した飼料を用い、開放鶏舎で十分な運動をさせて健康な鶏に育てた。飼養期間は平均50日。白色コーニッシュの雄に白色プリマスロックの雌を交配。ミヤマブロイラーが生産する。
- **きぬのとり**　体重：雄平均2,850g、雌平均2,850g。植物性原料を主体とした配合飼料に、漢方薬の原料となる天然由来の植物性免疫賦活性物質を添加し、きめの細かい肉質の鶏に仕上げた。平飼いで飼養期間は平均50日。白色コーニッシュの雄に白色プリマスロックの雌を交配。ミヤマブロイラーが生産する。

たまご

- **卵太郎**　普通の卵と比べてビタミンEを30倍、ビタミンDを4.5倍含む卵。卵黄や卵白の盛り上がりに自信。卵の嫌な臭みがない。日本百名水の箱島湧水と同じ水源の水を与え、ヒナと飼料と環境に配慮した。約35年の卵へのこだわりから産まれた究極の卵。
- **姫黄味**　おいしい卵を作るには鶏の健康が一番と考え、餌や環境など鶏にストレスを与えない飼い方に工夫をしている。若どりが産んだ新鮮で殻が厚く、しっかりした黄身と白身の卵。卵のお姫様。赤城山を望む赤木養鶏牧場が生産する。

県鳥

ヤマドリ、山鳥（キジ科） 長い尾羽が特徴の日本固有の種で、生息域は雉とは異なり、山の中なので、山鳥という。奈良時代から山鳥として知られており、万葉集や小倉百人一首にも歌われている。群馬県内の広範囲に棲息する。英名は Copper Pheasant。銅色の雉。群馬県も県鳥に指定している。

11 埼玉県

▼旧浦和市（2000年）、さいたま市（2005年、2010年）の1世帯当たりの年間鶏肉・鶏卵購入量

種　類	生鮮肉 (g)	鶏肉 (g)	やきとり (円)	鶏卵 (g)
2000年 （浦和市）	39,950	11,028	1,508	30,501
2005年 （さいたま市）	40,060	11,407	2,296	26,676
2010年 （さいたま市）	38,721	11,547	2,442	25,359

　関東地方の中央部で海に面しているところがない、いわゆる内陸県である。大消費地東京都に隣接し、東京都へ通勤する人のベッドタウンとなっている地域が多い。全国屈指のホウレン草、ブロッコリー、長ネギ（深谷ネギ、岩槻ネギ、汐止晩ネギ）などの産地があり、江戸中期から、多くの伝統野菜や小麦の栽培が始まった。

　畜産関係では、農業ほど盛んではないが、銘柄豚では「幻の肉　古代豚」、銘柄牛では「武州牛」があり、銘柄鶏では「彩の国　地鶏タマシャモ」が開発されている。埼玉県には約70の養鶏場があるが、地鶏の開放的な飼育を行っているところは少ない。開放的飼育をしていないところはいわゆるブロイラーの飼育で、出荷先は東京・埼玉を中心に関東一円である。食べ方としては、串焼き、網焼き、鍋料理などの定番豚料理が多いが、一夜干しの料理を提供している店もある。一夜干しにより熟成が進みうま味成分が増えて、定番料理に比べられない食味・食感とも高級さを感じると評価されている。埼玉県の秩父地方の良好な自然環境で放し飼いをしていて、農薬も抗生物質も使わないで、安全・安心できる健康な地鶏の飼育している。

　埼玉県庁の所在地は浦和市であったが、市町村合併によりさいたま市が誕生し、2001年から県庁所在地となっている。旧浦和市、さいたま市の1世帯当たりの生鮮肉や鶏肉、やきとりの購入量は、2000年から2010年の

10年間に徐々に増加しているのは、関東地方の他の地域や東北地方の各地域とは異なる。

鶏卵の1世帯当たりの購入量は、2000年から2010年の10年間に徐々に減少しているのは、他の県でも同じ傾向がみられている。

古くは、神奈川県の一部に相当する古代の武蔵国と上野国と深い関係をもっていた。古墳時代までの武蔵国の住民は、上野国の有力な豪族、上野毛氏から先進文化を与えられる立場にあったが、朝廷の権力が関東地方や相模国と結ばれたために、権力が東方に向いてしまったことで、埼玉県が目立たなくなってしまい埼玉県が東京都の影に隠れたようにみえるようになったらしい。もともとの埼玉県民の気質はおとなしかったようだ。銘柄鶏の種類の少ないのも埼玉県民の気質によるものと推測できる。現在の埼玉県は東京都で生活する人と交流しているので、この気質も隠れてしまったようである。

知っておきたい鶏肉、卵を使った料理

- **フライ** 小麦の一大産地の埼玉県北部で作られている、お好み焼きとクレープの中間のようなおやつ。1925年頃、行田の足袋工場で働く女工さんたちの休憩時のおやつとして出されるようになってから広がり定着したといわれている。現在、行田市、熊谷市周辺には50軒近くのフライ屋がある。水で溶いた小麦粉を、直径20cmくらいになるようにフライパンに薄く広げ、その上に挽肉、ねぎを散らし、お玉半分の生地を掛け、卵を載せて箸で溶き混ぜ、裏返して木の鍋蓋で抑えながら焼く。最後にソースを塗り、半分に折ってさらに醤油かソースを塗る。フライパンで作るところから"フライ"とする説と、足袋製造用の布が工場に届く"布来"とする説、富が来る"富来"とする説がある。
- **越谷かもねぎ鍋** 越谷の地域ブランド認定のご当地グルメ。越谷には宮内庁が維持管理する「宮内庁埼玉鴨場」があり、それにちなみ、越谷特産の"越谷ネギ"を組み合わせて考案された。越谷産のネギを使い、"煮込みネギ"と"焼ネギ"が入り、スープは醤油がベース。地元産の鴨のほど良い食感と旨味、太くて白身がしまり煮くずれしない越谷ネギの甘味がうまい。ネギを背負ったキャラクターの「ガーヤちゃん」が応援する。市内のお店でも食べることはできる。また、取り寄せもできる。

- **豚玉毛丼**　毛呂山町のご当地グルメ。毛呂山町産米のご飯に、豚肉と玉ねぎなどの野菜を甘辛の特製だれで煮込み、卵でとじ、町の名産の柚子をトッピングする。半熟卵と肉、玉ねぎの甘味とお米の美味しさに柚子の香りが合う。町内の20余りの飲食店で同じ価格で提供されている。毛呂山町は日本最古の柚子の産地といわれ、毎年初冬に「ゆず祭り」が行われる。
- **キューポラ定食**　川口市の食生活改善推進員協議会が考案したご当地グルメ。鋳物の街として知られる川口には、鋳物を作るために鉄を溶かす"キューポラ"が屋根の上にのぞいている。このキューポラをイメージして、火伏せの神のお稲荷様から"鉄骨いなり"と、郷土料理の"だご汁"を"雷すいとん"として組み合わせた定食。"鉄骨いなり"の具は鉄分の多いひじきやごま、鶏肉、干し海老。"雷すいとん"にはキューポラの炎をイメージして、七味唐辛子で味付けした赤い鶏つくね団子と、安行が世界に誇る植木をイメージした小松菜の緑色の野菜団子が入る。
- **大凧焼き**　江戸時代から春日部で行われている大凧揚げのお祭りにちなんで開発されたご当地グルメ。お好み焼きでもたこ焼きでもない食感の特製の粉を使い、鉄板に載せた四角い型に流し込んで、凧の形に焼き上げ、最後にマヨネーズで"大凧"の文字を書く。具は蛸やキャベツなどが使われる。

卵を使った菓子

- **軍配煎餅**　明治10年創業の中屋堂が作る熊谷銘菓の小麦の瓦せんべい。地元の良質は小麦と地元の新鮮な卵にこだわって焼いている。歯ごたえの良さと香ばしさが評判。大きい軍配煎餅の他に、卵の味を強調するために卵と小麦粉、砂糖を同じ量配合した、小さな軍配煎餅がある。
- **十万石相傳カステラ**　素材にこだわる行田市の十万石ふくさやが作るカステラ。小麦粉だけでなく卵にもこだわり、美味しくて健康に良い「ヨード卵・光」だけを使った贅沢なカステラ。世界的な版画家の棟方志功も「うまい、うますぎる」と認めたという逸話もある。屋号の"十万石"は、1823（文政6）年、行田に封ぜられた十万石松平氏に由来する。

地鶏

- **彩の国地鶏タマシャモ**　体重：雄平均4,500g、雌平均3,500g。専用飼料には納豆菌を配合。飼育日齢は最低150〜240日。長期間の飼育により味と歯ごたえ、コクが出る。保水性がありジューシーな肉質。大和しゃもとニューハンプシャー、大しゃもを掛け合わせた雄に、タマシャモの原種とロードアイランドレッドを交配した雌を掛け合わせた。彩の国地鶏タマシャモ普及協議会が管理する。

たまご

- **招福たまご**　産卵を始めたばかりの若どりのたまご。初生卵ともよばれサイズはSSとS（40gから52g）。初物でおめでたいとお祝いにも使われる。良いヒナ、良い餌、良い管理、そして環境への配慮も考える1923（大正12）年創業の老舗の養鶏場、愛たまごがヒナから卵まで一貫管理して生産する。
- **伊勢の卵**　現代人の健康を守る高級卵。普通の卵に比べてDHAは4倍、EPAは5倍、ビタミンEも豊富に含む。産卵する鶏の親鶏から自社で一貫した生産管理を行う。埼玉に本社の在るイセ食品が生産する。
- **カロチンE卵**　普通の卵に比べてカロテノイドとビタミンEが2倍以上、ビタミンAも豊富に含んだ卵。カロテノイドは緑黄色野菜に含まれており生活習慣病や老化などの予防に役立つといわれている。埼玉に本社を置く木徳が販売する。
- **彩たまご**　植物性の専用飼料に胡麻を配合。嫌な生臭みの少ない卵。埼玉県優良生産管理農場認証、彩の国工場指定、彩の国優良ブランド品認定、埼玉農産物ブランド推進品目の卵。松本米穀精麦が生産する。

> **県鳥**
>
> **シラコバト、白子鳩（ハト科）** 留鳥。市街地、農耕地、川原など。多くは1年を通してつがいで生活する。江戸時代に鷹狩り用に放鳥されたものが定着したといわれる。雌雄同色。色は全体が灰白色で、尾が長く、また、首の後ろの部分に黒い帯が襟のように見える。英名は"Collared Dove（襟のある鳩）"。"ハト"の名前は、飛ぶのが速い（迅速）"羽迅"、"はやとり（速鳥）"や、飛ぶ時の羽音の"ハタハタ"に由来するといわれている。

12 千葉県

▼千葉市の1世帯当たり年間鶏肉・鶏卵購入量

種類	生鮮肉 (g)	鶏肉 (g)	やきとり (円)	鶏卵 (g)
2000年	37,335	10,433	3,536	31,002
2005年	39,488	11,756	2,265	32,430
2010年	44,021	14,267	2,929	26,179

　千葉県は太平洋に突き出た房総半島の海岸沿いの漁業基地から、魚介類が豊富で海や魚介類にまつわる文化や行事が多く存在しているイメージが強い。房総半島の南部に位置する房総丘陵の山間部には日本で初めて乳牛を飼育し、牛乳を製造した施設も残っている。また、こだわりの手作りチーズを作っている施設もある。大消費地の首都圏に近いため、房総の漁港に水揚げされた魚介類は、船で東京湾の奥の築地魚市場へ運ぶことができた。北総地域で栽培されている各種野菜類やコメも首都圏との強い絆をもっている。

　郷土料理や伝統食には魚介類や野菜類が多く、鶏や卵を使ったものはない。郷土料理の太巻きずしは、切り口が花や動物の顔が現れるように、すし飯に色を付けたり、色のついた野菜や食品を中心にして、これらを組み合わせて幅の広い海苔で巻いたものである。太さのさまざまな海苔巻をつくる。この太巻きずしは冠婚葬祭や会合、運動会の弁当には欠かせない。この太巻きずしの芯に玉子焼きを入れるときに、卵が使われる。

　県庁所在地千葉市の1人当たりの2000年から2010年までの購入量をみると、生鮮肉や鶏肉の購入量は、年々増加している。一方、やきとりは2000年の購入金額に比べて、2005年、2010年の購入金額が少なくなっている。いつの年代もやきとりの購入金額が3,000円前後である。この1世帯当たりの購入額から家庭での利用回数を推定すると、4人家族では年間2回、夫婦2人家族で3～4回の利用回数と推定している。男性サラリーマンのやきとりを利用する場所が家庭の外の居酒屋や焼き鳥屋などの外食とすれば、家計調査には記載されないので、個人のやきとり利用回数の推

定は難しい。

　2010（平成22）年の鶏卵の生産量は全国2位。鶏卵の購入金額は、2000年より2005年が増え、2005年より2010年が少ない。卵の利用方法として生卵による「卵かけご飯」を食べるのを好まなくなった人もいる。その理由として、生卵をかけて白米がぬるぬるした食感を嫌うこと、生卵の殻の表面は、衛生的には決して良好であるとはいえないことなどから、卵かけご飯の人気がなくなったと考えられる。

　千葉県の銘柄鶏には、赤どり、関東味どり、華味鳥、房総地鶏、総州古白鶏、あじわい鶏、愛彩ハーブチキン、水郷赤鶏、水郷若鶏、水郷あやめ鶏などがある。これらの銘柄鶏は放し飼いをし、十分に運動させ、弾力ある肉質で、味もよく、ジューシーな肉質になるように飼育して出荷している。特殊な飼料を与え、低カロリーの鶏肉になるように飼育しているものもある。

知っておきたい鶏肉、卵を使った料理

- **太巻寿司、太巻き祭り寿司**　千葉県房総地方の郷土料理。由来は、握り寿司とちらし寿司が合体した、押し寿司の変形等々諸説ある。海の幸、山の幸、お米、海苔に恵まれた千葉が産んだ郷土料理。花鳥風月を描いた物や、文字、顔などが金太郎飴のように描かれる。見ても食べても美味しい。具は、玉子焼きやかんぴょう、椎茸、きゅうり、紅しょうが、でんぶの他、寿司飯に色を付けた物も使われる。普通の海苔で巻いた太巻きの他に、薄焼き玉子で巻いた玉子巻きもある。とくに、鴨川の玉子巻は、巻く玉子が他の地域より厚い。
- **伊達巻寿司**　銚子で昔から食べられている郷土料理。太巻き寿司を海苔ではなくて少し厚めに焼いた卵焼きで巻いた巻寿司。巻く具は土地土地で異なるが、基本的に太巻きと同じで、玉子焼きやかんぴょう、椎茸、きゅうり、紅しょうがなど。近年は巻かないで大きく厚い玉子焼き状の伊達巻を載せる店もある。大阪でも食される。伊達巻は、溶いた卵に、白身魚のすり身を加え、味醂と塩などで味付けをして、厚く焼き、切り口が渦巻状になるように鬼簀で巻く。祝い事や正月料理の彩に用いる。伊達巻をお皿に盛り付ける際、"の"の字になるようによそう。伊達は、粋で外観を飾ることを意味し、婦人の和服で締める伊達巻にも似ている

ので、伊達巻とよばれる。
- **鳥雑炊** 千葉は昔から養鶏家が多く、お祝いやお祭り、集会など人が集まる時の食事として作られた郷土料理。骨を細かく砕いて鶏肉に混ぜて作ったコクのある鶏肉団子と、ごぼうや椎茸などの野菜を、味噌仕立てのスープで作る雑炊。
- **くじら弁当** 館山駅で売られる評判の駅弁。1日30食の限定販売。ご飯の中央に黄色が鮮やかな卵のそぼろが敷かれ、その両側に鯨の大和煮とそぼろが載る。鯨肉の黒色に、黄色の卵のそぼろと赤い紅しょうがが良いアクセントになっている。自家製スープで煮た大和煮と味噌ベースのそぼろがご飯とよく合う。

卵を使った菓子

- **ピーナッツサブレ** 卵を使った銘菓、生産量日本一の千葉名産の落花生と、生産量日本2位の鶏卵を使って、焼いたサブレ。サクッとした食感とピーナツの風味が美味しい。
- **花菜っ娘** 1923（大正12）年創業の館山市の「房洋堂」が作る千葉銘菓。県花の菜の花の黄色をイメージした黄味餡をホイル焼きした。第19回全国菓子大博覧会「大賞」を受賞。
- **鯛煎餅** 鴨川市の亀屋本店が作る、鯛の形を模した千葉銘菓の小麦煎餅。小麦粉、卵、砂糖で作った生地を鯛の型に流して焼き、鯛が踊っているように反りをつけて、片面には鱗に見立てて"けしの実"をふり、裏面は松風ふうに白色になっている。日蓮聖人の化身といわれる安房小湊の"鯛"に因んで作られた煎餅。

地 鶏

- **錦爽名古屋コーチン**（きんそう） 体重：雄2,500g、雌1,900g。名古屋コーチン同士の交配。名古屋コーチンの肉質は弾力に富み、よくしまって歯ごたえがあり、コクのある旨味が特徴。鶏肉の命である鮮度の良い商品を提供するために、消費地に近い関東周辺で飼育。平飼いで飼養期間は125日と長期。専用飼料に木酢液を添加。丸トポートリー食品が生産する。

銘柄鶏

- **総州古白鶏** 体重：雄平均3,200g、雌平均2,800g。総洲の澄んだ空気と水のもと、平飼いで天然成分を加えた飼料を給与。徹底した健康管理と衛生管理を行った健やかでヘルシーな鶏。くせのない旨味とまろやかなコク、弾力のある歯ごたえは、どんなメニューでもワンランク上の美味しさを演出できる。飼育期間は平均53日。白色コーニッシュの雄と白色プリマスロックの雌の交配。日鶏食産が生産する。

- **地養鳥** 体重：平均3,000g。平飼いで、飼料には炭焼きのときに発生する木酢液を主原料とした地養素を与えることにより、鶏肉特有の臭みがほとんどなく、シャキシャキとしてくせのない肉質。旨味とコクのあるまろやかな、鶏肉本来の味がする。白色コーニッシュの雄と白色プリマスロックの雌を交配。日鶏食産が生産する。

- **華味鳥** 体重：平均2,800g。平飼いで飼育期間は平均53日。特殊な天然飼料を与え、気になる鶏の臭みが少なく、鶏本来の味を引き出した肉質。白色コーニッシュの雄と白色プリマスロックの雌の交配。日鶏食産が生産する。

- **あじわい鶏** 体重：平均2,800g。平飼いで飼育期間は平均53日。甘味とコクが強く、鶏肉本来の美味しさを引き出した。白色コーニッシュの雄と白色プリマスロックの雌の交配。日鶏食産が生産する。

- **愛菜ハーブチキン** 体重：平均3,000g。専用飼料に抗酸化性がありコレステロール低下作用、臭い低減効果のあるハーブを加えて、まろやかな味、しゃきっとした歯ごたえが特長の鶏肉。平飼いで飼育期間は平均52日。白色コーニッシュの雄と白色ロックの雌の交配。ときめきファームが生産する。ときめきファームはハムソーセージ製造の米久のグループ会社なので衛生管理も徹底している。ISO22000取得工場。

- **水郷赤鶏** 体重：雄平均2,800g、雌平均2,300g。緑美しい自然と澄んだ水に恵まれた環境の中、平飼いで育てた。成長にはブロイラーより時間がかかるが、その分絶妙な食感とコクがある。肉もやわらかく仕上がっているので、和洋中どんな料理にも使える。木酢液を飼料に配合。ヘビーロードアイランドの雄と、ロードサセックスとロードアイランドレッドを交配した雌を掛け合わせた。飼養期間は70日。丸トポートリー食

品が生産する。

たまご

- **地養卵**　飼料に地養素を添加して産まれた卵。地養素とは炭焼きのときに発生する木酢液を主原料とした物で、鶏のお腹の調子を整える。鶏が健康になり、卵のコクと甘みが増し、生卵の嫌な生臭さがなくなる。千葉の全国地養卵協会が生産、販売、流通に協力している。
- **天使のたまご**　鶏の健康と卵の安全のために専用飼料にネッカリッチを加えて産まれた卵。ネッカリッチとは、国産の常緑広葉樹から作った炭と木酢液を混合した国内で唯一農林水産省の許可を得た動物用医薬品。鶏の腸内の乳酸菌を増やし食中毒菌のサルモネラを排除する効果がある。シマダエッグが生産する。

その他の鶏

- **アローカナ（Araucanas）**　南米チリの原住民のアロウカナ族が飼っていた鶏で、1914年頃発見された。中型の鶏で、雄2,400g、雌1,900g。羽色は赤笹。最大の特徴は、卵殻色がうすい青緑色。千葉県畜産総合研究センターなどが地域ブランド化のための研究を行っている。

県鳥

ホオジロ、頬白（ホオジロ科）　英名は Siberian Meadow Bunting。全体的に褐色の羽色だが、目の上と頬の部分が白いので"頬白"とよばれる。

13 東京都

▼東京都区部の1世帯当たり年間鶏肉・鶏卵購入量

種 類	生鮮肉（g）	鶏肉（g）	やきとり（円）	鶏卵（g）
2000年	38,376	10,656	2,724	33,146
2005年	37,741	10,640	2,774	26,102
2010年	42,207	13,043	2,541	26,203

　東京は、日本の首都として日本の政治・経済・文化の中心を担っている。全企業に占める一次産業の人口の割合は非常に少なく0.4％で、食料自給率は1.0％と極めて少ない。日中の人口では東京都周辺の各県からの政治・経済・文化活動のために通う人たちが多い。東京都の総人口（2012年8月1日現在）は、13,212,226人である。東京都の統計によると、昼間の東京都周辺から東京都に流入する人口の割合は、東京都の人口の118.4％に達している。都内の中に事務所をもち、実際の養鶏場は八王子や多摩地区のほうにもっている法人がある。

　銘柄鶏では、蔵王土鶏（ざおうどけい）、東京しゃも、ネッカチキン（西府）がある。その他、西府の合鴨、西府のホロホロ鳥などがある。蔵王土鶏の生産者は墨田区にある「蔵王フーズ」、東京しゃもの生産者は八王子の東京種鶏孵卵農業協同組合、ネッカチキン・西府合鴨・西府のホロホロ鳥の生産者は千代田区にある「平成ファーム」であるが、「西府」は東京・府中市の西府に由来する。東京都内には、鳥の飼育施設を設置する場所がないので、東京の銘柄鳥の飼育場と事務所の住所が異なっている。

　2000年から2010年までの5年間隔での東京都1世帯当たりの生鮮肉、鶏肉、鶏卵の購入状況、および惣菜としてのやきとりの購入金額の変化をみると、生鮮肉と鶏肉の購入量は2005年の購入量は2000年と2010年の購入量に比べると少なくなっている。やきとりについては、2005年の購入金額は2000年のそれよりも50円ほど増えているが、大きな差ではない。2010年のやきとりの購入金額は、2000年と2005年の購入金額と比較すると約200円少なくなっている。東京はデパートの地下食品売り場、スーパ

一の食品売り場、駅に直結した商店街など、家の外には便利な中食用の食材や調理済み食品が豊富にあり、やきとりの他の食料を購入することが多いと推定している。

　鶏卵の購入量が2000年から2010年の10年間で2005年以降6,000gも急に減少している。一時、鳥インフルエンザの感染が広がった時に、生卵の購入が減少したことがあったが、その影響が残っているかもしれない。食料不足の頃は、大切な栄養源として日本の毎朝の食事の定番だった「生卵に醤油たらし、かき混ぜて米のご飯か麦飯にかける食べ方」の「たまごかけご飯」は、ぬるぬるとした食感と卵の殻の衛生の問題から敬遠されるようになったからと思われる。

　古くは、「卵百珍」が『万宝料理秘密箱』(1785)の「卵之部」として紹介しているころから、日本人にとって卵料理は美味しくて栄養のある料理としての位置を確立していたのである。江戸の代表的な卵料理には、親子丼、玉子丼があるが、ドジョウの鍋に卵をかけた柳川鍋は江戸の下町から生まれた料理であり、すき焼きの肉を溶き卵に入れてから食べるという食べ方は、肉食が自由になった明治維新のころの肉屋の発想であった。柳川鍋のゴボウはドジョウの臭みの強さを緩和する働きがあり、溶き卵は臭いを包み込む働きがあるので、美味しく食べられるのであり、すき焼きの溶き卵は、熱いすき焼きの材料を食べやすい熱さに冷ます効果が期待されるが、濃いすき焼きの味をちょうど良い味にととのえる効果が期待される。

知っておきたい鶏肉、卵を使った料理

- **軍鶏鍋**（しゃもなべ）　江戸時代に始まった鶏料理。醤油とみりん、酒、砂糖で作った割り下で、さきがけごぼう、軍鶏のむね肉、モモ肉、皮、モツ（レバー、砂肝、ハツ、きんかん）、ねぎ、しらたき、焼き豆腐などを煮た料理。起源は、江戸の料理屋で1760（宝暦10）年創業の「玉ひで」とも、1862（文久2）年創業の「かど屋」ともいわれている。現在、「玉ひで」では割り下の軍鶏のすき焼きが、「かど屋」では八丁味噌仕立ての軍鶏鍋がいただける。実在はしないが、池波正太郎の小説『鬼平犯科帳』では江戸の軍鶏鍋屋の"五鉄"がよく登場する。
- **とり鍋野猿峠の焼き鳥**　野鳥の焼き鳥。東京の東部にある野猿峠にあるお店で、うずらとすずめの串焼きを食べることができる。どちらも骨ま

で食べられるように炭火で焼いてある。基本的に料理はコースで、うずら1羽、すずめ2羽に、つくね串やうずら卵、季節の野菜焼、そして、麦とろ飯やデザートまで付く。自然豊かな中にひっそりと建つ山小屋風の古民家を改装した「鎌田鳥山」でいただける。若どりコースや野鳥コースなどが堪能できる。

- **東京風串焼き**　鶏肉のぶつ切りを串にさした焼き鳥は、関東大震災の後に、東京に現れた。
- **玉子焼き**　溶き卵（鶏卵）を玉子焼き用の鍋（またはフライパン）でかきまぜながら焼き、やわらかい食感に整えたもの（だし巻き卵のようにだしは加えない）。東京の玉子焼きは、江戸時代からすしダネとして作られているので、硬めの食感となっている。とくに、江戸前のすしダネの場合、エビのすり身や白身魚のすり身を加えるので硬い。調理したアナゴやキノコを芯にした玉子焼きもある。現在では、弁当の惣菜用に砂糖を入れて甘くしたものや、少量の塩を加えて塩味の効いたものもある。
- **親子丼**　発祥は諸説あるが、1760（宝暦10）年創業の人形町の「玉ひで」といわれている。軍鶏鍋の残りの割り下を卵でとじて食べる「親子煮」をご飯に掛けて食べる人が多かったが、明治初期には、ご飯に汁物を掛けることは無作法として料理として提供できなかった。しかし、明治の中頃になると、武家文化から町人文化に移り、丼物が受け入れられるようになり、5代目の妻が、ご飯の上に載せて提供したのが始まりといわれている。
- **柳川鍋**　江戸時代の1840（天保11）年ごろから、江戸に伝わるドジョウを使った鍋料理。ささがきごぼうを濃い目の割り下で煮込み、背開きにして骨を抜いたどじょうを入れ、最後に卵でとじる。どじょうは煮ると風味豊かなだしが出る。どじょうの薬効は、胃腸や貧血、スタミナをつけるといわれる。田植えが終わった頃からが旬で、暑い夏に熱い柳川鍋を食べるのが粋だった。また、粋な江戸っ子は、四文字の"どじょう"では縁起が悪いと"どぜう"とよぶこともある。柳川鍋の名前の由来は、最初に創作したお店の屋号が"柳川"だったとする説と、柳川鍋に使う土鍋を"柳川"とよぶとする説がある。福岡の柳川鍋も参照。
- **釜焼き玉子**　今から360年以上前の1648（慶安元）年創業の北区王子の扇屋が作る創業当時の味を守る玉子焼き。卵を16個使い、溶き卵を注

いだ鍋の上に鉄の蓋をし、その蓋の上にも炭を載せて、上と下からの熱で蒸し上げた玉子焼き。他に、甘めでふわふわの厚焼玉子や、鶏挽肉と三つ葉を加えて焼いた"親子焼"もある。

- **東京風雑煮** 具に鶏肉を使うのは「福をとりこむ」の縁起をかついでいる。他にも「敵をのす」のでのし餅を使い、「みそをつける」のを嫌いすまし汁とし、「物事丸く納まる」ようにと野菜は丸く切り、椎茸は丸のまま使う。縁起物として小エビを添える。"江戸雑煮"ともいわれる。
- **なとり雑炊** 江戸時代の雑炊。具は小松菜と鶏肉だけを使い、"菜鶏"という。即ち名を取る、立身出世にちなんだ粋な江戸文化が生んだ雑炊。「敵をのす」の意から焼いたのし餅を入れる場合もある。
- **鴨南蛮** 蕎麦屋の定番メニュー。短冊に切ったネギを鴨の脂とごま油で炒めて、煮た鴨肉とともにそばに載せた料理。江戸時代に鴨鍋が流行したが、値段が高く庶民には高嶺の花だった。そのため、鴨南蛮が作られたといわれている。その昔、東南アジアを"南蛮"とよび、この南蛮を通って日本に入ってきた物や人を"南蛮"とよんだ。ネギが南蛮経由で渡来しているので、鴨南蛮になった。

銘柄鶏

- **東京しゃも** 体重：平均2,400g。東京都畜産試験場が十数年の歳月をかけて軍鶏の純系を保ちながら闘争心を和らげ、さらに改良を重ねた最も純系軍鶏に近い肉用鶏。伝統的な鶏肉の風味を最大限に生かし他の鶏肉に比べて赤みが濃く、肉の熟度が増し歯ごたえも良い。さらにクッキングロスが少なく"うまみ"と"こく"のある最高の鶏肉。「東京都地域特産品認証食品」に指定されている。純系軍鶏とロードアイランドレッドを交配した雄に、純系軍鶏を掛け合わせた。飼養期間は130日と長期。東京しゃも生産組合が生産する。
- **国産鶏種はりま** 体重：平均3,000g。平飼いか開放鶏舎で約60日間飼養。飼料は非遺伝子組換えでポストハーベストフリーの原料を使用。(独)家畜改良センター兵庫牧場で系統造成され、ブロイラー種として国内で唯一原原種から種の維持管理ができている肉専用種。白色コーニッシュの雄と白色プリマスロックの雌を交配。国産鶏種はりま振興協議会が生産する。

- **香鶏** 体重：平均2,450g。開放鶏舎でたっぷり運動をさせ、健康的に90〜100日間の飼育。肉質は筋線維が細かくジューシーで弾力のある歯ごたえをもつ。バフコーチンと烏骨鶏の血統を継承する秦山鶏を交配。蔵王フーズが生産する。

たまご

- **しんたまご** 天然飼料で育てた若どりのいきいき卵。プルンと盛り上がった黄身と白身、美味しさが違う。卵本来のおいしさで生が美味しい。指定農場直送なので鮮度が違う。ビタミンEは普通の卵の2倍、$α$-リノレン酸は4倍含まれる。JA全農たまごが販売する。
- **きみに愛** $β$-カロチンが普通の卵の15倍、ビタミンDは10倍、ビタミンEも3倍含まれ、健康の後押しをする若どりの卵。厳選された純植物性飼料にハーブやキャノーラ油を加え卵独特の臭いを軽減。卵のお母さんのお母さんまでも責任を持って育てている。日清丸紅飼料が販売する。

県鳥

ユリカモメ、百合鴎（カモメ科） 名前は、花のユリのように白く綺麗なかもめに由来する。冬鳥、成鳥の夏羽は頭部が黒いので、英名では、Black-headed Gull（頭の黒いかもめ）といわれる。

14 神奈川県

▼横浜市の1世帯当たり年間鶏肉・鶏卵購入量

種類	生鮮肉 (g)	鶏肉 (g)	やきとり (円)	鶏卵 (g)
2000年	43,012	11,447	2,315	32,874
2005年	40,991	10,965	2,603	27,889
2010年	45,832	15,023	2,541	28,128

　神奈川県県庁所在地の横浜は文明開化の地として知られ、明維維新になり肉食が解禁された時に、肉屋が牛鍋屋を開き、文明化を論じる識者が大いに利用したといわれている。日本に西洋の文化が入ったのは長崎や神戸であるという説も歴史的には当然のことであるが、関東地方では横浜であることは動かせない。

　横浜の食肉文化をたどると、市内には明治時代からのすき焼き店があり、いまだに繁盛している。そのなかの一つの店は、小さな平鍋でつくる味噌仕立ての料理を出す。これがすき焼きでなく、明治時代から続いている牛鍋を思い浮かべる。川崎は工業地帯の中心なので、物価の安い店や安価で食べられる店も多い。1年に一度は、食肉関係のフェスティバルを行い、食肉が安価で提供するが、鶏肉と鶏卵の出店数が少ない。

　神奈川県のB級ご当地グルメで話題になるのは、「厚木のシロコロ・ホルモン」である。この材料は、鶏の副生産物でなく、豚の副生産物の腸の部分である。これまでのやきとりでは、腸は丁寧に洗い湯がいてから串に刺して焼くのが定番料理であるが、厚木のシロコロは腸を適当な長さに切り、内部の脂肪を残したまま裏返しして、網焼きしたもので、脂肪の軟らかさと甘味が人気となっているのである。

　横浜には中華街があり、川崎にはコリアンタウンがあり、業務用の食肉の利用は多いが、家庭での食肉の購入量には反映していない。年代によって少々の差はあるが、やきとりの1世帯当たりの購入金額は、川崎市よりも横浜市のほうが多い。川崎市民は勤め帰りに居酒屋でやきとりを食べるが、横浜市民はデパートや商店街で惣菜としてやきとりを買う機会が多い

ように思われる。

▼川崎市の1世帯当たり年間鶏肉・鶏卵購入量

種類	生鮮肉（g）	鶏肉（g）	やきとり（円）	鶏卵（g）
2000年	37,316	10,298	2,545	26,467
2005年	40,864	11,229	2,534	25,988
2010年	46,692	14,911	1,960	27,983

2000年から2010年までの10年間の生鮮肉の購入量をみると、横浜市も川崎市も2010年には、2000年の購入量より多くなっている。この傾向は鶏肉でも同じようであるが、横浜市の2005年の購入量は減少する。川崎市は生鮮肉も鶏肉も2000年よりも2005年の購入量が多く、2010年の購入量は2005年のそれよりも多くなっている。家庭での購入量が多くなっているのは、外食での肉の利用が少なく、家庭での食事回数が増えたことを示しているものと推定する。

鶏卵も購入量については、横浜市の1世帯当たりの購入量は2000年から2010年にかけては、徐々に減少の傾向がみられるが、川崎市の1世帯当たりの購入量は2005年は、2000年と2010年よりも少なくなっている。なお、2010年の購入量は2000年よりも多い。

神奈川県の銘柄鶏はなく、近隣の銘柄鶏の鶏肉を利用している。豚については高座豚、牛については葉山牛がある。

源頼朝（鎌倉幕府初代将軍、在職1192〜1199）が鎌倉に幕府を置き、鎌倉時代後半には建長寺や円覚寺などの有力な禅寺を置き、禅文化の中心とした。この時代に中国最新の文化である禅文化の発信地となったことは神奈川県域の住民に新しいもの好きの気質を身につけさせたらしい。その性質は明治維新による新しい感覚の導入に影響していて、横浜での外国文化の導入を結び付けたと思われている。

知っておきたい鶏肉、卵を使った料理

- **蟹オムレツクリームソース**　戦前に創業したクラシックホテルの箱根富士屋ホテルで人気の"富士屋ブレックファースト"の定番料理。長年受け継がれた味が人気。
- **坦々焼きそば**　湯河原町のご当地グルメ。練り胡麻や豆板醤で作った独

特のピリ辛味がくせになる具が多めの焼きそば。中央に温泉卵か目玉焼きを載せる。オムレツ風に卵焼きで包む店や地元産の柑橘類を使う店もある。ピリ辛の焼そばと卵の相性が良い。湯河原温泉は、狩で傷ついた狸が発見して傷を癒したと伝わる。湯を発見した狸にちなみ、広く知られている「たんたん狸」の歌から"坦々"とした。なお、狸福神社は狸が傷を癒したと伝わっている。

- **黒たまご** 箱根名物。箱根の大涌谷の温泉と蒸気で蒸し茹でにした、殻が黒い名物のゆで卵。1個食べると7年寿命が延びるといわれている。鎌倉時代、大涌谷に延命と子育ての"延命地蔵尊"がつくられ、これにあやかり「黒たまごを食べると寿命が延びる」といわれるようになった。7は七福神など縁起が良い数字なので、いつ頃からか"7年延びる"といわれるようになった。大涌谷は箱根の観光スポットで、アニメの"エヴァンゲリオン"にも登場する。ヨード卵を使った、同じく殻が黒い温泉卵も箱根周辺のお土産屋で販売されている。
- **小田原おでん** おでん種の種類の多さが特徴のご当地グルメ。目の前の相模湾で獲れる豊富な海の幸に恵まれる小田原は蒲鉾などの練り製品でも有名。地元の老舗の蒲鉾屋と地元商店が開発した40以上あるオリジナルのおでんだねが特長。定番の卵や大根のほかに、練り物でうずらの卵を包んだ物や地鶏つくねなどもある。いろいろな味を楽しめるように、一口サイズにしてある。小田原特産の梅を使った"梅味噌"をつけていただく。おでんのルーツは青森県の項を参照。

卵を使った菓子

- **二色玉子** 錦玉子のように、裏ごしにしたほろほろの卵の黄身で、白身を包み込み、三盆の松の形を模った上品な甘みの蒸し物。鎌倉の井上蒲鉾の商品で、外側の黄色と内側の白色のコントラストが美しい。会席や慶事、お茶うけに使われる。
- **ありあけ** 卵を使った銘菓。卵を使いしっとり焼いたカステラ生地で、厳選された栗をふんだんに使った白餡を包み込んだ焼き菓子で、横浜で長年愛され続けている銘菓㈱ありあけが作る。
- **かまくらカスター** 卵風味のふわふわスポンジに、卵たっぷりのとろけるようなカスタードクリームを詰めた鎌倉ニュージャーマンが作る焼き

洋菓子。シュークリームとショートケーキの美味しさを一緒に楽しみたいという発想から生まれた。シュークリームの「シュー（chou）」はフランス語で「キャベツ」の意味で、「クリーム」は英語。別々の国の言葉から日本で出来た造語。ちなみに靴は「shoe」。
- **アイスクリン**　日本で初めて製造販売されたのは、1869（明治2）年の横浜の馬車道で、牛乳、卵、砂糖を原料とした。発祥地の記念として「太陽の母子像」が馬車道に建てられている。

たまご

- **相模の赤玉子**　ヒナから育て卵を産ませて製品化まで一貫した品質管理で行っている。飼料へのこだわりもさることながら、自然豊かな愛川町の恵まれた水を使用。味はもちろん、殻も非常に綺麗なのでお土産にも合う。神奈川中央養鶏農業協同組合が生産する。
- **ヨード卵・光**　言わずと知れたブランド卵のパイオニア。今から40年近く前の1976（昭和51）年に発売。世界初といってもよいネーミング卵。ヨード卵を使った健康効果の研究は半世紀にわたる。脂質や糖の代謝からアレルギー、発毛育毛に、まで、その効果は及ぶという。グルメとヘルシーを両立した卵。横浜に本社が在る飼料メーカーの日本農産工業が作り全国で販売する。
- **黄味自慢**　専用飼料にマリーゴールドを配合。黄味の色は料理をしても変わらない綺麗なオレンジ色なので、料理の彩を良くする。横浜に本社が在る飼料メーカーの日本配合飼料が販売する。

その他の鳥

- **ダチョウ飼育**　相模原市。だちょう牧場オーストリッチが飼育し、肉と卵を販売している。（ダチョウについては付録1も参照）。

- 県鳥 -

カモメ、鴎(カモメ科) 冬鳥。名前の由来は、カモメの幼鳥の羽模様が、竹かごの網目(籠目)に似ていたからという説と、「かしましく(カマ)群れ(メ)飛び交っている」様子のカマメ、かもめとする説が有力。日本の海の玄関「横浜港」を持つ神奈川県にふさわしい鳥として制定された。

15 新潟県

▼新潟市の1世帯当たりの年間食肉の購入量の変遷と比較

種 類	生鮮肉（g）	鶏肉（g）	やきとり（円）	鶏卵（g）
2000年	36,839	9,604	2,345	34,382
2005年	35,528	8,541	2,117	30,651
2010年	43,605	12,878	1,984	34,515

　新潟は、広い平野をもち恵まれた雪解け水を利用した稲作が有名である。北部県境の朝日・飯豊山地、南部の県境の三国山脈と妙高山塊などの産地に囲まれている。これらの山々に源とする阿賀野川や信濃川の河川は越後平野、柏崎平野、高田平野を潤し、稲作をはじめ大根や大豆を栽培している。夏の枝豆は地元の人たちの重要なたんぱく質源となっている。秋田、山形から続く新潟の沖合も魚介類の資源の豊富なところである。新潟県は野山の幸、海の幸に恵まれ、「こしひかり」という銘柄米を栽培していることもあって、新潟県内での大規模な養鶏産業は発展しなかったかもしれない。

　新潟県内の地鶏・銘柄鶏には、越後ハーブ鶏、越の鶏、にいがた地鶏がある。にいがた地鶏は新潟の古くから飼育されている蜀鶏と名古屋系の鶏の交配種である。越後ハーブ鶏は、雪国適した鶏に飼育し、比較的低カロリーの肉質である。越の鶏も低カロリーの肉質にされた肉質である。うずらの銘柄鶏を親子丼として地元の名物にしている店もあるようだ。

　2005年の新潟市の1世帯当たりの生鮮肉や鶏肉の購入量は、2000年のそれより減少するが、2010年の購入量は2000年、2005年よりも増加している。鶏卵の購入量にも生鮮肉や鶏肉と同じ傾向がみられる。

　やきとりの年間購入価格は1世帯当たり2,000円前後である。各年とも惣菜としてのやきとりの利用量は少ない。動物たんぱく質として、日本海で漁獲される新鮮な海の幸が豊富なので、やきとりは買う必要がないためであろう。あるいは、やきとりは居酒屋や料理店で食べるもので、買って家で食べる習慣がないためであろう。

2000年、2005年、2010年の新潟市の食肉の購入量を食肉の種類から検討すると、各年とも豚肉の1世帯当たりの年間購入量が、3種類の食肉の中で最も多く、その購入量は年代が新しくなるほど増えていることから、豚肉文化圏と考えられる。各年とも豚肉の購入量に次いで鶏肉である。牛肉を食べる風習は古くからあまり多くなかったからと推察できる。

　新潟市内の料理店での鶏肉料理は福岡の中洲の料理の影響を受けているものが多いように思われる。網焼き、親子丼、玉子焼き、手羽先やもも肉のから揚げなど一般的な料理があるが、九州の銘柄鶏を使っている店が多い。タンドルチキンというインド風にヨーグルト漬けの料理を提供している店もある。

知っておきたい鶏肉、卵を使った料理

- **のっぺい汁**　鶏肉を使う郷土料理。県産の里芋、にんじん、ごぼうを鰹だしで煮た料理。里芋から出るとろみがつく。
- **若鶏の半身揚げ**　新潟地方で食べられる鶏のから揚げは、手羽とかもも肉とか鶏のパーツごとで揚げるのではなく、若鶏半分を揚げるのが一般的。皮は薄くパリッと香ばしく揚がり、中身はやわらかくジューシーに仕上がっている。味付けはカレー味が一般的。
- **くるま麩の卵とじ**　新潟特産のドーナツのように真ん中に穴の開いた"くるま麩（焼き麩）"を出汁で煮て、卵でとじた郷土料理。調理が簡単で消化吸収も良い。
- **おぼろ汁**　お祝い事や仏事に作る上越の郷土料理。鶏肉を醤油で味付けしただしで煮て、おぼろ豆腐を入れ、煮上がったらお椀によそい、ねぎと胡桃を載せる。おぼろとは、はっきりしないでほのかに見える、ぼんやり曇って見える様を指し、豆腐を月に見立て、だしの中で霞がかかったようにほのかに見えるところから名が付いたと考えられる。
- **雪だるま弁当**　新潟で評判の駅弁で、三新軒が作る。雪だるま型の容器に詰まった新潟産のご飯の上に、頭の部分には鶏そぼろがぎっしり詰まり、胴体のほうには錦糸玉子が敷かれ、煮椎茸、山菜などが並ぶ。可愛らしい雪だるま型の容器は白色の他に赤、黄、青、ピンクがある。食べ終わった容器は貯金箱にすることができる。

卵を使った菓子

- **そばカステーラ**　佐渡に伝わるおやつ。砂糖と卵を混ぜたところに、そば粉と少量の重曹を混ぜて練り、フライパン等で高さ5cmくらいになるまで高く盛って焼く。4月の春祭りに作られる。

地　鶏

- **にいがた潟鶏**　体重：雄平均2,400g、雌平均2,200g。新潟県農業総合研究所畜産研究センターが、国の天然記念物に指定されている新潟県原産の大型の日本鶏で、三長鳴鶏としても有名な"蜀鶏(とうまる)"と名古屋種を掛け合わせた雄と、横斑プリマスロックの雌から作出した。在来種のみの掛け合わせを特長とする地鶏。グルタミン酸やイノシン酸といった旨み成分が多く、肉色も赤みが強く、歯ごたえがあり、脂肪分が少なく、煮ても焼いてもジューシーな鶏肉。新潟大学とも美味しさの共同研究を行った。飼養期間は平均110日と長い。にいがた地鶏生産普及研究会が生産する。

銘柄鶏

- **越後ハーブ鶏**　体重：雄平均3,000g、雌平均2,700g。カロリー低めの植物性飼料を給与。4種類の天然ハーブの殺菌作用やマスキング効果によって肉の臭みを減らし、コクを出した。ビタミンEを加えて鶏へのストレスを減らした健康な鶏。平飼いで平均50日間飼養する。鶏種はチャンキー種、コブ種。ニイブロが生産する。
- **越の鶏(こしのとり)**　体重：雄平均3,000g、雌平均2,700g。動物性タンパク質原料を使用しない植物性原料で、カロリーも抑えた飼料を給与。ヨモギ粉末と乳酸菌を添加し、脂肪分が少なく鶏特有の臭みを減らした。平飼いで平均50日間飼養する。鶏種はチャンキー種、コブ種。ニイブロが生産する。

たまご

- **元気くん**　菅名岳と大蔵岳の麓の緑に囲まれたおいしい空気の中、吉清水などの湧き水をFFC処理して与えて産まれた卵。専用飼料には鶏の健康と卵の品質を考え牧草や竹炭を加え、甘みとコク、深い味わいが特

徴。大地のおいしさを鶏が栄養いっぱいの卵に変えて産んでくれる。鶴巻養鶏場が生産する。
- eのちから　抗酸化作用のあるビタミンEを普通の卵の約10倍含んでいる卵。鮮度が命、スピードのためにも、衛生のためにも最新の設備と細心の思いやりで最高の卵を提供する。卵のタカムラが生産する。

県鳥

トキ、朱鷺（トキ科）　名前の由来は不明。留鳥として佐渡周辺に生息していたが、1981年、野生の個体は絶滅してしまった。英名は、Japanese Crested Ibis（棟飾りのあるトキ）。顔が赤く、全体に薄い桃色（トキ色）をした鳥。学名は、Nipponia nippon。特別天然記念物に指定されている。野生絶滅（EW）。

16 富山県

▼富山市の1世帯当たり年間鶏肉・鶏卵購入量

種　類	生鮮肉（g）	鶏肉（g）	やきとり（円）	鶏卵（g）
2000年	34,776	8,186	2,820	33,193
2005年	37,321	8,642	2,117	36,683
2010年	35,168	9,933	1,881	29,499

　富山県も日本海の海の幸にめぐまれているので、食肉関係では銘柄牛（氷見牛）、銘柄豚（黒部名水ポーク）などがあり、これらは、数軒の農家が共同で飼育する場合が多い。

　鶏卵では、「越中名水赤玉」（高岡市）、小矢部の「米（my）たまご」（小谷部市）がある。富山県内の卵の生産の80％を占めているので、「大産地小谷部市」のブランドでも流通しえる。銘柄豚銘柄も牛、銘柄鶏卵は、地産地消を大切にしながら、安全・安心・美味しさを求め生産して、信用ある製品を出荷している。

　東は飛騨山脈、南は飛騨高地、西は宝達（ほうだつ）丘陵・両白山地を水源とし、富山の中央部を走る大小の河川は富山平野を形成し、米をはじめとする農作物の宝庫となり、河川が流れ込む富山湾は魚介類の生息地となっている。山地が多いので、大規模な養鶏場の建設は難しいが、小規模の養鶏場が集まって同一銘柄の鶏を飼育し、鶏卵を生産・出荷の組織を形成している。

　北陸三県では大きな卵が好まれる。富山県の卵を使った郷土料理に「べっこう」がある。これは、溶かした寒天を醤油と砂糖で味付けし、これに溶き卵を混ぜて固めたものである。富山の正月料理で、しょうがを入れて辛味があると、しまった食感となる。

　富山市の1世帯当たりの2000年、2005年、2010年の生鮮肉、鶏肉の購入量の変遷をみると、年々生鮮肉や鶏肉の購入量が増えている。このことは、魚介類依存の惣菜作りだけでなく、食肉も惣菜の材料として使うことが多くなったと考えられる。

　一方、やきとりの購入金額が年々減少しているのは、デパート、スーパ

ーで食材を求める際、調理済み食品や小人数用の包んだ惣菜も多くなったので、やきとり以外のものを購入するようになってきている。

知っておきたい鶏肉、卵を使った料理

- **津沢あん・うどん**　ご当地グルメ。生姜風味の鶏そぼろの卵とじあんが載るうどん。生姜と卵と鶏肉は必須で、それ以外の具は各お店が工夫している。毎年6月に開催される、五穀豊穣を祈る"津沢夜高あんどん祭り"で提供される。祭りの間は地区の家々の軒先にも行燈が灯される。ねり歩く行燈が付いた山車"夜高"は大きい物は高さ7m、長さ12mの雄大なものとなる。祭りのハイライトの"喧嘩夜高"は迫力がある。
- **おやべ火ね鶏炭火焼（ひねとりすみびやき）**　ご当地グルメ。県東部の小矢部市は富山県の卵の生産のうち80％を生産する一大養鶏地区。この卵を産み終わった鶏（ひね鶏）を使った焼き鳥。歯ごたえがあり、噛むと濃いうまみが口中にひろがる。
- **おやべホワイトラーメン**　富山三大ラーメンの一つ。小矢部市商工会青年部が開発。市内の約40軒のお店で食べることができる。"おやべホワイトラーメン"と名乗れる条件は、①小矢部の卵を練りこんだ麺を使うこと。②小矢部の卵を産み終えたひね鳥の肉味噌が載っていること。③小矢部産の食材が使われていること。そのほかは、豚骨でとったあっさりとしたスープに、地元産のメルヘンポークのチャーシューが載るのが基本。小矢部産品がぎっしり詰め込まれている。小矢部の小中学校の校舎はヨーロッパの宮殿やお城のようなメルヘンな外観をしている。富山三大ラーメンは、富山市の醤油が濃い"ブラックラーメン"と入善市の海老味噌を使った"ブラウンラーメン"。
- **雉子（きじ）中華そば**　地元で育ったキジを使ったご当地グルメ。キジのガラと鶏のガラ、煮干、かつお節で取った味噌ベースのスープにちぢれ麺、具はチャーシューとメンマと海苔に自家製ネギが載る正統派ラーメン。スープが風味よく美味しい。富山市の「さかえや」が有名。
- **べっこう、ゆべし**　伝統料理。富山県や石川県に伝わる、醤油仕立てのかき玉の寒天よせ。溶かした寒天を醤油と砂糖、しょうがで味付けをし、溶き卵を混ぜて固めたもので、おせちやお祝いの席には欠かせない料理。おやつとしても食べられる。かんざしなどに使われる亀の甲羅から作ら

れる"べっ甲"細工に、色が似ているので"べっこう"ともよばれる。石川県では、べろべろ、または、えびすとよばれる。

卵を使った菓子

- **月世界** 泡立てた卵白に和三盆と砂糖蜜を合わせて型に流し込んで乾燥させた上品な干菓子。暁の空に浮かぶ淡い月影にも似て"月世界"と命名された。明治創業の月世界本舗が作る富山の代表銘菓。第21回全国菓子大博覧会で「名誉総裁賞」を受賞。
- **小判焼き** 小麦粉に卵を入れ、水で溶いて生地を作り、小判焼きの型に流し込んで焼く。片面を焼いているときに小豆の餡を載せて、もう一枚の小判焼きで挟み、餡が小判焼きの中に詰まっているようにする。雨が降って農作業ができないときや、農作業が一段落ついたときなどにおやつとして作る。専用の鉄製の調理器が売られている。
- **玉風味** 寒天で泡立てた卵白を固め卵黄をからめて焼いた和菓子。柳澤屋の代表銘菓。淡雪のような食感でほのかに甘い滋養豊富なお菓子。
- **絹鹿の子** 白餡と金時豆を、卵白を加えて絹のように滑らかな牛皮の生地で包んだ和菓子。石川屋の代表銘菓。
- **林盛堂の「おわら玉天」** 一辺が1.5cmほどのさいころ型の卵を使った和菓子。表面は、玉子焼きのような黄色で、わずかな焦げ目がついているが、中は純白。上品な甘味は、抹茶に合う。「おわら玉天」の名の由来は、民謡「おわら節」。「おわら玉天」は、越中八尾の町で明治の中ごろから4代にわたって作り続けられ「越中八尾おわら風の盆の銘菓　玉天」として知られている。「林盛堂本店」は、江戸末期の創業の和菓子店。「おわら玉天」が洋菓子の雰囲気をたっぷり感じるのは、創作した2代目が全国を回って西洋菓子の知識を取り入れたことによる。この菓子は、経済力豊かな八尾の旦那衆に愛されて、今に伝わっている。

たまご

- **コクうま赤たまご** 鶏の健康と卵の品質を考えて飼料にヨモギ粉末やごま、ブナやナラの樹液などを加えて産ませた卵。コクと甘み、うまみを高めたおいしい赤い卵。五十嵐商店が販売する。
- **くりからハーブたまご** 飼料にオレガノやシナモンといったハーブを加

え、卵特有の臭みをなくした農商工連携から生まれた卵。卵の嫌な臭みがなくさっぱりした味わいが特徴。道の駅メルヘン小矢部で食べることができる。小矢部の床鍋養鶏が生産する。

--- 県鳥 ---

ライチョウ、雷鳥（雷鳥科） 英名は Rock Ptarmigan。高山に生息する雷鳥は、昔から霊的な鳥とされた。特に真っ白な冬羽は聖なる鳥とされ、「霊鳥」とされ、また、雷を鎮める力があるとされ、「雷鳥」となったといわれている。長野県、岐阜県も県鳥に指定。特別天然記念物に指定されている。絶滅危惧Ⅱ類（VU）。

17 石川県

▼金沢市の1世帯当たり年間鶏肉・鶏卵購入量

種類	生鮮肉 (g)	鶏肉 (g)	やきとり (円)	鶏卵 (g)
2000年	35,139	7,915	2,545	32,311
2005年	35,263	8,762	2,460	29,104
2010年	41,966	10,771	3,128	32,162

　石川県は、富山、福井に並んで日本海の魚介類に恵まれているが、能登半島の独得の食文化の影響を受けている。江戸時代には、石川県の県庁所在地の金沢市は、「加賀百万石」の金沢藩として京都の文化の影響を受けながら繁栄した。

　金沢・加賀の日本海に面する地域や、能登半島には魚介類を水揚げする漁港が多く、石川県の食生活を豊かにしている。金沢地方には、他の県にはみられない魚の保存食としてイワシ、サバ、フグの糠漬けがあり、郷土食品として利用されている。京の食文化の影響を受けている金沢の人々が、塩辛い魚の糠漬けを食べるのは、発酵による旨さに慣れているからかもしれない。特別なものとしてフグの卵巣の糠漬けもあるが、好んで食べている人は少ない。金沢市農産物の中で「加賀野菜」の16種類のブランド野菜があり、その消費を奨励している。

　郷土料理の「治部煮」に欠かせないのが鴨肉である。江戸時代より伝わる、坂網猟という鴨の捕獲法がある。この方法で捕獲した鴨が「坂網鴨」といわれる鴨で、年間200羽ほどしか獲れない。穀類を主食とした天然の鴨で、脂肪も少なく、臭みもなく弾力性のある美味しい鴨と評価されている。

　石川県の銘柄地鶏には、能登赤どり、能登地鶏、能登どり、健康鶏がある。能登赤どりは、きれいな赤色の瀬戸赤どりの系統である。能登地鶏は岐阜地鶏改良種（雄）にもつ赤系の地鶏と能登地鶏は白色のチャンキー種の地鶏は、能登町の「能登鳥の里」で飼育・出荷している。健康鶏はアマニ油やn-3系脂肪酸の豊富な飼料を与えて飼育している。脂肪の構成脂肪

酸にはn-3系不飽和脂肪酸やn-系不飽和脂肪酸が多く、人間の血中コレステロールの増加が抑えられる効果が期待されることから「健康鶏」の名をつけたと推測する。

石川県の伝統的な料理としては加賀料理があげられる。加賀料理の代表的な卵料理は「茶わん蒸し」である。

石川県の県庁所在地金沢市の1世帯当たりの2000年、2005年、2010年の生鮮肉や鶏肉の購入量を調べると、2005年に近い年代は、生鮮肉や鶏肉の購入量が多い。石川市の代表的郷土料理には「治部煮」がある。治部煮に欠かせない材料は鴨肉である。鴨肉は容易に入手できるものでないので、一般には鶏肉を使っている。郷土料理が見直されている近年、治部煮の作られる機会は料理店でも家庭でも増えると思われる。

2005年のやきとりの購入額は、2000年や2010年に比べて少ないのは、鳥インフルエンザの感染と関係があるのかもしれない。2005年の鶏卵の購入量は、2000年や2010年の年のそれよりも減少している。金沢市の1世帯当たりの肉や卵の年間購入量は、他の地域に比べると比較的少ない傾向にある。このことは、豊富な魚介類や農作物の利用が多いためと思われる。

知っておきたい鶏肉、卵を使った料理

- **治部煮（熟鳧煮）** 本来、秋にシベリアから金沢に渡ってくるツグミを捕って作った金沢の伝統料理。後に、ツグミを捕る霞網が禁止されたので、鴨を使うようになり、現在は、鶏肉も使われる。鴨肉や鶏肉の切り身に片栗粉をまぶし、金沢独特のすだれ麩と野菜、椎茸をだしで煮て、わさびを添えて食べる。煮物と汁物の中間のようなもの。輪島塗の「じぶ椀」に盛りつける。名前の由来は、煮る時の音が"じぶじぶ"という説と、豊臣秀吉の兵糧奉行の岡野治部右衛門が朝鮮から持ち帰ったことにちなんだという説など諸説ある。金沢の各家庭には、治部煮専用のお椀が代々受け継がれている。
- **鴨鍋** 鴨肉を直接鍋で煮るのではなく、鴨肉に小麦粉をまぶして肉のうまみを閉じ込めるのがポイント。わさびを溶いて食べる。
- **宝達志水オムライス** 「オムライス」を考案した宝達志水町出身の北橋茂男氏にちなんで開発されたご当地グルメ。洋食屋のオムライスだけで

なく、うどん屋の「オムうどん」、寿司屋の「オム巻き」など町中の飲食店で提供されている。
- **べろべろ、えびす** 石川県や富山県に伝わる、醤油仕立てのかき玉の寒天よせ。溶かした寒天を醤油と砂糖、しょうがで味付けをし、溶き卵を混ぜて固めたもので、おせちやお祝いの席には欠かせない料理。おやつとしても食べられる。富山県では、べっこう、または、ゆべしとよばれる。おせちやお祝いの席に欠かせない料理。
- **つるぎTKGY（ティーケージーワイ）** 石川県白山市鶴来は、日本三名山の白山からの伏流水に恵まれ、水、米、醤油などの醸造の盛んな土地。石川県産米を白山の伏流水で炊いて、鶴来の醤油などで味付けした卵掛けご飯を焼いた料理。鶴来商工会青年部が開発した地域おこしのメニュー。オムレツ風、天津飯風もある。
- **とり野菜鍋** 石川県の郷土料理。江戸時代の廻船問屋が、厳しい航海を乗り切るための栄養価の高い鍋として考案したといわれる鍋料理。とり野菜鍋の"とり"は、鶏肉の"とり"ではなくて、栄養を摂るの"とり"。白菜、玉ねぎ、ねぎなどの野菜を煮込み、にんにくや香辛料、味噌で味付けした鍋料理。この鍋用のだしが入った「とり野菜みそ」がスーパーで売られている。
- **玉蒸豆腐** 器と同じくらいの大きさの豆腐を入れて、蒸し器で蒸し上げ、豆腐の中央をくりぬき、そこへ卵を割り入れ再度半熟になるまで蒸し、葛餡と青海苔をかけて食す。

卵を使った菓子

金沢市は、お菓子の年間購入金額が3本の指に入る。
- **黒糖ふくさ餅** 明治44年創業の金沢の和菓子村上が作る銘菓。小麦と卵、牛乳、黒糖でふわふわに香ばしく焼いたスポンジ生地で、中心にやわらかいこし餡と求肥を包んだお菓子。春には黒糖を砂糖に替えて卵色に焼いた生地で、桜の葉の塩漬けを入れた桜餡と求肥をつつんだ季節限定の「桜ふくさ餅」が作られる。
- **大聖寺どら焼き** 170年愛される老舗和菓子屋のどら焼き。地元産の卵と蜂蜜を使った少し大きめのどら焼きである。大聖寺は加賀百万石の加賀藩の支藩で、いけ花や茶道、能楽などの文芸が広く浸透している町。

- **夢香山（むこうやま）** 380年以上の歴史のある老舗の「森八」が作るどら焼き。丹波の大納言の餡と日本海のあら塩で風味豊かに作られている。向山は金沢城と浅野川を隔てて対峙する信仰の山。落雁などを作る際に代々使われてきた"木型"が本店の2階「金沢菓子木型美術館」に展示されている。

地 鶏

- **能登地どり** 体重：雄平均2,800g、雌平均2,600g。42日齢以降は自家醗酵飼料を給与して、平飼いで平均100日間の長期飼養する。1m²当たり5羽以下でのびのびと運動のできる広さで飼うので、肉は絶妙なコクとほど良い脂、歯ごたえがある。能登の海洋深層水を与える。天然記念物の岐阜地鶏を改良した雄と、白色プリマスロックとロードアイランドレッドを交配した雌を掛け合わせて作出した卵肉兼用種。能登鳥の里が生産する。

銘柄鶏

- **能登どり** 体重：雄平均3,100g、雌平均2,700g。42日齢以降は自家醗酵飼料とファフィア酵母を給与して、平飼いで平均63日間飼養する。通常より長く飼育するのでしまりのある肉質が特徴。鶏種はチャンキー。能登鳥の里が生産する。
- **健康鶏** 体重：雄平均3,100g、雌平均3,000g。飼料にアマニ油を添加し、健康効果のあるオメガ3系の多価不飽和脂肪酸を含んだ健康を考えた鶏肉。平飼いで平均53日間飼養する。鶏種はチャンキー。河内産業が生産する。

たまご

- **能登地どりの自然卵** 徹底した管理のもと天然飼料で育てた。1日400個ほどの産卵なので、丁寧に手作業で製品化。生臭くなくコクと甘味のある深い味わいがある。能登鳥の里が生産する。
- **桜っ子** 能登半島の自然豊かな環境で能登の地下水を与えて産まれた卵。ビタミンEは普通の卵の12倍、鉄とDHAは1.4倍含む。ナカヤマエッグが生産する。プリンなどの加工品も扱っている。

その他の鳥

- **坂網鴨**　江戸時代から300年余り加賀市片野鴨池周辺に継承されている坂網猟で捕獲した鴨。年間200羽ほどしか捕獲できない貴重な鴨である。鮮やかな赤い肉と真っ白な脂肪のコントラストが美しい肉質を示している。穀類を主食としている天然鴨なので嫌な臭みがなく、弾力性のある肉質である。傷をつけずに捕獲するので、血液が肉質にまわることがなく、風味もよい。坂網猟は、坂網という長さ4mくらいのY字の網を飛び立ち頭上を通過する鴨に投げ上げて捕獲する猟で、県の民俗文化財に指定されている。鴨猟は冬の3カ月間。
- **阿岸の七面鳥**　低脂肪で淡白な味わいで知られる七面鳥は、昭和50年にヒナが石川県に導入された。その後、輪島市門前町で生産が行われている。毎年5月に行われる「阿岸の郷祭り」では、七面鳥の串焼きやステーキ、七面鳥弁当などの出店で賑わう。七面鳥の肉の加工品などは町の特産品として販売されている。また、全国のレストランなどにも出荷され、クリスマス時期は予約が必要。七面鳥の総説は付録1を参照。

県鳥

イヌワシ、犬鷲、狗鷲（ワシ科）　英名 Golden eagle。山地に棲む日本最大級のワシ。獲物を捕食する様が猟犬のように素早いのでイヌワシといわれる。狗鷲の"狗"は、天狗の狗で、天狗のように山間部を自由に飛び回る様子からきている。また、ワシの名の由来は、獲物を狙う際、上空で輪を描いて飛ぶ様子、"輪過ぎ（わすぎ）"が"わす"、"わし"になったといわれている。絶滅危惧ⅠB類（EN）。

18 福井県

▼福井市の1世帯当たり年間鶏肉・鶏卵購入量

種　類	生鮮肉 (g)	鶏肉 (g)	やきとり (円)	鶏卵 (g)
2000年	35,291	9,761	4,228	35,874
2005年	33,984	9,076	2,933	30,115
2010年	39,084	11,514	4,005	33,032

　福井県坂井市に水揚げされる「越前がに」は、甘みがあり肉が締まっていて、越前がにの中でも非常に美味しいので有名である。若狭湾は非常に海流の流れのよいところなので、古くから若狭湾の魚は、京都へも運ばれ京都の食文化に影響を及ぼしていた。現在でも若狭湾で水揚げされるフグ、グジ（アマダイ）、カレイ、サバ、ブリの美味しさは、よく知られている。若狭湾は潮の流れが良いことに加え、自然環境もよいことから、フグなどの養殖も行われている。福井の若狭牛はサシが細かく風味があり、最高級の牛肉として知られている。福井県は「コシヒカリ」発祥の地で、現在も栽培を続けていて、農業生産の7割はコメである。辛味大根で食べるのがそばの食べ方の特徴である。

　福井の人々の日常生活は、福井県吉田郡にある曹洞宗の本山である永平寺の影響により比較的質素な生活のようにみえるが、商人として成功することが、豊かな生活を得る唯一の道とした人が多かったようである。そのため、福井の人は商売は上手であるが、ほどほどの成功で満足する気質があったといわれているので、目立たないのかもしれない。永平寺は、曹洞宗の開祖・道元が越前（現在の福井県の一部）に開いた寺で、ここで日本的な精進料理を広めた。現在でも永平寺のだしの取り方や精進料理は、永平寺に勤めた高僧の書物や料理の専門書で紹介されるほど、精進料理の基本となっている。修行僧の料理は、道元の『典座教訓』に基づいて、料理の責任者である典座が総括して作る。

　料理のレシピの中に「飛竜頭（ひりょうず）」というのがある。これは、がんもどきの関西地方の呼び名で、作り方にはいろいろな説がある。精進料理である

から材料は、植物性のものに限る。作り方の一例として「くずした豆腐に、ゴボウ・ニンジン・キクラゲ・麻の実を混ぜ合わせ、丸めて油揚げにしたもの」がある。関東で「がんもどき」は、雁の肉に似ていることから「雁もどき」といわれているものである。江戸時代には、上流社会では鴨の肉、庶民には雁の肉がご馳走であったから、雁もどきが利用されたと考えられる。飛竜頭、すなわちがんもどきは、精進料理の中では重要なたんぱく質供給源であり、その鳥系の肉を作り出すために考えられて工夫された食品であったとも考えられる。精進料理では、植物性の食材を動物の形に細工した料理があるのは、料理に変化をもたせるためであるといえる。

福井県の県庁所在地・福井市の1世帯当たり生鮮肉、鶏肉、鶏卵の購入量、やきとりの購入金額について考察してみると、2005年の生鮮肉、鶏肉、鶏卵の購入量は、2000年と2010年のそれらの購入量よりも少ない。2005年のやきとりの購入金額は、2000年と2010年の購入金額に比べると、非常に少ない。しかし、やきとりの購入金額は金沢市や富山市の1世帯当たりの購入量に比べると多い。

知っておきたい鶏肉、卵を使った料理

- **ハイカラ丼** 揚げ玉とねぎを卵でとじた福井県が発祥の丼物。半熟卵の中の揚げ玉がサクサクしていて美味しい。たまごとじカツ丼のルーツのソースカツ丼も福井から全国に広がったといわれている。もともとは東京の早稲田にあった「ヨーロッパ軒」でソースカツ丼は生まれたが、関東大震災でお店が焼けてしまったので、郷里の福井で「ヨーロッパ軒」は再出発した。
- **ボルガライス** オムライスの上にカツを載せドミグラスソースを掛けた越前市武生の料理。中のチキンライスの味付けにもドミグラスソースが使われており本格的。由来は「ボルガ川」とか、客の命名とかあり不明。また、発祥も不明なところが多く、お店によって作り方、味も若干異なる。

卵を使った菓子

- **天狗せんべい** 卵の香りが良い小麦の煎餅。表面には"天狗"の顔が浮き彫りになっている。金毘羅大権現を信仰していた煎餅職人の夢に、日

本神話の神の猿田彦命（天狗の原形ともいわれている）が現れ、「長く保てば汝の家は必ず栄える」と告げられた。目覚めた職人は猿田彦命の面影を残すようにと天狗の面が浮き出た煎餅を焼いたのが「天狗せんべい」の始まりと伝わっている。福井藩主松平侯に献上して賞賛されたといわれている。

- **羽二重巻き** 卵を使った銘菓。越前大野産のもち米で作った羽二重餅を、卵と白ワインを入れたカステラで巻いたお菓子。笹屋が作る。羽二重餅は、福井の伝統的な絹の織物の羽二重の、柔らかい肌触りを、お餅で再現して作られた郷土菓子。

たまご

- **旨〜e赤玉子** ビタミンEを普通の卵の約5倍多く含んだ卵。この卵1個で成人が1日に必要なビタミンEの半分を摂れる。土田鶏卵が生産する。

県鳥

ツグミ、鶫（ツグミ科） 冬鳥、名前は、冬場に多数飛来し、鳴き声が聞こえたのに、夏場は鳴き声がまったく聞こえなくなる、"噤む（つぐむ）"に由来するといわれている。毎年晩秋に、シベリアから荒波の日本海を越えて福井県に多数飛来する。英名は、連続して鳴くことと、羽色が暗褐色なところから Dusky thrush（浅黒い流行歌手）という。

19 山梨県

▼甲府市の1世帯当たり年間鶏肉・鶏卵購入量

種　類	生鮮肉 (g)	鶏肉 (g)	やきとり (円)	鶏卵 (g)
2000年	34,457	8,194	2,572	28,186
2005年	35,695	8,678	2,506	23,857
2010年	40,120	11,716	2,571	26,487

　山梨県の全産業に占める第一次産業の人口の割合は3％前後である。第一次産業の大半が農業である。第一産業の中でも果樹栽培が6割以上も占めている。とくに、甲府盆地は土壌の水はけが良く、日照が良く、朝晩の気温差が大きいために、果樹栽培に適している。ブドウ・モモ・スモモの栽培は、全国でいつも上位にいる。一説には、ブドウの栽培を始めたのは、約1,300年前の行基上人によるといわれている。

　徐々に栽培品種は増やし、巨峰・デラウエア・甲州・ピオーネなどの品種を世に出している。甲州は、勝沼ワインの原料ともなっている。

　畜産関係では、養鶏に力を入れている地域である。現在、山梨県に存在する地鶏・銘柄鶏には、甲州赤どり、甲州地どり、安曇野どり、健味どり、さわやか健味どり、甲州健味どり、無添加信どり玄などがある。安曇野赤どりは、信州・安曇野地方の恵まれた大自然の中で開放鶏舎で平飼いし、日齢75日のものが出荷されている。甲州健味どりは白色系の鶏で山梨県八代郡の養鶏場で健康平に配慮した特殊のエサを与え、運動も十分させて平飼している。甲州赤どりの特徴は、肉の赤身が濃く、しまった肉質で脂肪が少ない。山梨の自然環境の中で飼育している。甲州地どりは、山梨県でシャモと劣性白ロックを交配させて改良し、自然環境の中で飼育している。

　それぞれの地鶏は、品種を作り出した組合が主体となって、飼育・餌の調製・出荷などを一貫して行っているので、地鶏の生産者はそれぞれの地鶏を開発した組合や団体となっている。

　山梨県の県庁所在地の甲府市内の居酒屋、鳥専門の料理店は、地鶏生産

者と契約し、地鶏料理を提供しているところが多いようである。地鶏をいかに美味しい料理として提供するかは、串焼きの場合はジューシーさを活かした焼き方の店が人気らしい。

甲府市の1世帯当たりの2000年、2005年、2010年の生鮮肉の購入量をみると、徐々に増加している。鶏肉の購入量についても年々増加しているが、富山市や金沢市の1世帯当たりの購入量に比べれば少ないようである。1世帯当たりのやきとりの購入額は、2,500円台と一定している。福井市の購入金額に比べれば少ないが、長野県の購入金額に比べれば多い。鶏卵の購入量については他の地域でもみられているように、2005年の購入量は少ないが、2010年は2000年よりも増えている。

山梨は、平野が少なく、雑穀を栽培して山野の産物を食料とした苦しい時代があった。郷土料理の「ほうとう」は素朴な煮込みうどんのようなものであるが、山野で収穫した食料を上手に取り入れた栄養のバランスを考えた料理である。「ほうとう」から山梨県民は素朴で粘りのある人々と推測している。生鮮肉や鶏肉、鶏卵の購入量が他の地域に比べれば少ないようではあるが、食料の確保に苦労した時代の節約や無駄な金は使わないという精神が守られているからであろう。

知っておきたい鶏肉、卵を使った料理

- **鳥モツ煮** 鶏のレバーやハツ、砂肝、卵巣(キンカン)と言った食感の異なるもつを、醤油ダレで照りが出るように甘辛く短時間で煮た郷土料理。60年ほど前に甲府市内の蕎麦屋で考案された。お酒のおつまみとしても、郷土の鍋料理のほうとうともあう。一般のモツ煮と異なり汁気は少ない。ご飯に載せて"鳥もつ丼"にしてもよい。やわらかい食感のレバー、ぷりぷりしこしこのハツ、サクサクコリコリの砂肝、プチッとしたキンカンが一皿で楽しめる。甲府市の市の職員の有志がボランティアで「みなさまの縁をとりもつ隊」を結成して普及活動を展開している。
- **甲州とりもつべんとう** 名物駅弁。甲府名物の鳥のもつ煮は、特製の醤油ダレで綺麗な照りが出るように甘辛く煮る。この鳥モツ煮を新潟産のお米の茶飯の上に鳥そぼろと鳥モツ煮、錦糸玉子が載る。果物王国山梨産の巨峰の寒天餅、あつみかぶ酢漬けなどが付く。丸政が作り、甲府駅で販売。

- **天下とりかつサンド**　予約が必要な名物駅弁。甲州産の鳥を使ったチキンカツサンドで、醤油ベースの味付け。鶏肉に合う柚子コショウとマヨネーズが添えられる。受取時間の30分前までに予約をすると出来立てのアツアツが売店に届く。戦国時代に天下を取る野望を抱いていた武田信玄をテーマにして、武田信玄も使った日本初の制度化された貨幣の「甲州金」にちなみ金粉をかつサンドに散りばめた。丸政が作り、小淵沢駅で販売。

卵を使った菓子

- **たまごジャム**　甲府市の養鶏場と食品会社（農業生産法人黒富士農場と、食品卸会社の武田食品）が共同開発した。英国のレモンカード風スプレッド。農場の採れたて卵と、レモンの代わりに山梨県産の柚子を使い、国産のバターと煮て作る。爽やかな柚子の香りと酸味に、卵とバターのコクが加わり甘さも最適。トーストに塗っても良し、ヨーグルトに入れても良し、お菓子作りにも使える。
- **信玄あばれ兜**　甲府のお土産。和三盆糖を使ったカップに入った黒糖カステラ。明治36年創業の竹林堂が作る。マドレーヌの"富士川"も発売以来のロングセラーで秋篠宮殿下に献上したことがある。かつて富士川は舟運によって、太平洋側の米や塩などの物資を甲府へ運んでいた。
- **信玄軍配せんべい**　甲府のお土産品。小麦と卵で焼いた小麦煎餅の表面にクルミの粉が散らしてある。越後の"龍"と呼ばれた上杉謙信と、甲斐の"虎"と呼ばれた武田信玄が戦った川中島の合戦で、謙信の奇襲を防いだ軍配の逸話に由来する。

地　鶏

- **甲州地どり**　体重：平均3,200g。県の畜産試験場で改良した県産軍鶏の雄と、家畜改良センターで改良した白色ロックの雌を交配して作出。非遺伝子組換えのトウモロコシを使用した飼料を給与。太陽の下、自然の中で約120日間放し飼いをすることで、筋肉もしまりしっかりした歯ごたえのある濃厚な美味しさの感じられる肉質となる。筋線維が細かく、肉の中に旨味の素のイノシン酸が多く含まれる。"水炊き"などの和食料理がおすすめ。県の農産物等認証制度の認証を受けている。漫画の『美

味しんぼ』にも登場した。甲州地どり生産組合が生産する。

銘柄鶏

- **甲州頬落鶏**（こうしゅうほおとしどり）　名前は、「頬が落ちるほど美味しい」と県農政アドバイザーの小泉武夫東京農業大学名誉教授が命名。また、「天下無敵の頬落鶏に甲州ワインはピタリンコ」のキャッチコピーも考案。ブロイラーよりも美味しくし、甲州地どりよりも安価で買いやすい鶏として県畜産試験場が開発。甲州地どりに発育性のすぐれたレッドコーニッシュを掛け合わせた。適度な脂肪と肉の旨味がある。飼養期間は約90日。特に焼き物におすすめの肉質に仕上がっている。
- **健味どり**　体重：平均3,000g。飼料に"トレハロース"を加えて、鶏肉特有の臭みを低減した。富士山や南アルプス連邦の大自然の恵みを受け、ストレス無く健やかに育っている。平飼いで飼養期間は平均52日。白色コーニッシュの雄と白色ロックの雌を交配。甲斐食産生産組合が生産する。
- **健味赤どり**　体重：平均3,000g。肉の赤みが濃く、良くしまった肉質で脂肪も少なく蛋白質に富む鶏肉。コクと風味、美味しさに定評のある赤鶏種を採用し、熟練した飼育技術と自然の緑の中で育てた一味違う鶏肉。レッドコーニッシュの雄とニューハンプシャーの雌を交配。飼養期間は75日。甲斐食産生産組合が生産する。
- **さわやか健味どり**　体重：平均3,000g。一般の若どりに比べて、低脂肪、低コレステロール、高たんぱくな鶏肉。さらに、老化防止に効果があるといわれているビタミンEも豊富に含んでいる。さっぱりした味わいで、鶏肉特有の臭みがない。歯ごたえがやわらかくジューシー。平飼いで飼養期間は平均52日。白色コーニッシュの雄と白色ロックの雌を交配。甲斐食産が生産する。

たまご

- **放牧甲州山懐卵**　蒼々たる黒富士の山懐で緑草や穀物などの餌を自由についばみ、本来の野生環境に極力近づけて自由に遊ぶ鶏が産んだ放牧卵。自然農法、自然循環農法の黒富士農場が生産する。
- **天使のたまご**　山梨県産の飼料用米を使った卵で、黄身の色が鮮やかで、

白身と黄身の盛り上がりが特長。山梨鶏卵市場が販売する。

県鳥

ウグイス、鶯、春告鳥（はるつげどり） Japanese Bush Warbler 日本の茂み(bush)でさえずる(warble)小鳥。ウグイス科、雌雄同色。春先、"ホーホケキョ"と美しい声で鳴くので、オオルリ、コマドリとともに日本三名鳥と言われる。うぐいすの名の由来は、「春に谷の奥から出づる」鳥、すなわち「奥出づる」、「オクイズ」、「ウグイス」の説が有力なようだ。なお、ウグイス色は、このウグイスの色ではなく、ウグイスが盛んに囀る春先に良く目にするメジロをウグイスと勘違いし、メジロの羽の色が鶯色とされたとも言われている。福岡県も県鳥に指定。

20 長野県

▼長野市の1世帯当たり年間鶏肉・鶏卵購入量

種 類	生鮮肉 (g)	鶏肉 (g)	やきとり (円)	鶏卵 (g)
2000年	33,207	8,694	1,900	33,798
2005年	30,108	8,335	1,460	29,361
2010年	33,549	10,577	1,300	29,214

　本州の中央に位置する長野県は、飛騨山脈、木曽山脈、赤石山脈に囲まれた内陸県であるが、これらの山脈を水源とする木曽川、天竜川などが流れ、冷涼な気候、地形の高低による気温差、日照時間などの自然条件を利用した野菜の栽培や果樹の栽培が盛んである。とくに、リンゴ、ナシ、ブドウ、柿（干し柿）などの果物のほかに、諏訪の寒天、信州みそ、信州そばなどの特産品はよく知られている。

　長野県の食肉で有名なのは、「馬肉」である。馬肉の煮売り屋という商売が現れたのは江戸時代後期といわれている。初めて馬刺しが食べられるようになったのは、1887（明治20）年の松本市であったといわれている。このことから、馬刺しが信州名物となったという。1887年から長野県と熊本県では家庭用の肉として利用するようになった。現在では、両方の県にある一部の食肉専門店で販売しているほか、料理店が、馬刺し、しゃぶしゃぶ、さくら鍋などの料理を提供している。

　長野県の養鶏や地鶏の展開は、「信州黄金シャモ振興会」がとりかかった「信州黄金シャモ」の開発であったようである。シャモと名古屋鶏の交配によって作り出された「信州黄金シャモ」は、自然環境の下で放し飼いで飼育し、山間部からの伏流水の湧き水をのませ、研究した飼料をあたえている。「信州地鶏」は、北信州の森林の湧き水と研究した飼料で飼育している。長野には、南信州地どり、信州ハーブなどの地鶏・銘柄鶏も飼育されている。長野県の地鶏の出荷先の約90％は県内となっており、串焼きで提供している店が多い。

　長野県の県庁所在地長野市の2000年、2005年、2010年の1世帯当たり

の生鮮肉や鶏肉の購入量は、山梨県の甲府市の1世帯当たりの購入量と大差がない。このような購入の傾向は、内陸県の特徴のように推測されている。やきとりの購入金額も甲府市と大差はみられない。ただし、2005年の生鮮肉、鶏肉の購入量は他の地域と似ている。やきとりの購入金額については、年を追って少ないが、同じ肉系の調理済み食品として「シュウマイ」「ぎょうざ」「ハンバーグ」も、年を追って少ない傾向にある。肉系の料理の中でも、シュウマイ、ぎょうざ、ハンバーグなどは家庭料理で、生の鶏肉を串に刺して焼いたやきとりは、家庭料理とは考えられていないのではないかと推測している。

各年代に共通している鶏卵の購入量は、1世帯当たり年間30,000g前後である。関東圏の1世帯当たり購入量とほぼ同じであるが、関西圏のそれより少ない。昔、信濃といっていたころは、関東の上野国と境を接するとともに、京都の文化の影響を受けてきた。そのため、日本の食文化の上では、長野県は日本の東と西の分かれ目となる場合もあると伝えられていた。

知っておきたい鶏肉、卵を使った料理

- **山賊焼き（さんぞくやき）**　松本、塩尻等の中信地方の鶏の"龍田揚げ"の別称。醤油や味醂などのたれに漬け込んだ肉に片栗粉をまぶして油で揚げた料理。山賊焼きの名前の由来は、初めて提供した店舗名とか、山賊が物を取り上げるの"鶏揚げる"とか、山賊のように豪快にかぶりつくことからとかいわれている。一方、"龍田揚げ"の名の由来は、奈良県北西部を流れる紅葉の名所の龍田川とする説と、最初にこの料理を作った"龍田"氏とする説がある。奈良県の項を参照。
- **玉子ふうふう**　飯綱町は、江戸から金沢に続く北国街道の宿場町、牟礼宿で栄えた。その宿で旅人が食べた料理。ふわふわ玉子に信州の地鶏、きのこのコクが加わる。
- **長野焼きそば**　松代産の長芋と、信州味噌仕立てのたれで、平打ち麺を調理し、温泉卵を載せた長野らしいご当地グルメ。

卵を使った菓子

- **開運老松**　信州銘菓。1884（明治17）年創業の松本の老舗菓子屋「開

運堂」が作る。小麦粉と卵、砂糖にニッキの風味をプラス、生地には松の実を散りばめ不老長寿を念じたスポンジ生地。この生地で、安曇野の自社工場内の井戸で汲み上げたアルプスの伏流水で炊いた北海道十勝の特選襟裳小豆の餡を包んだ。小豆餡とニッキの組み合わせは、東京にも京都にも影響されていない松本だからできた組み合わせ。菓子の外観は、松の古木の幹を模している。50年近く愛される銘菓。

- **初栗あわせ**　1864（元治元）年創業の小布施の「栗庵風味堂」が作る銘菓。小布施は栗を使った製品が有名。契約養鶏場の新鮮な鶏卵をふんだんに使って焼いたカステラ風生地で、厳選した国産栗の餡と栗の甘露煮を包み、ホイル焼きにした菓子。第25回全国菓子大博覧会「農林水産大臣賞」受賞。本店にはカフェも併設されている。

- **巣ごもり**　明治元年創業の飯田の「いと忠」が作る南信の代表銘菓。新鮮な鶏卵の卵黄で練り上げた黄身餡を高級ホワイトチョコでコーティングした卵形の生菓子。ホワイトチョコが卵の白身、黄身餡が卵黄をあらわしている。まだ、ホワイトチョコがあまり知られていなかった1960（昭和35）年に生まれた。名前は、めでたさを唄った昔の曲「鶴の巣ごもり」に由来するといわれている。第20回全国菓子大博覧会「名誉金賞」受賞、信州ブランドアワード2013受賞。味は、カスタード、りんご、ブルーベリー、いちごなど8種類ある。ちなみに長野県はブルーベリーの生産量日本一、りんごは2位である。

地　鶏

- **信州黄金シャモ**　体重：雄平均3,600g、雌平均2,600g。信州ブランド食材として肉質と食味に定評のある"軍鶏"と、コクと風味に優れた"名古屋種"を掛け合わせて県の畜産試験場で開発。信州の自然豊かな平飼いの農場で、120日以上の長期間のびのびと育てる。"歯ごたえ""旨味""風味"の三拍子揃った上に、脂肪分控えめの高級ヘルシーな食材。信州黄金シャモ振興協議会が生産する。2007年食肉産業展「銘柄鶏・地鶏食味コンテスト」で最優秀賞を受賞。

- **南信州地どり**　体重：雄平均3,500g、雌平均2,800g。飼料にヨーグルトや牛乳を加え平飼いで120日間の長期間飼養。身がしまって歯ごたえが良く、濃厚な味とジューシーさが特長。シャモの雄と白色プリマスロッ

クの雌を交配。ササキ商事が生産する。

銘柄鶏

- **信州ハーブ鶏**　体重：雄平均2,850g、雌平均2,850g。マイロや大豆を主体とした飼料に、天然ハーブのオレガノやシナモン、ジンジャー、ガーリックと、ビタミンEを加えて、脂肪の酸化を抑えた風味あるジューシーな鶏肉。平飼いで平均50日間飼養する。白色コーニッシュの雄に白色プリマスロックを交配。ミヤマブロイラーが生産する。
- **信州鶏**　信濃大町の豊かな水と空気、豊かな自然の中で育てた地鶏。ほのかな甘味と旨みが絶妙に調和した肉質。

たまご

- **信州のたまご**　おいしい卵は健康な鶏から。鶏の健康に配慮し、牧草や乳酸菌をはじめ数種の有効微生物を加えた専用飼料に、ハーブエキスを加えて卵特有の嫌な臭みを抑えた卵。JA全農長野アルプスたまご工房が販売する。
- **たまごやさんのこだわり**　生産者の顔が見え、外国で開発された鶏ではなくて純国産の鶏、天然の手作り飼料と地下水、安全と産み立て新鮮にこだわり、45年間守り続けてきた。信州伊那谷の卵やさんが生産する。

> **県鳥**
>
> ライチョウ、雷鳥（雷鳥科）　英名はRock Ptamigan。高山に生息する雷鳥は、昔から霊的な鳥とされた。特に真っ白な冬羽は聖なる鳥とされ、「霊鳥」とされ、また、雷を鎮める力があるとされ、「雷鳥」となったといわれている。富山県、岐阜県も県鳥に指定。特別天然記念物に指定されている。絶滅危惧II類（VU）。

21 岐阜県

▼岐阜市の1世帯当たり年間鶏肉・鶏卵購入量

種類	生鮮肉 (g)	鶏肉 (g)	やきとり (円)	鶏卵 (g)
2000年	38,241	11,129	1,174	32,823
2005年	35,897	11,281	1,004	31,671
2010年	38,984	11,747	935	30,192

　岐阜県は、飛騨山脈、飛騨高地、両白山地の山々を占める内陸県であるが、長良・木曾・揖斐の三川が流れる濃尾平野が開けている。平野部に形成されている輪中地帯には零細農家が多い。農産物ではホウレン草、トマト、キュウリ、大根などが栽培され、飛騨・美濃伝統野菜の守口大根が栽培され、粕漬はこの地方の名産品となっている。果実類の富有柿は、岐阜県が原産で生産量は全国一となっている。畜産関係では、奥美濃・飛騨地方を中心に飛騨牛、飛騨・美濃けんとん（豚）、奥美濃古地鶏がよく知られている。

　岐阜県の地鶏・銘柄鶏には、奥美濃古地鶏のほかに、美濃地鶏、美濃庭鶏などがある。奥美濃古地鶏には、JA岐阜経済連が清流の長良川の源「奥美濃」の自然の中で飼育しているものと、岐阜アグリフーズが自然環境の中で飼育しているものがある。いずれも、赤みを帯びた歯ごたえのあるうま味のある肉質が特徴となっている。薬剤を添加しない飼料を投与し、平飼いである。美濃地鶏の生産者は、岐阜県関市の美濃かしわで、指定した配合飼料で平飼いをしている。赤みを帯びた、組織の細かい肉質で歯ごたえがある。美濃庭鶏も、美濃かしわが生産者である。飼料には天然ミネラルや乳酸菌などを加えた指定配合飼料で飼育している。甘味を感じる肉質が特徴である。

　2010年の岐阜市の1世帯当たりの生鮮肉、鶏肉の購入量は中京圏の愛知県に比べると少ない。また、鶏卵の購入金額についても愛知県の鶏卵に比べれば少ない。岐阜県民に共通している気質は、用心深く、合理的であるといわれている。2000年、2005年の生鮮肉や鶏肉の肉の購入量や鶏卵

の購入金額が、中京圏のほかの市と大きな違いがみられないのは、他の地方の人々とのさまざまな交流の場から、他の人との上手な付き合い方を身に付けているためかと思われる。

知っておきたい鶏肉、卵を使った料理

- **鶏ちゃん焼き** 岐阜に伝わる鶏肉とキャベツや玉ねぎ、季節の野菜を炒めた郷土料理。使う鶏の部位や味付けは、地域や各家庭によって異なり、郡上八幡地方では味噌が多く、下呂地方では、醤油味が多い。
- **関から揚げ** 「関の孫六」などで有名な刃物の町、関市のご当地グルメ。地元産の椎茸とひじきの粉末を混ぜて揚げる"黒から揚げ"と、赤ピーマンの粉を混ぜた"赤から揚げ"、米粉の"白から揚げ"がある。粉のベースには岐阜のブランド米の"ハツシモ"の米粉を100％使っているので、油の吸収が少なくてヘルシー。から揚げ用のミックス粉も販売されている。地元の有志が「関から揚げ学会」を設立し応援している。関の刃物の歴史は、鎌倉時代までさかのぼる。
- **あんかけカツ丼** ご当地グルメ。瑞浪市で80年以上続く老舗の「加登屋」や「ありが食堂」で提供されるカツ丼。ご飯にのった豚カツの上に、ムロアジや本節でとっただしと5種類の野菜、たまごで作った甘いあんをかける。カラッと揚がったサクサクのカツと、あんのとろみが絶妙で美味しい。卵が貴重だった時代に、安くてボリュームのあるものを食べてもらいたいという店主の思いから考案された。
- **くんせい玉子** 醤油や塩、香辛料で味を付けて、桜やブナなどのチップと、月桂樹（ローリエ）で燻製にした味付けの卵。製造に4日間かかる。殻をむいて、お餅のようにオーブントースターなどで焼いても美味しいようだ。卵の殻をアルミの粉でコーティングしてあるので、常温で4カ月持つ。家庭で普段使うのもよいが、金色や銀色にコーティングしてあるので贈答や引き出物にも使える。味覚の本舗が製造する。
- **高山ラーメン** 鶏がらで醤油ベースのスープのラーメン。飛騨高山で「そば」といえば中華そばというほどラーメンをよく食べる。年越しそばも中華そばを食べる場合が多いようだ。スープは、鶏がらに鰹節、野菜などを使い、醤油仕立て。脂は少なくあっさりした和風味。麺は基本的に細打ちの縮れ麺。具は、チャーシュー、メンマ、ねぎ、とシンプルな店

が多い。
- **天使の贈物** 卵の殻を割らずに中身をプリン状にした。純国産鶏の「もみじ」の卵を特殊な機械で黄身と白身を均一に混ぜ、プリン状のほど良いなめらかさになるようにボイルする。プリンやティラミスのようなスイーツにも、洋食にも、醤油をかけて和食にも使える。販売する後藤孵卵場は、「もみじ」や「さくら」といった純国産鶏の種（遺伝子）を保有する国内では数少ない企業。

卵を使った菓子

- **登り鮎** 長良川の鵜飼にちなんだ菓子で、小麦粉にたっぷりの卵を加えたカステラ生地で求肥を包み、長良川の清流に泳ぐ若鮎を模した形をしている岐阜の銘菓。長良川河畔に、1908（明治41）年創業の「玉井屋本舗」が製造する岐阜の銘菓。

地 鶏

- **岐阜地鶏** 在来種。天然記念物。原産地：岐阜県。体重：雄平均1,800g、雌平均1,350g。岐阜地鶏は、平安から江戸時代初期にかけて今の岐阜県郡上八幡周辺で飼われていた地鶏で、地元では"郡上地鶏"とよばれる。神話の天照大神の天岩戸伝説で鳴いた鶏とも考えられているが定かでない。名古屋コーチンの作出にも使われた。伊勢地鶏（三重地鶏、猩々地鶏ともよぶ）、土佐地鶏（小地鶏とも）とともに、岐阜地鶏も1941（昭和16）年に「地鶏」として天然記念物に指定された。なお、天然記念物に指定されている地鶏は、"岩手地鶏"を含めてこの4種類だけである。
- **奥美濃古地鶏、卵** 体重：平均2,950g。県の畜産研究所が、昔懐かしい美味しいかしわ肉と卵の再現を目指して開発。肉質は赤みを帯び、歯ごたえが良く、コクのある旨みが特徴。ブロイラーに比べ飼育期間が平均80日以上と長いので美味しい肉に。平飼い。飼料には、オレイン酸を多く含む米や、鶏の健康を考えて有用微生物群のEM菌を配合。天然記念物で古代鶏の特長を色濃く残す"岐阜地鶏"の改良種の雄に、ロードアイランドレッドの雌を交配。全国で2番目の特定JASの"地鶏"に認定された。また、卵は黄身が大きくて濃厚でコクがある。岐阜アグリフーズやとり沢が生産する。

たまご

- **さくらたまご** 日本で育種改良された純国産の鶏"さくら"が産んだ卵。卵殻の色が桜色をしている。卵の殻が厚いので卵の風味と鮮度が長持ちする。生食にも料理にも向く。起泡性も優れるのでお菓子作りでも評判。サルモネラ対策も万全な安心卵。後藤孵卵場が生産する。
- **もみじたまご** 日本で育種改良された純国産の鶏"もみじ"が産んだ卵。卵殻の色が褐色の赤い卵。卵の殻が厚いので卵の風味と鮮度が長持ちする。生食にも料理にも向く。起泡性も優れるのでお菓子作りでも評判。サルモネラ対策も万全な安心卵。後藤孵卵場が生産する。
- **卵王** 海の恵の海藻と、炭を作るときに採れる木酢液の森の精と、有用微生物群のEM菌を飼料に配合。海藻はミネラルが豊富で、木酢液とEM菌は鶏の健康と卵の品質向上に役立つ。これらの天然素材を用いることで、健康に良く美味しい卵が出来る。JAグループ岐濃鶏卵が生産する。

県鳥

ライチョウ、雷鳥（雷鳥科） 英名はRock Ptamigan。高山に生息する雷鳥は、昔から霊的な鳥とされた。特に真っ白な冬羽は聖なる鳥とされ、「霊鳥」とされ、また、雷を鎮める力があるとされ、「雷鳥」となったといわれている。富山県、長野県も県鳥に指定。特別天然記念物に指定されている。絶滅危惧Ⅱ類（VU）。

22 静岡県

▼静岡市の1世帯当たり年間鶏肉・鶏卵購入量

種　類	生鮮肉 (g)	鶏肉 (g)	やきとり (円)	鶏卵 (g)
2000年	43,372	11,471	2,225	35,409
2005年	41,095	11,507	2,177	28,695
2010年	41,164	12,886	2,112	29,276

　北部の富士山、赤石山脈などの山岳地帯が山梨県との県境となっている。東部の伊豆半島は太平洋に突き出ていて、山間部はイノシシの利用を町興しの一つの課題としている。黒潮の影響を受け全般的に温暖で、冬も温暖で日照時間が長い。南部の海岸地域は平地もあるが、傾斜面もある。傾斜面を利用した野菜・果物・茶の栽培が盛んである。漁業も盛んでカツオ・マグロの水揚げも多く、浜名湖のウナギの養殖、富士山麓でのニジマスの養殖も知られている。B級ご当地グルメでは富士吉田のコシの強いうどん、富士宮のやきそば、浜松のぎょうざ、三島のコロッケなどが知られているが、祭典での入賞には至らないが、町興しには貢献している。

　静岡県の地鶏・銘柄鶏には、「駿河シャモ」（駿河シャモ振興会）、「ぐるめきどり」（静岡ブロイラーセンター）、御殿どり・太陽チキン（御殿場の東富士農産）、地養鳥・地養赤鳥（磐田市の「おいしい鶏生産者出荷組合」）などがある。富士山麓の水と土壌を利用して平飼いした鶏や、専用の飼料を開発・投与して飼育するなど、それぞれの生産者がいろいろと工夫して飼育している。生産者は常に高たんぱく質、低脂肪、噛み心地のよい肉質の鶏の生産に努力している。

　2000年、2005年、2010年の静岡市の1世帯当たりの生鮮肉や鶏肉、鶏卵の購入量は、東海地区の岐阜市、名古屋市の購入量に比べれば多い。1世帯当たりのやきとりの購入金額も岐阜市や名古屋市よりも多い。生鮮肉や鶏卵の購入量は、2000年に比べると2005年、2010年は少ないが、鶏肉の購入量は、2000年よりも2005年、2005年よりも2010年の順に増えている。やきとりの購入金額は、2000年に比べると2005年は少なく、2010年

は2005年より少なくなっている。

　静岡県は農産物にも水産物にも恵まれているので、静岡県の人々は楽天的でおっとりして、金銭感覚も淡白であるともいわれている。この気質が食肉の購入に影響しているとは考えにくい。

知っておきたい鶏肉、卵を使った料理

- **げんなり寿司**　押し寿司。縁起を担ぐ時に作られたお寿司。特徴は、二口で食べられるくらいの大きさの酢飯に具が載る。卵の場合は錦糸卵ではなく少し厚めに焼いた玉子焼きを使う。魚の白いおぼろ（でんぶ）と紅おぼろ、にんじんの橙色、卵の黄色、椎茸の煮物を載せるので彩が良い。
- **とろろ汁**　静岡県中部の東海道の宿場町、丸子の宿に400年以上前から伝わる自然薯（やまいも）を使った名物料理。すりおろした自然薯に卵を割り入れ、みそで味を調え、削り節を振り掛ける。卵を入れることでコクが増す。滋養強壮があり旅の疲れが取れると評判。安藤広重の浮世絵"東海道五十三次"や松尾芭蕉の俳句、十辺舎一九の『東海道中膝栗毛』にもとろろ汁のお店が登場する。
- **やきとろ**　卵液に自然薯を加えてふんわりと焼いた厚焼き玉子で、丸子の宿のとろろ汁屋「丁子屋」で食せる。
- **たまごふわふわ**　江戸時代の袋井宿の名物料理。江戸時代に十返舎一九によって書かれた"弥次さん""喜多さん"の『東海道中膝栗毛』にも登場するたまご料理で、袋井市観光協会が再現した。たまごと鰹のだしのシンプルな素材で、ふわふわした泡のように盛り上がった舌触りの良い料理。

卵を使った菓子

- **こっこ**　静岡銘菓。南アルプスの伏流水と採れたての新鮮卵でふんわり蒸し上げた蒸しケーキに、ほど良い甘さのミルククリームを入れたお菓子。静岡県特産の抹茶を生地に練り込み、あずきとミルククリームを入れた"抹茶こっこ"や、夏季には"バナナ"味、冬季には県産のいちご"紅ほっぺ"味の季節限定製品もある。また、WEB限定の"名古屋コーチン"の濃厚卵を使った「こっこゴールド」もある。レンジで温めても美味し

いようだ。ミホミフーズ㈱が製造する。CMソングは県民に広く知られている。

- **うなぎパイ**　浜松銘菓の焼き菓子。浜名湖の特産品のうなぎにちなんだお菓子で、浜松のお土産の定番。小麦粉、ナッツ類、卵黄と日本うなぎ（学名：Anguilla Japonica）の粉末、ガーリックが使われる。"うなぎぱい"は夜のお菓子といわれるが、家族の団欒のお供にという意味と、臭いが気になるガーリックを使っているからといわれる。駿河湾特産のしらすを使った"しらすパイ"もある。明治20年創業の春華堂が製造する。
- **知也保の卵**　チャボのタマゴ。浜松銘菓。卵黄だけを練り込んで焼き上げた桃山が入った卵形の可愛らしい最中。最中の色は"白"と"褐色"がある。浜松の春華堂が製造する銘菓。

地　鶏

- **駿河シャモ**　体重：雄平均3,200g、雌平均2,300g。県の中小家畜研究センターで鶏の中で一番美味しいといわれるシャモを中心にして名古屋コーチン、土佐九斤、横斑プリマスロック、比内鶏、ロードアイランドレッドなどを交配して誕生。環境の良い広い農場で平飼いにしてブロイラーの倍以上の130日間かけて飼育。県の特産のお茶や柿酢、竹酢液などの天然素材を飼料に配合することによって元気な鶏を生産。低脂肪でヘルシーなうえ、歯ごたえも良く旨味が口の中に広がる。静岡県駿河シャモ振興会が生産する。
- **一黒シャモ**　体重：雄平均3,500g、雌平均2,500g。軍鶏の繊維質と鶏肉の臭みが取り除かれ、他の鶏肉より水っぽくなく栄養成分が高く生食ができる。モツやもも肉の美味しさはもちろん、ささみの甘さとむね肉の美味しさは格別で調味料はあえて必要としない。黒軍鶏の雄に、横斑プリマスロックとロードアイランドレッドを交配した雌を掛け合わせた。平飼い、もしくは放し飼いで飼養期間は平均140日間と長い。とりっこ倶楽部"ホシノ"が生産する。
- **御殿地鶏**　乳酸混合飼料「ピービオ」によって引き出された鶏本来の味わい深い旨味と適度な歯ごたえがある肉質が特徴。飼料の主原料は非遺伝子組換え作物を使用。平飼いで飼養期間は平均90日間。鶏種はロー

ドアイランドレッド。「2010年食肉産業展、地鶏・銘柄鶏食味コンテスト」で最優秀賞を受賞。東富士農産が生産する。

銘柄鶏

- **地養鳥** 体重：雄平均3,100g、雌平均2,800g。飼料に地元特産のお茶の茶殻と、炭焼きのときに発生する木酢液を主原料とした地養素を配合。地養素が鶏肉特有の臭いを分解するため、嫌な鶏肉臭さはほとんどない。静岡県内で生産し磐田市の米久おいしい鶏㈱静岡事業所で処理している。飼養期間は平均50日。鶏種はチャンキーやコブ。ハムソーセージ製造の米久のグループの米久おいしい鶏が生産する。
- **美味鳥** 体重：雄平均3,100g、雌平均2,800g。地養素と地元特産のお茶の茶殻を飼料に加え、鶏特有の臭さがなく歯ごたえがあり、舌触りの良い鶏肉。飼養期間は平均50日。鶏種はチャンキー、コブ。ハムソーセージ製造の米久のグループの米久おいしい鶏㈱が生産する。
- **ふじのくにいきいきどり** 体重：平均2,900g。ハーブを加えた専用飼料で、平均52日間飼育。白色コーニッシュの雄と白色ロックの雌を交配。静岡県の「安全性確保と情報提供適正業者」の認証を受けている静岡若どりが生産する。
- **富士あさひどり** 体重：雄平均2,850g、雌平均2,850g。皮下脂肪が少なくヘルシーで、口当たりや風味に優れている。衛生的な飼育環境で健康な鶏を育てることで安全性を高めている。マイロ主体の飼料を給与しているので脂肪が白いのも特長。鶏種はチャンキーやコブ。飼養期間は平均50日間。アサヒブロイラーが生産する。
- **富士の鶏** 飼料にトウモロコシを使わないので脂肪が白く、脂肪の融点も低くさわやかな食感がする。平飼いで飼養期間は平均50日。鶏種はチャンキーやコブの雄のみ。青木養鶏場が生産する。
- **鶏一番** 体重：平均3,000g。飼料には魚粉や動物性油脂は使用せず、非遺伝子組換えの穀類を使用。飼養期間は平均75日。鶏種はチャンキー。シガポートリーが生産する。
- **太陽チキン** 体重：平均4,500g。平飼いで飼育期間は90日前後。飼料の主原料は非遺伝子組換え作物を使用。白色コーニッシュの雄に白色ロックの雌を交配。肉の旨味と歯ごたえのある肉質が特徴。東富士農産㈱

が生産する。

たまご

- **朝霧高原たまご** 富士山麓の朝霧高原の雄大な自然のめぐみをいっぱい受けて専用の飼料を与えて産まれた卵。ビタミンEを普通の卵の12倍含む。朝霧高原ファームがつくり飼料メーカーの清水港飼料が販売する。
- **美黄卵** 黄身が美しく美味しい卵。自家配合の飼料には牧草や胡麻粕、国産の魚粉、滋養強壮のにんにく、腸の環境を整えるオリゴ糖やフィターゼ、セルラーゼといった消化酵素を加え、与える水は弱アルカリイオン水。静岡農水産物認証マニュアルに則り生産管理を行い、毎日産みたての卵を出荷。農場直送なので卵黄卵白の盛り上がりが違う。清水養鶏場が生産する。

県鳥

サンコウチョウ、三光鳥（カササギビタキ科） 英名は Black Paradise Flycatcher。夏鳥。4月の終わりごろから富士山のふもとなどに渡来してくる。5種類の鳥の中から公募しで制定。名前は、さえずり方の"ツキ、ヒー、ホーヒー"が、"月、日、星"の三光と聞こえることに由来するといわれている。雄の尾羽は長い。4月の終わりごろに日本へ渡ってきて、静岡県では富士山のふもとで生活する。

23 愛知県

▼名古屋市の1世帯当たり年間鶏肉・鶏卵購入量

種類	生鮮肉 (g)	鶏肉 (g)	やきとり (円)	鶏卵 (g)
2000年	36,951	10,867	2,225	33,797
2005年	37,796	11,599	1,155	31,901
2010年	41,924	13,357	1,301	29,901

　愛知県は、木曽川・揖斐川・長良川によって形成されている濃尾平野、中央部に矢作川の下流の岡崎平野、東部の豊川下流の豊橋平野と、大きな河川を擁しているので、野菜や果物の栽培が盛んである。宮重大根や青首大根など多くの伝統野菜も栽培されている。さらに、養鶏が盛んで「畜産王国」といわれているほどである。しかし、近年、心配なのが「鳥インフルエンザ」で、毎年鳥インフルエンザの感染がマスコミで報じられると、鳥関係の専門家は感染源のわからない鳥インフルエンザの恐怖で落ち着かなくなる。愛知県は、名古屋コーチンと称される名古屋種の鶏だけでなく、ウズラの飼育も行われているので、鳥インフルエンザによる被害対策が厳重に行われている。

　郷土料理の「きしめん」の名前の由来には「紀州麺」「雉麺」などの説がある。「雉」の名が「きしめん」の名の由来の一つであるということは、古くから愛知県は鳥とかかわる何かがあったと推定している。「きしめん」は中国古代の農書の『斉民要術』に記録されている碁石状のめんに由来するという説もある。現在のきしめんのだしは鰹節を使っているが、昔は味噌煮込みうどんとして食べた。この時の調味には一緒に加えた名古屋コーチンからのだしと八丁味噌の塩味・うま味が名古屋の庶民の味を醸し出したのである。

　養鶏王国の愛知県には、独特の喫茶店文化が根付いており、喫茶店の朝の定食の"モーニング"にはゆで卵が欠かせない。愛知県の喫茶店で小さな卵が消費され、大きな卵が北陸で消費されていたことが影響していると思われる。

愛知県の地鶏・銘柄鶏のうち、「純系　名古屋コーチン」（生産者：名古屋コーチン普及会、丸トポートリー食品）は、肉質は赤みを帯び、弾力、コク、うま味に定評があり、煮物、鍋ものに適している。三河赤鶏（丸トポートリー食品㈱）は、山紫水明の地、三河山間部で飼育している褐色系の鶏である。三河どり（丸トポートリー食品）は、木酢酸を活用して、鶏肉特有の臭みを少なくした白色系の鶏である。渥美赤どり（生産者：マルセ直営農場）は、特別に調製した微生物発酵飼料を与えて飼育した鶏で、コクがある。2010（平成22）年の地鶏の出荷羽数は全国3位（1位は徳島県）。

畜産王国愛知県の県庁所在地・名古屋市の1世帯当たりの生鮮肉、鶏肉の購入量は、東海地区のほかの市と大きな差はないが、2000年よりも2005年、2005年よりも2010年と増えている。鶏卵については、2000年よりも2005年、2005年よりも2010年と購入量は減少している。1世帯当たりの鶏肉の購入量が、ほかの県庁所在地の購入量と比較して大差がない。養鶏場で生産した鶏や鶏肉、鶏卵は愛知県以外の地域に流通していることが推測できる。

知っておきたい鶏肉、卵を使った料理

- **手羽先唐揚げ**　名古屋のご当地グルメ。新鮮な手羽先を、特性のたれに漬けて、塩コショウをしてから揚げにしてゴマをふる。手羽先から揚げの専門店がある。骨に肉が残らない独特の食べ方がある。
- **ターザン焼き**　名古屋のご当地グルメ。手羽やモモの付いた鶏の半身を素揚げにして、特性のたれに漬けて、塩コショウをし、ゴマをふった鶏料理。手羽先のから揚げの原型といわれている。
- **ひきずり鍋**　名古屋風すき焼き。愛知県尾張地方では、使用する食材が牛でなくても、すき焼きのことを"ひきずり"とよぶ。この地域は、名古屋コーチンなど昔から養鶏業が盛んで、肉は鶏肉がよく使われる。すき焼きにも、鶏のもも肉や胸肉だけでなく、砂肝、レバー、キンカン（卵巣）も使い、生麩、かまぼこ、白菜、ねぎとともに調理する。十分に温めたすき焼き鍋に名古屋コーチンの脂を入れ、コーチンの肉とねぎを炒め、砂糖、醤油、酒を入れて味を付け、小鉢の溶き卵をくぐらせて食べる。続いて他の具を調理して食べる。尾張地方では、悪いことを新年に

まで引きずらないと願い、年越しにひきずりを食べる。語源は、鍋の上で肉をひきずるように軽く焼くという所作からといわれている。最近は、ひきずりのライスバーガーやうどん、餃子なども開発されている。

- **かしわ料理**　名古屋は鶏料理の本場。昔から養鶏場が盛んな地域。名古屋から西の方面では、食用鶏をカシワという。中国大陸から伝えられた黄鶏(かしわ)の羽毛の色が「柏の枯れ葉」に似ていることに由来している。名古屋は、羽毛の茶色の名古屋コーチンをつくりだした土地柄で、鶏肉料理の種類は多い。代表的なものに、「かしわ鍋」「かしわひきずり」などがある。

    ①ささみの湯びき（ささみの筋を取り除き、1本のささみを3つか4つに削ぎ切りにして、熱湯の中をさっと通し、表面の色が変わったら冷水で冷まし、千切りの大葉をまぶして、生姜醤油でいただく。鳥わさ風の料理）

    ②とり幽庵焼き（醤油、みりん、酒に、柚子またはスダチの絞り汁に漬けた鳥モモ肉をフライパンでこんがり色が付くまで焼いてからさらに蒸し焼きにした料理）

    ③とりの腹子となすの煮物（鳥のお腹の中にある、白身や殻が付く前の黄身がたくさん付いた卵巣となすの煮物）

    ④さわ煮椀（普通、豚の脂身でつくるところ、名古屋では鳥の皮でつくる。茹でた鳥の皮、大根、人参、ごぼう、キクラゲを千切りにして、醤油仕立てのすまし汁で煮て、三つ葉をちらした吸い物）

- **味噌たま**　名古屋土産。ゆでた卵を特産の八丁味噌（豆味噌）で一昼夜煮込んだ物。レトルトなので常温で持ち帰れる。豆味噌は日本中でこの中部地域だけの独特の食文化。

- **高浜とりめし**　100年以上前から伝わる郷土料理。高浜地区は卵の生産が盛んで、卵を産まなくなった鶏（成鶏、廃鶏）を食べる食文化が昔からあり、家庭の味でもある。高浜とりめしの定義は、①地元調達の鶏肉とお米をできる限り使う。②水を使わないでたまりと砂糖で具を炊く。③具を鶏の脂で炒めること。④薄くスライスした鶏肉を使う。⑤炊き込みではなく混ぜご飯にすることが特徴。郷土料理の"とりめし"で町を盛り上げようと高浜市や商工会議所、地元商店や企業、学校が参加して「高浜とりめし学会」を発足。

- **とりめし** 松浦商店が作る、1932(昭和7)年発売の人気の駅弁。名古屋コーチンのスープで炊いたご飯の上に錦糸玉子を敷き詰め、その上にコーチンの照り焼きとコーチンのから揚げ、コーチンの玉子巻が載る。同じくコーチンのスープで炊いたご飯の上に、コーチンのそぼろと玉子のそぼろを彩り良く載せ、照り焼き、から揚げ、つくね串、鶏肉の磯辺揚げ、バンバンジー、豊橋産のうずら卵が入った「特製とり御飯」も好評。名古屋駅などで買える。
- **葉らん押し寿司** 岡崎に伝わる郷土の押し寿司。木の枠の下に葉らんを敷き、その上に酢飯を入れ、2cm幅の薄焼き卵、ピンクのでんぶ、椎茸、たけのこを斜めに順々に飾ってゆき、最後に具の上に葉らんを載せて、押し蓋をして2、3時間重石をしてから食べる。
- **玉子とじラーメン** ご当地グルメ。名古屋コーチンのガラと豚骨のスープに卵を混ぜ、ふわふわの玉子あんを作り、ラーメンの美味しさを閉じ込めるために載せる。名古屋の萬珍軒が作る。この店の玉子とじラーメンは40年前の屋台から始まり、全国に広がった。卵とじラーメンの元祖といわれている。
- **もろこしうどん** 岡崎のご当地グルメ。うどんの上にコーンの入ったかき玉あんが載り、あんの中央にカリカリの小梅が載る。うどんに玉子、玉子の中の甘いコーンとスープがあう。

卵を使った菓子

- **あわ雪** 岡崎銘菓。1782(天明2)年創業の備前屋が作る愛知県を代表する銘菓。卵白に白ザラ糖を加えて泡立て、寒天で固める。淡雪のように舌の上で優しく溶ける。江戸時代、東海道を行き来する旅人に評判の岡崎宿で提供されていた"あわ雪豆腐"を現代に再現した一品。他に岡崎の八丁味噌と鶏卵を使った八丁味噌煎餅もある。

地 鶏

- **名古屋コーチン** 体重:雄平均2,500g、雌平均2,100g。江戸時代、鶏は日本各地で愛玩用や闘鶏用として飼われていた。しかし、卵や肉の生産を目的とした養鶏はほとんど行われていなかった。尾張藩では、武士らの内職として鶏が広く飼われていた。明治維新で職を失った武士の、海

部壮平と正秀の兄弟が、岐阜地鶏とバフ・コーチン（中国原産の鶏。羽がバフ色（黄褐色から黄土色を指す色で、鶏肉を指す"かしわ"の語源とも考えられる）のコーチン）を交配したことから始まる。その後、ロードアイランドレッドなどと交配して、1919（大正8）年に"名古屋コーチン（名古屋種）"が出来上がった。肉は歯応えが良く味も美味しいが、卵もややサイズは小さいものの、殻は桜色で、卵黄も色濃く、味もコクがあり美味しい。愛知県畜産総合センターの種鶏場から供給された種鶏を使い、名古屋市周辺で、飼養期間が平飼い120日以上、専用飼料を給与した名古屋コーチンはさらに差別化されて"純系名古屋コーチン"の名が与えられる。

- **岡崎おうはん**　体重：平均2,500g。「種から国産」をコンセプトに改良された卵肉兼用種。家畜改良センター岡崎牧場で、横斑プリマスロックの雄とロードアイランドレッドの雌から開発された。産卵率も良く卵黄が大きく美味しいので卵掛けご飯（TKG）に向いている。肉質もよく凝縮された旨味が口中いっぱいに広がる。「第8回地鶏・銘柄鶏食味コンテスト」で"最優秀賞"を獲得。岡崎おうはん振興協議会が生産する。

銘柄鶏

- **錦爽（きんそう）どり**　体重：雄平均3,000g、雌平均2,500g。緑美しい自然と澄んだ水に恵まれた環境の中で飼育。肉質はやわらかく、ほど良い歯ごたえがある。専用飼料に天然広葉樹から作った木酢液を配合することで、皮が薄く脂肪も少なく仕上がり、鶏特有の嫌な臭いが少ない。平飼いで飼養期間は平均50日。白色コーニッシュの雄と白色ロックの雌の交配。丸トポートリー食品㈱が生産する。
- **三河赤鶏**　体重：雄平均2,800g、雌平均2,600g。緑美しい自然と澄んだ水に恵まれた環境の中で飼育。育成率がブロイラーより低いので、育成には時間がかかるが、その分絶妙な食感とコクが生まれる。肉質もやわらかく仕上がっているので、和洋中、いろいろな料理に向いている。専用飼料に天然広葉樹から作った木酢液を加えて給与。平飼いで飼養期間は平均70日間。ヘビーロードアイランドの雄と、ロードアイランドレッドの雌を交配。飼料メーカーの豊橋飼料のグループ会社の丸トポートリー食品が生産する。また、同じグループ会社の東栄チキンが、ヘルシ

ーであっさりしたチキンウインナーや赤味噌ベースのたれに漬け込んだ味噌漬け、スモークチキンに加工している。
- **奥三河どり** 体重：雄平均3,100g、雌平均2,800g。愛知県北東部奥三河高原の大自然の中ですくすくと育て上げた鶏。飼料に生菌を添加することで鶏は健康になり、また、木酢液の配合によって鶏特有の臭さをなくし、旨味を引き立てた。飼料から生産、食肉処理までを一貫生産管理された美味しい鶏肉。飼養期間は平均53日間。鶏種はチャンキー。奥三河チキンファームが生産する。

たまご

- **ごまたまご** 専用飼料に胡麻を配合。胡麻のセサミンが卵100g当たり0.25～0.50mg、ビタミンEが10倍の10.0mg含む。名古屋に本社が在る飼料メーカーの中部飼料が販売する。
- **味わい茜** 甘みのある味わいが特徴の卵。抗酸化作用のあるビタミンEを普通の卵の5倍含んでいる。「良いヒナ、良い飼、良い管理、良い人」のクレストが生産する。
- **凛** 濃厚なコクと甘みがおいしい赤たまごにビタミンEを配合。賞味期限は卵の殻に天然素材のインクで印字。手ごろな価格を維持した安心な卵。鈴木養鶏場が生産する。

その他の鳥

- **ウズラ** キジ科。名は韓国語の「モズラ」に由来する説と、古語の「ウ（草むら）にツラウ（群れる）」鳥に由来する説がある。ウズラは世界各地にいろいろな種のウズラが生息している。紀元前3000年頃のエジプトの壁画にも登場する。江戸時代にはウズラの声を楽しむために愛玩用に飼育されていた。豊橋は気候が温暖で、もともと養鶏業が盛んなので関連する飼料や設備業者が多く入手が簡単だった点と、大消費地の東京と大阪の中間に位置し交通の便が良かったので、明治に入り豊橋でうずらが採卵用に飼われるようになった（付録1も参照）。

その他のたまご

- **うずら卵** 豊橋市はうずら卵の生産量全国1位。愛知県全体で全国の7

割のうずらの卵を生産している。うずらの卵は鶏卵に比べてビタミン A、B_1、B_6、B_{12} や葉酸が多い。豊橋養鶉(ようじゅん)農業協同組合や衛生的なうずら卵を生産するために積極的に機械開発を行った幸福うずら産業などが生産している。

県鳥

コノハズク（フクロウ科） 夏鳥、小型のミミズクで、名前は木の葉ほどの大きさに由来する。英名は、Oriental Scops Owl。夜中から明け方にかけて "ブッポウソウ（仏法僧）" と鳴く。1,000年以上も、ブッポウソウ科のブッポウソウが "ブッポウソウ" と鳴くと信じられていたが、実際に鳴いていたのは、このコノハズク。愛知県の鳳来町はコノハズクの生息地として有名。県民の投票で県の鳥に制定した。

24 三重県

▼津市の 1 世帯当たり年間鶏肉・鶏卵購入量

種　類	生鮮肉 (g)	鶏肉 (g)	やきとり (円)	鶏卵 (g)
2000 年	36,834	10,188	1,028	35,176
2005 年	29,966	9,411	910	30,357
2010 年	44,141	14,775	930	32,274

　三重県は、近畿地方の南東部に位置し、東は伊勢湾・熊野灘に面し、海の幸に恵まれ、魚介類を使った郷土料理は多い。県庁所在地の津は、古くは伊勢海（現在の伊勢湾）を臨む安濃津の港といわれた城下町であった。三重県の名の由来は四日市に県庁がおかれていた当時の「三重郡」に由来する。四日市の名は工業地帯のイメージが強いが、伊勢神宮のある地域ときけば、江戸時代には、全国から「お伊勢参り」に出かけるほど注目されていた。古くから、伊勢志摩半島の海域で魚介類は伊勢神宮の献上物として重要であった。三重県は気候温暖なこと、大阪・名古屋などの大消費地が近いので、コメ（伊賀コシヒカリ）や伝統野菜も含めさまざまな野菜を中心に栽培されている。

　有名な松阪牛肉は、但馬・丹波・近江地方の幼牛を松阪の飼育場で、飼料のほかに、ビールを飲ませ、体全体に焼酎を吹きかけながらマッサージをして赤身と脂肪が細かく入り混じる霜降り状態のやわらかい高級肉に仕上げたものであることはよく知られている。伊賀市・名張市の黒毛和牛の生産農家で、ストレスを与えずに健康に肥育した処女牛の伊賀牛も、「肉の横綱」といわれる肉質の良いことで有名である。

　地鶏・銘柄鶏には、伊勢地鶏、赤鶏、伊勢どり、伊勢赤どり、純どり、奥伊勢七保どり、錦爽どり、熊野地鶏、伊勢二見ヶ浦夫婦地鶏などがある。伊勢の銘柄鶏の飼育は、愛知の銘柄鶏名古屋コーチンや三河どりを飼育している丸トポートリー食品が飼育しているものもある。その他、伊勢特産鶏普及協議会などが飼育している。どの銘柄鶏もしっかりした肉質で弾力性がありうま味成分の多い鶏の飼育を工夫している。また、世界遺産や棚

田のある自然環境で健康な鶏にすべく努力している。熊野地鶏については、世界遺産の熊野古道や、日本一の棚田の「丸山千枚田」のある自然環境で、さらにストレスのない環境で成長した美しい地鶏であることで知られている。

県庁所在地の津市の1世帯当たりの2000年、2005年、2010年の生鮮肉、鶏肉、鶏卵の購入量は、ほかの県庁所在地の1世帯当たりの購入量とほぼ同じである。ただし、ほかの県庁所在地の1世帯当たりの購入量にみられるように、2005年のそれは少なくなっている。

やきとりについて、各年の購入金額をみると、非常に少なく、900～1,000円である。このことは、やきとりを専門店やスーパーで買って、家庭で食べる習慣はあまりないと推察している。

知っておきたい鶏肉、卵を使った料理

- **キジ鍋** 県南西部の紀和町特産の雉を使った郷土料理。昆布と鰹のだし汁で雉肉やねぎ、白菜、豆腐、ニンジン、しいたけ、しめじなどの野菜を入れて作る。恵まれた自然の中で放し飼いにして飼ったキジ肉は、ほど良い歯ごたえと旨味が濃い。鶏肉に比べて脂が少なく淡白でカロリーも半分ほど。また、カリウムやリンといったミネラルも豊富。他にも、キジの鉄板焼き、すき焼き、釜飯、キジ丼、キジ重などが味わえる。
- **けんけん丼** 紀和町特産の雉を使ったキジ丼。たれに漬け込んだキジの肉を照り焼きにしてご飯に載せた丼物。名前は雉の鳴き声「ケーンッ、ケーンッ」に由来する。
- **僧兵鍋**（そうへいなべ） 武家政治の横暴に対して寺院が自衛のために武装したのが僧兵の始まり。県北部に位置する山岳寺は、山岳信仰の拠点であり多くの僧兵が集った。この僧兵が戦のスタミナ源として食べていたのが"僧兵鍋"。山鳥やイノシシ、鹿の肉と、とうふや椎茸、竹の子、白菜、ねぎといった季節の野菜、ワラビやフキなどの季節の山菜などたくさんの材料を豚骨のスープで煮た野趣あふれる鍋。織田信長に攻められた際に果敢に戦った僧兵の功績をたたえる「僧兵祭り」が毎年10月に行われている。現在は恋の縁結びの「折鶴伝説」も有名に。僧兵鍋は、和歌山根来寺周辺や滋賀比叡山延暦寺周辺にも残っている。

卵を使った菓子

- **絲印煎餅（いといんせんべい）** 三重県伊勢市、小麦粉に卵、砂糖を混ぜて薄く丸く焼いた小麦の煎餅。卵の配合割合が多く、コクと香りが良い。明治天皇が日露戦争の戦勝報告のために伊勢神宮を参拝された際に、播田屋２代目が創作した菓子で、一枚一枚にいろいろな印影の絲印が焼き付けられている。絲印とは、室町時代から江戸時代にかけて、中国の明から輸入した生糸の荷札に押された、印影に特徴のある印のこと。
- **かぶら煎餅** 桑名市の銘菓。小麦粉、砂糖、卵を合わせた生地を、カステラ風に焼いた焼き菓子で、根菜のかぶら（かぶ）の形をしている。かぶらは、藩主松平定信がこよなく愛した。とくに、かぶらの絵が描かれた丸盆は、桑名盆として幕府にも献上された歴史があり、今も特産の工芸品となっている。

地　鶏

- **伊勢地鶏** 在来種。天然記念物。原産地：三重県。三重で昔から飼われていた古い日本の地鶏。三重地鶏、猩々地鶏（しょうじょうじどり）ともよばれる。昭和16年に"岐阜地鶏"と"高知地鶏"とともに天然記念物に指定された。なお、天然記念物に指定されている地鶏は、"岩手地鶏"を含めて４種類だけである。
- **熊野地鶏** 体重：雄平均3,400g、雌平均3,100g。県の畜産研究所が「日本一の美味しい高級地鶏を」と、三重県原産の八木戸軍鶏とニューハンプシャーを交配した雄に名古屋コーチンの雌を交配して作出。世界遺産の「熊野古道」や丸山千枚田などの豊かな自然環境で平飼いにして育てる。１m²当たり10羽以下のゆったりとした飼育密度で、熊野地域で採れた飼料用米を加えた専用飼料で飼育。肉質は赤みが強く弾力性に富み旨味成分を多く含み鶏本来のコクと風味がある。生産組合と県、熊野市が協力して「熊野地鶏」のブランド化を進めている。飼養期間は平均115日間と長い。熊野地鶏生産組合が生産する。
- **松阪地どり** 体重：雄平均3,000g、雌平均2,600g。三重県原産の八木戸軍鶏とニューハンプシャーを交配した雄に名古屋コーチンの雌を交配して作出。平飼いで飼養期間は平均110日と長い。歯ごたえがあり地鶏の

旨味が強い。地主共和商会が生産する。
- **伊勢二見ヶ浦夫婦地鶏**　体重：雄平均2,700g、雌平均2,200g。肉質は赤みが強く弾力性に富みかつジューシー。飼料に地元産の"伊勢ひじき"を配合することで鶏肉特有の臭みのない深い味わいの絶品鶏肉になる。平飼いで飼養期間は平均110〜120日間。県の科学技術振興センターが三重県原産の八木戸軍鶏とニューハンプシャーを交配した雄に、名古屋コーチンの雌を交配して開発。山川商店が生産する。

銘柄鶏

- **奥伊勢七保どり**　体重：平均3,200g。木酢液を加えた専用飼料を給与し、のんびり飼育する。肉は低脂肪で鶏特有の臭みが少なく風味がある。平飼いで飼養期間は平均53日間。解体作業も自社の食鳥処理場で一羽一羽丁寧に手作業で行い、包装も真空チルドパックではなく生での流通にこだわっている。鶏種はチャンキー。瀬古食品が生産する。
- **伊勢赤どり**　体重：雄平均3,100g、雌平均2,900g。三重県内の指定農場で、専用飼料に木酢液を添加することで鶏肉特有の臭いをなくし丹精込めて育てた。低脂肪で特有の旨味のある鶏肉。平飼いで飼養期間は平均75日間。レッドコーニッシュの雄にニューハンプシャーの雌を交配。伊勢特産鶏普及協議会が生産する。

たまご

- **有精美容卵**　大自然に囲まれた三重の秘境の勢和村で、太陽を十分浴び空気の澄んだ息吹く中で、天然飼料に井戸水を与えて産まれた有精卵。有精美容卵に含まれるレシチンは、皮膚の代謝を活発にし、いつまでも艶やかな肌を保つ。地主共和商会が生産する。
- **大地のめぐみ**　健康な鶏から健康な卵が産まれるを合言葉に若手養鶏家が健康な親鶏づくりから取り組んだ卵。餌を工夫することで、黄身と白身に張りと盛り上がり出て、コクと旨みをプラスした。輝くような黄身が自慢。三昌鶏卵が生産する。

- 県鳥 -

シロチドリ、白千鳥（チドリ科） 夏鳥、一部留鳥。名前の由来は、何百何千の大群を作るので、たくさんを意味する"千"の千鳥と、鳴き声が"ち"と鳴く鳥といわれる。千鳥足、千鳥格子、家紋など多くのところで使われる。昔は群れ飛ぶ小鳥のことを総称して千鳥といった。昭和47年に県の鳥に指定。県内の木曽岬町から二見町にかけての海岸で見られるが、近年その数は減少している。

25 滋賀県

▼大津市の1世帯当たり年間鶏肉・鶏卵購入量

種類	生鮮肉（g）	鶏肉（g）	やきとり（円）	鶏卵（g）
2000年	48,470	14,657	1,312	36,785
2005年	42,698	13,531	1,672	34,271
2010年	47,220	15,714	1,409	31,986

　滋賀県には、日本最大の淡水湖である琵琶湖がある。琵琶湖に生息する淡水魚は、琵琶湖周辺の数々の郷土料理や伝統食品を生み出している。代表的なものには、日本のすしの原型といわれている「鮒ずし」、小アユやイサザの佃煮などがある。琵琶湖周辺の農業は琵琶湖の環境へ配慮した「環境こだわり農業」が行われている。畜産としては、豊かな自然環境と水に恵まれた滋賀県内で最も長く肥育された黒毛和種の近江牛が全国的に有名である。近江牛は、芳醇な香りとやわらかさが特徴の肉質で、江戸時代には薬用として利用されていたと伝えられている。鶏では、「近江シャモ」が知られている。早熟で産肉性の高い「ニューハンプシャー」と良質肉の「横斑プリモスロック」の交配種に、「軍鶏」を掛け合わせた地鶏で、うま味とコク、弾力性がある。近江シャモの流通は、1羽セットが基準となっている。鶏ガラはだしの材料として使い、シャモ鍋のだし汁にするのがこの地鶏の食べ方となっている。

　滋賀県の地鶏・銘柄鶏では、近江シャモのほかに、近江黒鶏、近江鶏、近江プレノワールなどがある。近江シャモの生産者には㈲シガチキンファーム（甲賀郡）、近江しゃも普及推進協議会（近江八幡市）があり、豊かな水と緑に恵まれた自然の中で飼育されている。近江シャモの食べ方はすき焼き、水炊き、しゃぶしゃぶ、焼肉のほか、洋風料理、中華風料理などいろいろな料理の材料となっている。

　2000年、2005年、2010年の滋賀県の県庁所在地の大津市の1世帯当たりの生鮮肉、鶏肉、鶏卵の購入量は、近畿地方の他の県庁所在地の購入量に比べると比較的多い。近江シャモの利用から察するところ、古くから鶏

肉は利用されていたことと関連があるように思われる。1世帯当たりのやきとりの購入金額は、近畿地方の他の県庁所在地の購入金額と大きな差がみられない。近江シャモ肉の食べ方から察するところ、やきとりを購入するよりも1羽丸ごとの鶏を購入し、水炊きやすき焼きなどで食べることが多いと思われる。

知っておきたい鶏肉、卵を使った料理

- **鴨料理** 琵琶湖には1～2月頃にはシベリアから脂ののった鴨がやってくる。これを鴨の体を傷めないように、室町時代初期から伝わるモチバエヌとかナガシモチという独特の方法で捕獲する。現在は、琵琶湖は禁猟区が多く、長浜・堅田地区の冬のみ鴨料理が提供されている。カモ刺し、狩場焼き、カモすき、鉄板焼き、酒蒸し、カモ汁、カモ鍋、カモ雑炊、カモ飯などがある。

- **鴨すき** 近江八幡市の冬の味覚。天然のカモを濃い目の出汁で煮る鴨すきは、鴨の脂が野菜に浸み込み、また、肉の歯応えも良く独特の香りが特徴。ロースだけでなくモモ肉、レバーなども楽しめる。

- **きんし丼、きんし重** 1872（明治5）年創業、大津のうなぎ料理の老舗「かねよ」の名物料理。鰻まむし（蒲焼）の上に、錦糸玉子ではなく卵3個を使って焼いた、ぽってりとしたボリュームのある"だし巻玉子"がドンと載る。だし巻玉子の隙間からうなぎの姿が見える。「かねよ」は関西の避暑地の逢坂山にあり、800坪の庭園も有名。

- **どじょう鍋** 郷土料理。琵琶湖や河川が多い滋賀県はどじょうが身近だったので、今もいろいろなどじょうの料理が残っている。新鮮などじょうを開いて骨と内臓を取り除き、ささがきごぼうを煮たところへ入れる。煮えたところへネギと溶き卵を入れてとじる。どじょうから風味豊かなだしが出て美味しい。

- **長浜風親子丼** 普通の親子丼の上に、さらにもう一つ卵の黄身をトッピングした大津市の名物丼。親子丼の美味しさに、卵かけご飯の美味しさがプラスされる。

- **僧兵鍋**（そうへいなべ） 武家政治の横暴に対して寺院が自衛のために武装したのが僧兵の始まり。比叡山延暦寺は、各地の武将から恐れられるほどの勢力を誇っていた。この僧兵が厳しい冬の比叡山の寒さに耐えるために、また、

戦のスタミナ源として食べていたのが"僧兵鍋"。山鳥の肉と、とうふや湯葉、椎茸、竹の子、白菜、ねぎといった季節の野菜と、ワラビやフキなどの季節の山菜などたくさんの材料を使った野趣あふれる鍋。僧兵鍋は、和歌山根来寺周辺や三重県菰野の山岳寺周辺に今も残っている。

地鶏

- **近江しゃも** 体重：平均3,200g。県の畜産技術センターが軍鶏と横斑プリマスロック、ニューハンプシャーの特長を活かして開発。味、コク、歯ごたえ、栄養バランス、いずれも一級の鶏肉。平飼いで飼養期間は平均150日以上と長期間じっくり育て、仕上用飼料は低カロリーでヘルシーな肉質に。すき焼き、水炊き、しゃぶしゃぶ、焼肉のほか、洋風、中華と幅広い料理に向く。近江しゃも普及推進協議会が生産する。
- **淡海地鶏**「毎日でも食べられる癖のない旨い脂と適度な歯ごたえの鶏肉」を目指して、美食の国フランス原産の鶏とロードアイランドレッドを交配して作出。平飼いで飼養期間は平均120日と長い。専用飼料に海老粉を加え癖のない旨い脂に仕上げた。名前は地元堅田出身の明治から昭和にかけての喜劇役者"志賀廼屋淡海"に由来。かしわの中川が生産する。大津の直営店で食すこともできる。

銘柄鶏

- **近江黒鶏**（おうみこっけい） 体重：平均3,000g。オーストラロープ、ライトサセックス、ロードアイランドレッドとこだわりの血統で作出。旨味と歯ごたえを高次元で両立させた鶏。さらに、地鶏にも準ずる飼養環境と、低カロリー飼料の給与でその味わいを一層深めた。専用飼料には酵母や有用菌を添加した。平飼いで飼養期間は平均100日と長期。シガポートリーが生産する。
- **近江鶏** 体重：平均3,200g。湖国の自然に育まれ、ゆとりをもった平飼い飼育と、低カロリー飼料の給与によりジューシーで適度な歯ごたえをもつ味わい深い鶏肉に仕上げた。専用飼料には酵母や有用菌を添加。飼養期間は平均70日。鶏種はチャンキーやコブ。シガポートリーが生産する。
- **近江プレノワール** 体重：平均3,000g。美食の国フランスで認められた

プレノワールを自然豊かな滋賀で飼育。低カロリーで非遺伝子組換え原料を使い、酵母や有用菌を添加したこだわりの飼料で、平均120日の長期飼養を行う。肉質はきめが細かく、低カロリーで風味豊かに仕上がっている。シガポートリーが生産する。

たまご

- **安曇の恵（あとのめぐみ）** 安曇川の水で栽培したお米と、安曇川の水で育てた純国産の鶏が産んだ卵。レモンイエローの自然な黄身の色と飼料に加えたお米や野菜に由来する卵の甘みが自慢。平飼いで飼い卵拾い体験もできる。楽農舎が生産する。
- **こだわりたまご** 天然の飼料にこだわり珊瑚化石やヨモギを加えて育てた若どりが産んだ卵。普通の卵に比べてビタミンEが10倍以上、DHAが5倍以上、ビタミンDが数倍含まれるが、カロリーや脂肪は少ない。濃厚でまろやかな味は高級ホテルや料亭などのプロが認める。一期一会のこだわり卵が生産する。

県鳥

カイツブリ、鳰（にお）、鸊鷉（へきてい）（カイツブリ科） 留鳥。潜水して魚を捕る。水に入る鳥で"鳰"と書き、"かいつぶり"は、水を脚で掻いて潜る、"掻いつ潜りつ"から命名された。カイツブリ類の中でも小さいので、英名は、Little Grebe。古くから琵琶湖に棲息している。

26 京都府

▼京都市の1世帯当たり年間鶏肉・鶏卵購入量

種 類	生鮮肉 (g)	鶏肉 (g)	やきとり (円)	鶏卵 (g)
2000年	42,922	12,293	1,272	36,654
2005年	41,291	11,554	1,204	35,948
2010年	52,148	17,087	913	31,246

　京都は平安京・長岡京が築かれ、1,000年にわたって政治・文化の中心として栄えた。近世になり政治の中心が江戸（現在の東京）へ移っても、京都は日本の文化として、東京、大阪、名古屋と並ぶ重要な大都市であることには変わりはない。現在の京都府は、京都市を含む山城国と、丹波、丹後からなる。丹波には特有の山の幸があり、丹後には京野菜の一つの万願寺とうがらしのルーツがあり、舞鶴港を中心とする若狭湾の魚介類は京料理の食材として重要であった。

　京都の食文化は、平安時代の仏教の影響を受けた平安時代の貴族の食生活の流れ、京野菜の色彩とうま味を活かした料理、若狭湾から運ばれる魚介類の料理などと考えるが、実際は、都としての京都へ各地から運ばれる食材の特徴を活かした料理であった。代表的な京料理の「おばんざい」は、安い食材でも食材同士の組み合わせやだしの利用により、手間をかけて美味しく作りあげた京都盆地の郷土料理である。干したタラを使った「いもぼう」、身欠きニシンを使った「ニシンそば」などは、遠く北海道から運ばれた保存食の利用の一環として生まれた京料理である。京都料理が日本全国の人々のあこがれの料理として位置づけられているのは、300年、400年と受け継がれてきた老舗が、伝統を守りつつ、時代の嗜好に合った料理に工夫しているからである。

　京都の代表的銘柄食肉には、京都では古くから自然を生かして長年飼育している「京都牛」（黒毛和種）、由良川の上流の自然豊かな環境の中でしっかり運動をさせじっくり育てた「美山豚」、美山川の水と特別な飼料で育てている日本で生まれた純国産の地鶏の「京地鶏」がある。京都市は鶏

肉の購入金額も全国1位になるほどである。京都の地鶏・銘柄鶏には、京地鶏の他、京赤地鶏、丹波黒どり、あじわい丹波鶏、丹波あじわいどり、奥丹波どりなどがある。あじわい丹波鶏は、鶏肉を熟成させてから出荷するなど、出荷時に工夫されているものもある。出荷に際しては、食べ方（すき焼き、水炊き、しゃぶしゃぶ、照り焼き、中華風料理、洋風料理）を考慮している。

2000年、2005年、2010年の京都市の1世帯当たりの生鮮肉、鶏肉、鶏卵の購入量は、滋賀県の大津市の1世帯当たりの購入量に比べると、やや少ないか同じ量である。家庭では、すき焼き、しゃぶしゃぶ、水炊きなど食べるのが多いようで、惣菜としてのやきとりの購入金額は1,000円前後である。大津市も京都市も鳥料理専門店ではしゃぶしゃぶ、水炊き、すき焼きなどが得意の料理のようである。

知っておきたい鶏肉、卵を使った料理

- **だし巻き卵** だし巻き卵は、卵焼きの一種であるが、溶き卵に出汁を入れて軟らかく焼いたものである。『料理物語』（1643［寛永20］年）にかつお節や昆布のだしの取り方が記載されているので、だし巻き卵が作られるようになったのもこの頃からと考えられている。北前船で大量に福井県の若狭の港に運ばれた昆布は、京都を中心とした関西方面に運ばれたことから関西では昆布のだしをとる調理法が作り出され、精進料理に盛んに使われるようになった。だし巻き卵が関西方面で発達し、後に関東でも作られるようになったといわれているのは、京都の「だし文化」の発達の影響を受けたためといわれている。

  もともと、関西で発展しただし巻き卵は、出汁をたっぷり入れので軟らかく焼き上がり、少量の薄口醤油と塩だけで調味しているのでさっぱりした味である。これに対して関東のだし巻き卵は、砂糖を入れるので甘いといわれている。焼き方に違いがある。だし巻き卵焼き用の長方形の鍋に油をひいて熱し、だし汁の入った卵の液をこの鍋に流し、焼けてきたら折りたたむよう操作を数回繰り返しソフトな食感の卵焼きの形を整える。関西では、手前から向こう側に、関東では向こう側から手前に折りたたむ。焼きあがったら、すだれにとり楕円状にしたり丸くしたりする。また、割りばしを使ってひさご形、松の形、梅の形にも整える場

合もある。
- **すずめ焼き**　五穀豊穣の神の伏見稲荷名物。お米を食い荒らすすずめ退治が発祥といわれる。すずめを醤油ダレで香ばしく焼き上げているので、頭から足まで食べることができる。
- **黄味返し卵**　1785（天明5）年の「万宝料理秘密箱」という江戸時代の料理本に掲載されている卵の料理で、通常のゆで卵と違い、外側にあるはずの白身が内側で、内側の黄味が外側になった不思議なゆで卵。京都女子大学の八田一教授が200年ぶりに再現に成功した。有精卵を使うところがミソ。"ブンブンこま回し"で卵黄膜を破り、比重の差で位置を入れ替え、転がしながら茹でて作る。
- **瓢亭の玉子**（ひょうてい）　南禅寺にある400年以上の歴史ある京懐石の老舗でミシュランガイドの三ツ星の名店「瓢亭」の名物料理。黄身はしっとりとしたやや半熟の煮抜き（ゆで卵）。薄く味がついている。朝粥も有名で、冬は鶏のだしにほぐしたうずらの肉が入る"うずら粥"がいただける。
- **かき丼**　舞鶴のご当地グルメ。舞鶴産の牡蠣と地元特産のかまぼこを、牡蠣が見えるように卵でとじた丼物で、牡蠣は5個以上を使用する。夏は岩牡蠣を使う。
- **蟹飯麺**　京都丹後のご当地グルメ。かき玉でとじた蟹のむき身がたっぷり入った蟹雑炊をラーメンの上に載せて土鍋で提供される。スープは鶏がらで、蟹味噌のトッピングも選べる。

卵を使った菓子

- **ロールケーキ割烹術**　舞鶴の海上自衛隊に保管されていた旧日本海軍の「海軍割烹術参考書」のレシピを市民が復刻した。材料は鶏卵375gに対して砂糖300g、麦粉225gを使用。卵は卵白と卵黄を分け、卵白を十分泡立てる。卵黄に砂糖を混ぜ麦粉と共に泡立てた卵白の中に入れ泡が消えないように静かに混ぜる。ローストパンに新聞紙のような物を敷きその中に材料を入れてオーブンで蒸し焼きにする。この「割烹術参考書」は、旧海軍の調理担当の育成のための教科書。日本食から、まだ馴染みのなかったチキンライスやシチューなどの洋食や洋菓子までの作り方が紹介されている。当時の食文化を今に伝える貴重な資料。このような時代背景によって舞鶴には洋食文化が広がっている。

- **衛生ボーロ**　馬鈴薯でんぷん、砂糖、鶏卵などを練り、丸くまとめて焼いた伝統的な焼き菓子。明治時代に京都で生まれた。当時流行っていた「衛生」という言葉にちなみ命名。口に含むとふんわりとした香りが広がり、スッと溶ける独特の食感。関東では「たまごボーロ」とよび、大阪では「乳ボーロ」、九州では「栄養ボーロ」とよばれる。

地鶏

- **京地どり**　体重：雄平均3,300g、雌平均2,400g。水質に定評のある美山川の水と、雛のときから無薬の麦系主体の自家配合飼料で育てた。豊かな自然環境で平均130日間の長期間平飼いすることで、しっかりとした味とキュッとした歯ごたえが生まれる。また、アクや臭みが少なく、脂肪は白く食味はあっさりしている。軍鶏の雄に、横斑プリマスロックと名古屋コーチを交配した雌を掛け合わせた。流胤（りゅういん）や共立が生産する。
- **地鶏丹波黒どり**　体重：平均3,000g。ロードアイランドレッドとオーストラロープを独自の交配により開発。繊維質の多い専用自家配合飼料を与え、肉質はきめ細かく、鶏肉特有の臭みはなく、ほど良い歯ごたえとコクがある。平飼いで飼養期間は平均100日間と長い。ヤマモトが生産する。
- **京赤地どり**　体重：雄平均3,400g、雌平均3,000g。きめ細やかな歯ざわりが特長の肉質。肉を3時間以内に届けるために朝引き処理を行っている。平飼いで飼養期間は平均85日間。ニューハンプシャー、ロードアイランドレッド、ロードサセックスを交配。中央食鶏が生産する。

銘柄鶏

- **あじわい丹波鶏**　体重：平均3,000g。平飼いで純天然特殊飼料を与えて平均50日間飼育。熟練職人が「成形、鮮度、品質、風味」にこだわり、特別な解体方法によって加工処理する。コーニッシュの雄に白色ロックの雌を交配。三栄商事が生産する。
- **丹波あじわいどり**　体重：平均3,000g。こだわりが生んだ低脂肪ヘルシーな体に優しい鶏肉。特殊飼料を与えることで、鶏特有の臭いが極めて少ない。低脂肪、低コレステロールな肉質で、シャキッとした歯ざわりを持ち、甘味とコクがある。平飼いで平均50日間飼育。コーニッシュ

の雄に白色ロックの雌を交配。三栄商事が生産する。
- **奥丹波どり**　体重：平均3,000g。京都、兵庫の奥座敷の奥丹波で大切に育てた鶏肉。純天然特殊飼料を給与することで、甘味が増し、脂肪分と鶏特有の臭いが少なくなる。指定農家で平飼いされ、飼養期間は平均50日間。コーニッシュの雄に白色ロックの雌を交配。三栄商事が生産する。

たまご

- **葉酸たまご**　葉酸が普通の卵の約3倍入った卵。葉酸はホウレン草から発見されたビタミンで、主に緑黄色野菜に含まれている。葉酸は赤血球の形成を助ける。また、胎児の正常な発育に重要な栄養素。ナカデケイランが生産する。

県鳥

オオミズナギドリ（ミズナギドリ科）　英名 White-faced Shearwater。留鳥、代表的な水鳥、顔が白くて、海面すれすれを飛び、翼で海水面（water）を薙刀（なぎなた）で薙ぎ切る（shear）様子から"みずなぎどり"と命名。舞鶴市の冠島はオオミズナギドリの有名な繁殖地で天然記念物として保護されている。

27 大阪府

▼大阪市の1世帯当たり年間鶏肉・鶏卵購入量

種　類	生鮮肉 (g)	鶏肉 (g)	やきとり (円)	鶏卵 (g)
2000年	42,361	10,989	2,069	38,338
2005年	41,426	12,314	1,712	31,088
2010年	46,197	15,209	1,532	31,266

　各都道府県には、少なくとも1種類の銘柄地鶏はあるのだが、大阪府には銘柄地鶏が見当たらない。一方、伝統野菜や大阪湾で漁獲される魚介類の郷土料理や名物料理は多い。大阪の名物料理で鶏肉を使うものとしては、「美々卯」の「うどんすき」がある。太めでコシのあるうどんを、だし汁の中で煮込む料理である。だし汁には15～16種類の山の幸・海の幸の具のうま味成分も含み、煮込むことにより具のうま味が溶け込んだだし汁がうどんに浸みこみ美味しくなる。具として食肉類では鶏肉、魚介類ではブリ・イカ・エビ・ハマグリ・マダイ・焼きアナゴなど多種多彩であり、野菜類の種類も多く利用されている。

　「食い倒れ」の大阪では、価格が安くて美味しいものが多い。代表的なものが「ホルモン料理」である。第二次世界大戦後に日本は深刻な食糧難時代に突入する。この時に、関西を中心に普及したのが、牛・豚・鶏の内臓を用いたホルモン焼きやホルモン煮込みである。「ホルモン」の意味は「『ホル』は『ほうる』、すなわち『捨てるもの』」に由来するといわれている。現在でも大阪には、ホルモン料理で賑わっている地域がある。B級グルメに多い内臓を使った料理も大阪のホルモン料理を参考にしているところが多い。

　2000年、2005年、2010年の大阪市の1世帯当たりの生鮮肉、鶏肉、鶏卵の購入量をみると、大津市や京都市の購入量に比べてやや少ないのは、京都や大津市の家庭ほど、家庭での鶏肉の料理は多くないことを示している。すなわち、大津市や京都市は、水炊き、しゃぶしゃぶ、すき焼きなどの鶏肉の鍋料理で食べるが、大阪市の家庭では鶏肉の鍋料理を食べないと

推測している。一方、大阪市の1世帯当たりのやきとりの購入金額は大津市や京都市の家庭に比べて多い。食糧難時代に経験した家庭で動物の内臓を食べる習慣が普及したことと関連がありそうである。

また堺市は鶏卵の購入金額が全国3位になる程である。

知っておきたい鶏肉、卵を使った料理

- **小田巻蒸し** うどん入りの大きな茶碗蒸し。具は、蒲鉾、生麩、ぎんなん、百合根、しいたけ、焼き穴子などで、冠婚葬祭に欠かせない料理。名前は、中に入れたうどんが、機織の際の紡いだ麻糸を中が空洞になるように巻いた苧環(おだまき)に似ていることに由来する。ちなみに、北海道の茶碗蒸しは甘くて栗の甘露煮が入り、鳥取では具として"春雨"が入る。

- **たまごサンド** 関西の"たまごサンド"は、みじん切りのゆで卵をマヨネーズであえた具(フィリング)をはさんだサンドイッチではなくて、玉子焼きをサンドした方が主流。ケチャップとマヨネーズで味付けをして食べる。心斎橋の「ばんざい亭」などが有名。ちなみに関西のホットドッグには、ソーセージの下にカレー味の炒めたキャベツが必須アイテム。

- **伊達巻寿司** 大阪で昔から食べられている郷土料理。太巻寿司を、海苔ではなくて玉子焼きの伊達巻で巻いた巻寿司。具は土地土地で異なるが、基本的に太巻きと同じで、玉子焼きやかんぴょう、椎茸、きゅうり、紅しょうがなど。千葉県銚子市でも食される。伊達巻は、溶いた卵に、白身魚のすり身を加え、味醂と塩などで味付けをして、厚く焼き、切り口が渦巻状になるように鬼簾で巻いたもの。祝い事や正月料理の彩に用いる。伊達巻をお皿に盛り付ける際、"の"の字になるようによそう。伊達は、粋で外観を飾ることを意味し、婦人の和服で締める伊達巻にも似ているので、伊達巻とよばれる。

- **他人丼** "親子"の関係の、鶏肉と卵を使うのではなくて、鶏肉の代わりに牛肉や豚肉を使うところから"他人"丼という。肉を親子丼と同じように、玉ねぎや長ネギと割り下で煮て、卵でとじ、ご飯に載せた丼料理。関西では牛肉が、関東では豚肉が使われる傾向がある。関東より関西で一般的な料理。関東では牛肉を使うと"開化丼"とよばれることが多い。

- **木の葉丼** 親子丼や他人丼の肉を蒲鉾に替えた卵とじの丼料理。
- **きつね丼** 親子丼や他人丼のお肉の代わりに油揚げを使い、ねぎと一緒に割り下で炊いて卵でとじた丼料理。京都の"衣笠丼"に近い。
- **たぬき丼** きつね丼の油揚げの代わりに天かすを使い、ねぎと一緒に割り下で炊いて卵でとじた丼料理。
- **鴨ねぎ丼** 焼いた鴨肉の歯ざわりとうまみ、そして焼いたネギからあふれる甘さが鴨の脂とマッチした絶品丼。
- **かしみん焼き** 大阪府南西部に位置する岸和田市の浜地区で提供されるお好み焼き。具に、かしわ（鶏肉）と牛脂のミンチが必ず使われる。かしわとミンチから"かしみん"とよばれる。こりこりした鶏肉と牛脂の組み合わせは、シンプルだがコクがあるので、一度食べたら忘れられない味。岸和田は「だんじり祭り」で有名。

卵を使った菓子

- **乳(ちち)ボーロ** 馬鈴薯でんぷん、砂糖、鶏卵などを練り、丸くまとめて焼いた焼き菓子。口に含むとふんわりとした香りが広がり、スッと溶ける独特の食感。京都では「衛生ボーロ」とよび、関東では「たまごボーロ」、九州では「栄養ボーロ」とよばれる。
- **冬六代(ふゆろくだい)** 高槻市の「菓匠幸春」が江戸時代から作り続ける北摂銘菓の餡巻き。小麦粉、卵、砂糖で作ったカステラ生地で、自家製のつぶ餡を巻いた和菓子。餡の割合が多いのでしっとり感があり小豆の香りも楽しめる。第21回全国大菓子博覧会で「名誉大賞」を受賞。
- **浪花津** 120年以上前に生まれた大阪銘菓。小麦粉を使った、お札のような形のたまご煎餅で、天神さんと親しまれている大阪天満宮の門前に元治元年創業の菓子司「薫々堂」が作る。"浪花津"は落語好きの6代目が考案し、柚子、生姜、みその3種類の味が楽しめる。他にも落語に因んだお菓子が多い。今も一枚一枚職人の細やかな手作業で焼き続けている。

たまご

- **ルテインたまご** 植物性の飼料にルテインを含むマリーゴールドを加えて産んだ卵。あっさりした爽やかな味わい。料理をしても黄身の色は輝

くオレンジ色。ルテインはカロテノイドの一種で目の健康に良く、目の疲れを和らげ、抗酸化作用が注目されている。ゴールドエッグ㈱が生産する。

- **夢想丸**（む そうまる）　健康な若どりにこだわりの専用飼料、そして天然の風を与え、自然のパワーをいっぱい受けた、新鮮で安全なおいしい卵。弾力のある新鮮な卵なので生で味わいたい。農林水産大臣賞受賞。岸和田の大北養鶏場が生産する。

> **県鳥**
>
> モズ、百舌（モズ科）　留鳥。名前の由来は、いろいろな鳥の鳴き声を真似るところから"百舌"とついた。英名は、Blue-headed Shrike というが、頭は青くなく、胸と同じ茶褐色である。

28 兵庫県

▼神戸市の1世帯当たり年間鶏肉・鶏卵購入量

種 類	生鮮肉 (g)	鶏肉 (g)	やきとり (円)	鶏卵 (g)
2000年	40,031	11,126	1,441	34,916
2005年	36,578	10,653	2,023	27,931
2010年	44,964	13,876	1,566	29,963

　兵庫県では、丹波地方の豊かな餌をたっぷり食べた鹿肉は低カロリーの肉として注目されている。銘柄和牛の多い地域としても有名である。三田地方の三田牛、神戸市の神戸ビーフ、兵庫県全域で飼育している但馬牛は県外の銘柄牛の「素牛」としても知られている。よく知られている銘柄地鶏は、三田地方で飼育している松風地鶏と多可町で飼育している播州百日鶏である。松風地鶏の霜降り肉が美味しいとの高い評価がある。ブロイラーの飼育も盛んであるのは、神戸港や大阪の空港など海外からのヒナ鶏の輸入の便利な地域であることも考えられる。豚肉では兵庫雪姫ポークなどの銘柄豚がある。卵の質を左右する親鶏の品種・餌・水・飼育環境にこだわっているのが赤穂地方で飼育している「日本一こだわりの卵」（赤玉）である。特別な機能性をもつ特殊卵ではなく、卵かけご飯やスイーツなどにも使われている卵の中で、全国展開している卵であるのも珍しい。兵庫県の高原地域は、良質の牧草が育ち、自然環境が豊かであることが、畜産業が発達した理由である。

　兵庫県の地鶏・銘柄地鶏には、上記の松風地鶏、播州百日どりの他、自然環境のよい但馬地区では但馬地どり（生産者：協和食品）、但馬すこやかどり・但馬の味どり（生産者：但馬養鶏農業協同組合）が生産されている。氷上郡では丹波地どり（生産者：協和食品）、多可郡ではひょうご味どり（生産者：みのり農業協同組合）などがある。地鶏の飼育、加工、出荷までHACCPシステムの衛生管理のもとで生産している養鶏場もある。

　2000年、2005年、2010年の神戸市の1世帯当たりの生鮮肉、鶏肉、鶏卵の購入量は、大阪市、京都市とほぼ同じか、やや少ない。やきとりの購

入金額は大阪市や京都市に比べればやや多い。この理由は、明治政府が貿易港として神戸港を開いたことが、神戸の人を多様な性格に作り上げる基盤となり、その基盤をもとに好奇心と融通性のある性格にも影響し、今でいう中食の惣菜としてやきとりも利用したと考える。

知っておきたい鶏肉、卵を使った料理

- **明石焼き、明石玉子焼き、玉子焼き**　球状の形は大阪のたこ焼きに似るが、天カスやねぎ、紅しょうが、青のりは使わず、出し巻玉子風にふわふわに焼き、熱いうちに鰹と昆布のだしをかけて食べる。江戸中期に流行した掛け軸の風鎮やカンザシの飾りに使われた明石珠は、ツゲの木の板を、卵白で貼り合わせて作った。この製造で余った卵黄を活用したのが明石焼きの始まり。薄い濃度に出汁で溶いた小麦粉（じん粉）の生地に、卵黄を入れ、当初の具は、こんにゃくを使ったが、後に明石名物のタコを入れるようになり今日のかたちとなった。
- **鉢伏鍋**　養父市の鉢伏高原で作られる、鴨とキジ肉、地場産の野菜がたくさん入った鍋。卵の黄身に鴨肉とキジ肉のミンチを混ぜて、団子状にして鍋に入れる。肉団子から鴨とキジの旨みが野菜のスープに加わり美味しい。
- **オムそば**　焼きそばをオムライスのように玉子焼きで包んだ食べ物。兵庫では焼きそばのことをそば焼きとよぶ。
- **味付ゆで卵、マジックパール**　ほど良い塩加減の殻付きのゆで卵。コンビニエンスストアの定番。殻付きなのに殻を割ってみると白身と黄身に薄っすらとほど良い塩味が施されたゆで卵。黄味はしっとり、白身はしっかり仕上がっている。茹でた殻付き卵の内圧と、低温の調味液の浸透圧の差を利用しているようだ。NaClは分子量が小さく卵殻の気孔を通過できる。品質管理などノウハウが多い。西日本マジックパールなどが作る。
- **姫路おでん**　おでんにしょうが醤油をかけて食べるのが姫路流。おでんのだし汁にしょうが醤油を混ぜてもよいし、具にかけてもよい、また、刺身のようにしょうが醤油を具につけながら食べてもよい。具は、練物や牛筋など各店舗で工夫されるが、玉子はしっかり味が付いているのに中は半熟というのが定番。"姫路おでん"の名前は、「姫路おでん探検隊」

という市民グループが命名した。一般に"おでん"は、昆布や鰹節でだしをとり、醤油などで味付けをしたつゆで、ゆで卵や大根、こんにゃくなどさまざまな具材を煮込んだ料理で、具材や味付けは各地で異なる。
- **宝塚ルマンの"たまごサンド"** 関西の"たまごサンド"は、みじん切りのゆで卵をマヨネーズであえた具（フィリング）をはさんだサンドイッチではなくて、玉子焼きをサンドした方が主流。"ルマン"は、1964年創業の宝塚市のサンドイッチ専門店で、たまごサンドに使う玉子焼きは、優しくは軟らかくほぐすように焼かれており、"ルマン"の原点といわれている。エッグサンド、クラブエッグサンド、ハムエッグサンドなどがある。また、宝塚歌劇への差し入れもできる。

卵を使った菓子

- **鶏卵饅頭** 姫路の一色堂で作られる、卵たっぷりの焼き饅頭、白餡。
- **沙羅** 杵屋が作る和菓子で、第20回全国菓子大博覧会「内閣総理大臣賞」を受賞。「沙羅双樹の花の色」と『平家物語』にも詠われた沙羅は開花時期が短く、清楚で可憐な花。この花をイメージして、純白で柔らかな羽二重餅で黄身餡を包んだ。

地 鶏

- **ひょうご味どり** 体重：雄平均4,600g、雌平均3,200g。自家配合飼料により、肉の味はコクがあり、しまりもあり適度な歯ごたえ、キメも細かい。平飼いで飼養期間は平均100日間と長い。県立農林水産技術センターが、薩摩鶏と名古屋コーチン、白色プリマスロックの掛け合わせで作出。ひょうご味どり普及推進協議会が生産する。
- **丹波地どり** 体重：平均3,500g。明るく風通しの良いゆったりした平飼いの開放鶏舎で平均85日間飼育する。長期飼育と適度な運動によりほど良い食感とコク、旨味が生まれる。鶏の健康を考え、飼料には、乳酸菌、オリゴ糖、カテキンを添加し、全期間無薬の専用飼料を使用。ロードアイランドレッドの雄に、ロードアイランドレッドとロードサセックスを交配した雌を掛け合わせて作出。協和食品が生産する。
- **松風地鶏** 体重：雄平均3,200g、雌平均2,200g。明るく風通しの良い平飼い開放鶏舎で、雄は190日間、雌は270日間と長期間飼育する。長期

飼育と適度な運動によりほど良い食感とコク、旨味を生んでいる。飼料原料はポストハーベストフリーの低カロリーな穀物主体の全期間無薬の専用飼料を使用。鶏種は純系名古屋コーチン。松風地どりが生産する。

銘柄鶏

- **但馬すこやかどり**　体重：平均2,900g。植物性原料主体の無薬飼料に、お茶やハーブ、カルスポリンを添加して、安全で安心なコクのある良質な鶏肉を生産。種鶏、ヒナ、飼料、飼育、加工、運送まで一貫した衛生管理を実施。白色コーニッシュの雄と白色ロックの雌を交配。兵庫県食品衛生管理プログラム（HACCPシステム）の認証取得。ISO9001認証取得の㈱但馬が生産する。
- **但馬の味どり**　体重：平均3,000g。植物性原料主体の飼料で、鶏肉特有の臭いの少ない、高たんぱく低カロリーの美味しいヘルシーチキン。平飼いで飼養期間は平均60日間。白色コーニッシュの雄に白色ロックの雌を交配。但馬が生産する。
- **播州百日どり**（ばんしゅうひゃくにち）　体重：平均4,000g。自然の風や太陽の光が入るゆったりとした開放鶏舎で、安全性に優れた専用飼料を給与してじっくり育てた風味ある鶏肉。飼養期間は平均100日間と長い。白色コーニッシュの雄とサッソー種の雌を交配。みのり農業協同組合が生産する。

たまご

- **富士ファームのおいしい赤卵**　ビタミンEが豊富に含まれる赤い殻の卵。卵かけご飯で食べれば黄身のコクと甘みがよくわかるこだわりの卵。富士ファームで生産しウリュウが販売する。「兵庫県認証食品」で「兵庫県食品衛生管理（HACCP）プログラム認定商品。
- **まんてん宝夢卵**　満点ホームラン。毎日食べるものだから新鮮な卵を毎日届けたい。生産者だからできる朝採れのぷりぷりの新鮮卵を提供。うぶこっこ家が生産する。

県鳥

コウノトリ（コウノトリ科） 英名 White Stork。翼を広げると2mにもなる大形の白色の鳥。雛のうちは鳴くが、成鳥は鳴かずに嘴でカタカタと音を出して（クラッタリング）、仲間とコミュニケーションをとる。ドイツなどでは、赤ちゃんを運んで来てくれると言い伝えられている。世界的にも絶滅が危惧されており、日本では特別天然記念物に指定されている。現在、県立コウノトリの郷公園で保護増殖に取り組んでいる。絶滅危惧ⅠA（CR）。

29 奈良県

▼奈良市の1世帯当たり年間鶏肉・鶏卵購入量

種　類	生鮮肉（g）	鶏肉（g）	やきとり（円）	鶏卵（g）
2000年	43,238	11,826	1,560	38,865
2005年	41,865	13,017	1,260	32,433
2010年	47,333	15,721	1,115	33,699

　奈良は、日本の歴史上、都として最も早くその形を発展させたところで、飛鳥・奈良時代には、日本の政治・経済・文化の中心として栄えたところでもある。古代の文化の中心地として、法隆寺・東大寺・春日大社など多くの寺社が建立されている。京都に都が遷る前の奈良で展開された食文化は、京都のように華やかさはなく、素朴なものであった。奈良県の郷土料理として最初にあげられるのが「茶粥」「茶飯」であるように素朴な料理であった。茶粥や茶飯の起源は、1200年前ほどに東大寺で修行している人々の食事であった。大和茶で炊いた粥や飯に由来する。

　奈良県の地鶏には、大和肉鶏（生産者：奈良市にある大和肉鶏農業協同組合）がある。正肉は長時間煮込んでも型崩れせず、コクのある肉質である。鍋もの、焼き鳥、すき焼き、とりわさなどいろいろな料理に使われている。奈良の代表的な鶏肉料理に「かしわのすき焼き」がある。10月の中旬の天神様（菅原道真公）の冥福を祈るための秋祭りで、天満宮に氏子総代が参列して宮司による祭儀が行われる。この時に、鶏を1羽つぶして「かしわのすき焼き」にして食べるという行事食の一つとなっている。奈良ではお祝いなどハレの日のときに「かしわのすき焼き」が食卓にのぼる。奈良では鶏は行事食の材料として重要となっているのは、天神様の守護物が牛であるから、牛の代わりに鶏を使うという習慣が生まれたといわれている。奈良の郷土料理に飛鳥鍋というのがある。これは、飛鳥時代の頃、中国から来た僧侶が、寒さをしのぐために工夫された料理で、牛乳で鶏肉を煮て食べる料理のルーツともなっている。

　2000年、2005年、2010年の奈良市の1世帯当たりの生鮮肉、鶏肉の購

入量をみると、2005年が少なくなっていて、2010年に増えている。ただし全国では3位になったこともある。鶏卵の2000年の購入量と比べてみると、2005年、2010年と減少している。やきとりの2000年の購入金額に比べると、2005年、2010年は少なくなっている。生鮮肉、鶏肉、鶏卵の購入量は大阪市や神戸市に比べるとやや多くなっている。これらのことを総合して考えると、家庭での食事が多くなってきているとも推測できる。

知っておきたい鶏肉、卵を使った料理

- **かしわのすき焼き** 天満宮の守護物が牛なので、天神様の祭儀には牛肉は使わずにかしわ（鶏肉）が使われていた。10月の菅原道真公の冥福を祈る。お祝いやお祭りの時にかしわのすき焼きが振る舞われる。
- **龍田揚げ、竜田揚げ** 醤油や味醂などのたれに漬け込んだ鶏肉に片栗粉をまぶして油で揚げた料理。奈良県北西部を流れる龍田川は紅葉の名所で、小倉百人一首の和歌の中でも「紅葉の名所の龍田川の川面を流れる紅葉」と詠われているところから、揚げた鶏肉の色を紅葉に見立てて命名されたとする説と、旧日本海軍の司厨長龍田氏が最初に作った料理との説がある。
- **大和肉鶏そぼろ弁当** 大和肉鶏の胸肉のミンチと玉ねぎ、ニンジンを甘辛く煮付けて、高菜、錦糸玉子の、茶色、緑色、黄色の三色の具がご飯の上に彩り良く盛り付けられている。また、大きな出し巻き玉子、小梅の梅干も良いアクセントになっている。大手コンビニチェーンで採用された弁当。

卵を使った菓子

- **三笠焼き** 奈良風どら焼き。三笠山（別名春日山。侵食により鐘状の丸い形の山で、昔から古歌によく詠まれる）に見立てた卵を使った焼き菓子。奈良ではどら焼きを"三笠山"ともいう。

地 鶏

- **大和肉鶏** 体重：雄平均3,500g、雌平均2,400g。肉質向上のために奈良県産の米を飼料に加えているので、ブロイラーと比べて肉は旨味があり赤みも強く脂肪も適度で肉のしまりも良く歯ごたがある。よく煮込んで

も型崩れせず、コクと甘味があり豊富な肉汁を含んでいるため幅広い料理に利用できる。旨味成分のイノシン酸、グルタミン酸、グルコースを多く含む。飼養期間は平均135日間と長期。軍鶏の雄に、名古屋コーチンとニューハンプシャーを交配した雌を掛け合わせて作出。大和肉鶏農業協同組合が生産する。

たまご

- **寿恵卵** 奈良から流れ始める紀ノ川の清流を眼下に見下ろす河内葛城山の裾野で絶好の環境の中で極めて自然に近い状態で飼育されて産まれた卵。おいしさは抜群で生食に最適。最高級の厳選卵。日興鶏卵が生産する。
- **大和なでしこ卵** 飼料に魚油を配合することでDHA（ドコサヘキサエン酸）が通常卵の約2.5倍（250〜280mg）に高まった、殻の色がピンク色のブランド卵。カテキンによる整腸作用を期待して奈良県産銘茶"大和茶"を飼料に加えたので、卵の生臭さが少ない。奈良県産畜産農業協同連合会が生産する。
- **こだわりたまご** 専用飼料に鶏のお腹の調子を整えるイソマルオリゴ糖を添加し、丈夫な殻を作るためにカルシウムが豊富な牡蠣ガラを加え、そして水もイオン水を与えている。臭みが少なくコクがある味と鮮度、安全性にこだわった卵。大宮農場が生産する。また、直販所ではその日に産まれた卵を買い求めることができる。

その他の鳥

- **合鴨** 御所市の自然豊かな葛城山の麓で飼育されている合鴨は、脂身と赤身のバランスが良いことで知られている。ほど良くしまった肉質で鴨独特の旨味があふれる。30年の飼育経験から嫌な臭みをなくした。奈良市内のお店で鴨鍋、鴨のロースト、鴨重など和洋の料理が楽しめる。

県鳥

コマドリ、駒鳥（ツグミ科） 夏鳥、英名 Japanese Robin。首から頭部が橙色の地味だが綺麗な小鳥。名前は、鳴き声「ヒンカラカラカラ」が、馬のいななきに似ているので駒鳥とよばれる。鳴声は美しく、ウグイス、オオルリとともに日本三名鳥といわれる。愛媛県も県鳥に指定。

30 和歌山県

▼和歌山市の1世帯当たり年間鶏肉・鶏卵購入量

種　類	生鮮肉（g）	鶏肉（g）	やきとり（円）	鶏卵（g）
2000年	45,254	12,294	2,152	37,226
2005年	44,914	14,963	1,233	33,209
2010年	44,751	14,639	1,605	32,652

　和歌山県は、紀伊半島南部は太平洋岸に面し、最先端の潮岬は本州の最南端となる。沖合は黒潮が流れているので、黒潮に乗って回遊するカツオやマグロを水揚げする漁港が多く、名産品にも魚介類が多い。和歌山県は南高梅の生産地でもあるので、銘柄卵には「梅」の名のついた「紀州うめたまご」、銘柄鶏には「紀州うめどり」がある。牛では「熊野牛」、豚では「イブの恵み」がよく知られている。

　和歌山県の地鶏・銘柄鶏には、上記紀州うめどりのほかに、葵之地鶏（生産者：鳥びん）、紀州鶏（生産者：森孵卵場、和歌山工場）、紀の國地どり（御坊チキン）がある。葵之地鶏は本社が大阪市の会社が飼育している。「葵」の名は、和歌山県の「三つ葉葵」の「葵」に由来している。紀州鶏と紀の國地どりは和歌山県の有田地方で飼育している。

　2000年、2005年、2010年の和歌山市の1世帯当たりの生鮮肉の購入量は、2000年よりも2005年、2005年より2010年と増えている。鶏卵の購入量についてみてみると、購入量は2000年が最も多く、その後減少、2005年は2000年と2010年の購入量に比べると少ない。

　和歌山市の1世帯当たりの生鮮肉や鶏肉、鶏卵の購入量は、近隣の奈良市の生鮮肉、鶏肉の1世帯当たりの購入量よりもやや多い傾向にある。このことは、和歌山市の家庭では、自宅で鶏料理を食べる機会が奈良市よりも多い。一方で、1世帯当たりのやきとりの購入金額は奈良市よりも多い。自宅での食べ方は鍋類が多いが、やきとりは市販のものを食べる機会が多いと推測している。日高川町は、"世界一長い焼鳥"の競争を、福島県川俣町や山口県長門市と繰り広げている。日高川町は、日本一の紀州備長炭

の生産量を誇り、町特産の"ホロホロ鳥"もあり、また、串にする竹も収穫できるので、町興しの一環として取り組んでいる。

知っておきたい鶏肉、卵を使った料理

- **あがら丼** "あがら"とは田辺地方の方言で"私たち"の意味で、地元の梅酢で元気に育った「梅鶏」、和歌山名産の南高梅の「梅干」そして「熊野牛」と、旬の魚を使った"私たち自慢の"丼。田辺市内のお店でいろいろな味が楽しめる。
- **田辺サンド** 武蔵坊弁慶が産まれた田辺市の名物サンド。地元産の地鶏の"紀州うめどり"の照り焼きやソテー、チキンカツ、チキンハムなどと、紀州産の"南高梅"をパンにはさんだサンドイッチ。食パンだけでなく、バンズ、ベーグルなどと各店が工夫している。田辺商工会議所と地元商店街が取り組んだ、ご当地グルメ。
- **和歌山ラーメン** 和歌山ラーメンのお店のテーブルには、ゆで卵と早寿司（鯖の押し寿司）が置いてあることがある。ラーメンが出来上がる間、自由に食べることができるし、ゆで卵はラーメンに入れてもよい。和歌山県には、醤油発祥の湯浅町があるので、和歌山ラーメンのスープも、基本的に醤油仕立ての豚骨醤油味と、中華そば風の醤油味。

卵を使った菓子

- **釣鐘饅頭** 和歌山銘菓。「道成寺物」といわれる"安珍と清姫の悲恋物語"に登場する道成寺の釣鐘に由来する釣鐘形のカステラ饅頭。中に入れる餡は、白餡、小豆餡、黒餡、名産の南高梅餡など各お店で工夫している。悲恋物語は、僧の安珍に恋をした清姫が、安珍に裏切られたことを知り、大蛇になり安珍を追い、道成寺の鐘の中に逃げた安珍を焼殺したという内容で、能楽や浄瑠璃、歌舞伎でも数多く演じられ、また映画化もされた。道成寺は大宝年間（701～704）に創建した、和歌山県最古の寺で、国宝の仏像や重要文化財の本堂など多数有する。
- **和歌浦せんべい** 100年以上前から和歌山で焼かれる玉子煎餅で、お土産として有名。一枚一枚に景勝地和歌浦の「不老橋」や「観海閣」の焼印が押されている。

地鶏

- **紀州鶏** 肉質の良い軍鶏の雄に、発育の良い白色ロックの雌を掛け合わせて、県の養鶏試験場で作出された地鶏。昔懐かしいかしわの旨みとやわらかさ、そして脂肪も少ないのが特徴。与える水は、紀州特産の備長炭で濾過している。平飼いで専用飼料を給与し平均125日と長期間飼養する。特定JASの地鶏の認定を受けている。

銘柄鶏

- **紀州うめどり** 体重：平均2,800g。紀州名産の梅干を作るときにできる梅酢を、脱塩濃縮した"Bx70"を飼料に添加しているので、病気に対する免疫力が高く健康な鶏。平飼いで飼養期間は平均53日。鶏種はチャンキー。有田養鶏農業協同組合が生産する。

たまご

- **紀州うめたまご** 紀州名産の梅干を作るときにできる梅酢を、脱塩濃縮した"Bx70"を飼料に添加して、病気に対する免疫力を高めた健康な鶏が産んだ卵。紀州うめどり・うめたまご協議会メンバーの10軒余りの農家が生産する。卵の購入だけでなく、県内のレストランや料理店、旅館等で味わうことができる。
- **青空たまご** 霊峰高野山を源流とする有田川の恩恵を受けた環境で育てた鶏が産んだ卵。天然の地下水と飼料に木酢液を加えて、活きの良い元気な若どりだけが産んだ卵。県の安心安全などに優れた県産品として和歌山県優良県産品「プレミア和歌山」に認定。ササキのたまごが生産する。

その他の鳥

- **ホロホロ鳥**（ちょう） 和歌山県日高川町では、1982年からホロホロ鳥の飼育を開始。町の産産所には、生肉の他、さまざまなホロホロ鳥商品が販売されている。また、道の駅"San Pin 中津"では、ほろほろ親子丼やほろほろラーメン、ほろほろ焼き鳥などを食べることができる。肉質はやわらかく弾力があり、脂肪分も少なくあっさりとした味わいだが、かめば

かむほど深い味わいが出てくる。鍋物や焼き物はもちろん、刺身や天ぷらにしても美味しい。ヨーロッパでは「食鳥の女王」と称される。家畜化の歴史や名の由来などは巻末の付録1を参照。

> **県鳥**
>
> **メジロ（メジロ科）** 留鳥。目の周りが白いので目白。英名Japanese White-eye。腹部以外の羽は、ウグイス色をしている。大分県も県鳥に指定。

31 島根県

▼松江市の1世帯当たり年間鶏肉・鶏卵購入量

種　類	生鮮肉（g）	鶏肉（g）	やきとり（円）	鶏卵（g）
2000年	33,024	11,520	2,022	32,825
2005年	38,674	12,602	1,012	32,915
2010年	48,894	15,732	1,662	35,827

　建国に関する神話によれば、島根県の出雲大社は大和朝廷が建て、大国主命が神として祀られ、古くから「大黒様」の名で親しまれている。出雲の人は、信仰心が高く、出雲大社の神職である出雲国造家を尊敬し、自宅の神棚には出雲大社のお札をまつる。鶏は神話にしばしば登場してくるので、神話の多い出雲大社のある島根県には、多種類の銘柄地鶏が存在するかと思っていたが、天領軍鶏、銀山赤どりのみが存在している。天領軍鶏は天領が朝廷直結の領土を意味するから出雲大社の名にちなんで名づけられた地鶏であり、銀山赤鶏は石見銀山の名にちなんで名づけられた地鶏と思われる。

　2000年、2005年、2010年の県庁所在地松江市の1世帯当たりの生鮮肉の購入量は、2000年には33,024gであったのが、10年後の2010年には48,894gに増加している。鶏肉の購入量も2000年には11,520gであったが2010年には15,732gに増えている。ほかの地域では2000年の5年後の購入量は減少しているが、島根県ではその減少がみられない。鶏卵の購入量も2000年には32,825gであったのが、2010年には35,827gに増えている。市販のやきとりの購入金額は、2000年には2,022円であったのが、2010年には1,662円に減少している。

　出雲の人々の県民性として伝統を重んじる習慣が強い。島根県の伝統料理は質素なものが多い。代表的伝統料理の出雲そば、箱寿司、ばら寿司、アゴ（トビウオ）料理がある。銘柄牛ではしまね牛、銘柄豚肉では石見ポークがある。江戸時代の松江藩主・松平不味公は食いしん坊で有名であった。その殿様が好んだ料理が「スズキの奉書焼き」である。また茶道の盛

んなところで茶道につきものの松江の和菓子は知られている。

島根県の「鶏卵饅頭」は、鶏卵で作った白餡を包んだ和菓子で、慶弔のときに利用される。もともとは京都の和菓子であったが、島根県の店で作り方を受け継いでいる。

知っておきたい鶏肉、卵を使った料理

- **あごの厚焼き** 大社地方で獲れる"あご（飛魚）"のすり身を入れた厚焼き玉子。飛魚を"あご"とよぶようになったのは、松江藩主の松平不昧公が、飛魚を刺身にしても煮付けにしても顎が落ちるほど美味しいと言ったことに由来する。飛魚は島根県の県魚でもある。
- **島根牛みそ玉井** 松江駅売り上げ１位の駅弁で、1901年創業の一文字家が作る。島根産コシヒカリに、出雲の天然醸造味噌と地酒で甘辛く炊いた島根牛、中央にとろとろの半熟卵が載っている。黄身がからんだ味噌炊き牛とご飯が美味しく癖になる。"石見ポーク"を使った「島根豚みそ玉とん」もある。

卵を使った菓子

- **鶏卵饅頭** 益田市の鶏卵堂が作る銘菓。益田の鶏卵をふんだんに使った生地に白餡を入れた一口大の大きさの饅頭。もともとは京都住吉製菓から製法を譲り受けて製造を開始した。「益田ブランド」に認定されている。
- **源氏巻** 山陰の小京都といわれる津和野町を代表する焼き菓子。小麦粉に砂糖、卵、蜂蜜を合わせた生地で、自家製の漉し餡を巻き、きつね色に焼き上げたもの。元禄時代、津和野藩に派遣された勅使に絡む問題を、機転を利かせて無事解決した故事に由来する。その時に使われた「お菓子で包んだ小判」を模して作られている。
- **俵まんじゅう** 出雲大社名物のカステラ饅頭。1898（明治31）年創業の俵屋菓舗が作る。縁結びの神様として知られる出雲大社の祭神の大国主命、その御姿は片手に打出の小槌を持ち米俵に座った大黒様。その米俵を模して作ったのが"俵まんじゅう"。小麦粉と卵、砂糖で作ったカステラ生地で口溶けの良い白餡を包んだ和菓子。昔から変わらない美味しさや包装紙が懐かしく地元で愛され続けている。このカステラ生地を焼いたのが"俵せんべい"。

地鶏

- **天領軍鶏**　体重：雄平均3,500g、雌平均2,500g。自家醸酵飼料を与えるので、肉がよくしまり、コクのある味に仕上げている。平飼いで飼養期間は220日間と非常に長い。軍鶏を掛け合わせて作出。ササダ直販が生産する。

銘柄鶏

- **銀山赤どり**　体重：雄平均3,500g、雌平均2,500g。大江高山の麓の大自然の中で平飼いにし自家醸酵飼料を与えブロイラーの2倍以上の120日間飼育した赤鶏。鶏種はニューハンプシャー。ササダ直販が生産する。

たまご

- **えごまたまご**　専用飼料に県内産の「エゴマ」の種子を加えて産まれた卵で、α-リノレン酸が豊富。「エゴマ」はシソ科の植物で生活習慣病の改善に役立つα-リノレン酸が多く含まれている。旭養鶏舎が生産する。
- **石見の国 鬼村の昔卵**　昔ながらの放し飼いで、薬物、添加物なしの専用の自家配合飼料で飼育した純自然卵。清涼な沢の水、ビタミン豊富な緑餌、DHAたっぷりの魚で育てた活力ある安心な卵。七ツ松物産が生産する。

県鳥

ハクチョウ（カモ科）　大白鳥（Whooper Swan）と小白鳥（Bewick's Swan）の総称。冬鳥、全身白く、黄色い嘴の先と脚が黒い。嘴の黒い部分の大小で、大白鳥と小白鳥を見分ける。大きいのが小白鳥、小さいのが大白鳥。昔から知られており『日本書紀』にも記載がある。鳴き声の真似をして"コーイ、コーイ"と呼ぶと集まってくる。宍道湖と中海は白鳥の集団越冬地として全国的に有名。

32 鳥取県

▼鳥取市の1世帯当たり年間鶏肉・鶏卵購入量

種　類	生鮮肉 (g)	鶏肉 (g)	やきとり (円)	鶏卵 (g)
2000年	40,235	10,750	1,661	45,333
2005年	38,152	12,032	895	41,514
2010年	44,520	15,513	1,294	37,937

　鳥取県は、日本海に面し、沖合には暖流と寒流のまじる好漁場があるので、漁港が多い。とくに、境港は冬のズワイガニ（マツバガニ）の水揚げで賑わうことは有名である。畜産関係ではブロイラーの飼育が盛んである。日本海から吹き寄せる潮風と、大山周辺の自然環境、大山の伏流水が鶏や豚の飼育に適している。

　鳥取県の地鶏・銘柄鶏には、大山どり（生産者；鳥取地どりピヨ農業協同組合）、大山赤黒鶏（生産者；東伯町農業協同組合）、鹿野地どりピヨ、美味鳥、大山産がいなどり、大山産ハーブチキンなどがある。

　鳥取県にはウズラの肉や卵を使った郷土料理が多い。「ウズラのくわ焼き」はウズラの肉を叩いてやわらかくして、串焼きにしたものである。「ウズラの串焼き」はウズラの殻つきの生卵（3個）を串にさして焼いたもので、鳥取県独得の料理のようである。ウズラの卵のピクルスもある。ウズラの卵も肉も料理としてしまう独特の鳥文化の地域である。

　2000年、2005年、2010年の鳥取市の1世帯当たりの生鮮肉の購入量は他の地域と大差はないが、鶏肉の購入量は松江市や山口市に比べると少ない。鶏肉の購入量については2000年よりも2005年が多く、2010年は2005年よりも増えている。鶏卵の購入量は松江市や山口市に比べると比較的多い。しかし、2000年の購入量より2005年の購入量は少なく、2010年は2005年より少ない。1世帯当たりのやきとりの購入金額は、松江市より少なく、山口市よりも多い。2000年は1,661円であったのが、2005年には895円と減少している。2010年には1,294円と増加しているが2000年ほどまでは増加していない。やきとりは家庭で食べるものでなく、料理店や居

酒屋で食べるものとなっているのではないかと思われる。とくに、鳥取県の料理店で提供されるウズラは、小さい鳥なので、肉と骨を一緒に叩いて串焼きにされるので、家庭での料理には向いていない。鳥取県の人の性格は家庭思いであるらしい。この県民性は、やきとりの購入とも関係があるのかもしれない。なお、鶏卵の購入量は全国1位になる程である。

知っておきたい鶏肉、卵を使った料理

- **砂たまご**　鳥取砂丘の名物。鳥取産の卵を、1,300年以上の歴史のある書道用高級和紙の因州和紙で包み、鳥取砂丘の砂で蒸した玉子。黄身が栗のようにホクホクしている。
- **春雨茶碗蒸し**　県西部の米子市などでは、茶碗蒸しに"春雨"が入るのが定番で家庭の味。由来は明らかでないが、まだ卵が高価な時代に卵の増量として使われたのではといわれている。他の具は一般的で、鶏肉、ギンナン、海老、椎茸、そして、地元特産のカニが入る。現在、地域活性化を目指してPR中。ちなみに、北海道の茶碗蒸しは甘くて栗の甘露煮が入り、大阪には"うどん"が入った茶碗蒸し"小田巻蒸し"という料理がある。
- **かに玉丼**　紅ズワイガニや松葉蟹の漁獲水揚げ量日本一の境漁港の名物料理。蟹肉がたっぷり入り、地元産の白ねぎとともにとろとろ卵で仕上げる。芙蓉蟹や天津飯とも異なり、やや甘めの味付けが鳥取風。
- **卵かけご飯**　島根県雲南市の第三セクターが2002年に開発した。その後、「たまごかけご飯TKG」は全国的なブームとなった。2005年には雲南市で「TKGシンポジウム」も開催された。

卵を使った菓子

- **因幡の白うさぎ**　小麦粉と卵、地元産の大山バターで滑らかでしっとりした生地を作り、この生地で上品な甘味の黄身餡を包んで焼いた焼き菓子。赤い兎の眼が可愛らしい。寿製菓が作る鳥取銘菓。出雲神話の「因幡の白兎」に登場する兎は、大国主命と八上姫とを結びつけた"福"と"縁"の使者の大役を果たしている。この故事に因んで"福"のおすそ分けと"縁"を生み出すとして誕生した。
- **どら焼き**　名前の由来は、形が銅鑼に似ているからで、この銅鑼は、船

が出港するときに鳴らす銅鑼ではなくて、仏教の法会に用いる紐で吊り下げて槌で打つ楽器の銅鑼で、鉦とも書く。小麦粉と卵、砂糖などで作ったカステラ生地を丸く二枚焼き、間に餡を挟んだお菓子。

　鳥取県のどらやき生産量は世界一。米子市の「丸京製菓」は、鳥取県が誇る食品技術の「氷温技術」を使い、国内外に向けてどら焼きを製造販売している。その生産量は世界一といわれている。「米子市営運動公園」も「どらやきドラマチックパーク米子」に改名した。4月4日（4と4で幸せ［4合わせ］）は「どら焼きの日」として日本記念日協会に登録されている。

地　鶏

- **鹿野地鶏ピヨ**　体重：平均3,200g。県の中小家畜試験場が、軍鶏とロードアイランドレッドを交配した雄に、白色プリマスロックの雌を掛け合わせて作出した。豊穣な鹿野の大地で丹精込めて育て上げた。ギュッと引きしまった肉質に、ほどよく脂がのり、どんな料理にも相性が良い。28日齢以降は平飼いで平均100日間飼養される。ふるさと鹿野が生産する。

銘柄鶏

- **大山どり**　体重：平均3,200g。こんこんと湧き出る名水を育む山陰の秀峰"大山"、その麓を中心に鶏の親である種鶏の育成から孵化、生産、処理までを一貫した生産体制で取り組んでいる。平飼いで専用飼料を与え平均53日間飼育する。食鳥処理では品質の良い肉を作るために水漬チラーではなくてエアーチラーを使用。鶏種はチャンキーやコブ。大山どりが生産する。
- **美味鳥**　体重：雄平均3,200g、雌平均2,800g。専用飼料に木酢液を添加することで鶏肉中のアンモニアを分解し、鶏肉特有の臭みのない自然の旨味が特長。飼養期間は平均50日間。鶏種はチャンキー。ハムソーセージ製造の米久のグループの米久おいしい鶏が生産するので衛生管理も徹底している。
- **大山産がいなどり**　体重：平均4,000g。平飼いで専用配合飼料を与え、一般のブロイラーより長い平均65〜70日間飼育するので、適度な歯ご

たえと深いコクがある。白色コーニッシュの雄に白色ロックの雌を交配。名和食鶏が生産する。「がいな」は鳥取地方の方言で「大きな」の意味。
- **大山産ハーブチキン** 体重：平均3,000g。ハーブのオレガノを加えた専用飼料で飼育した健康な鶏肉。鶏特有の臭いが少なく、色やしまりの良い肉質に仕上げた。平飼いで飼養期間は平均50〜55日。白色コーニッシュの雄に白色ロックの雌を交配。名和食鶏が生産する。

たまご

- **食彩の夜明け** 飼料にこだわり、鳥取県産のお米を専用飼料に豊富に配合。安全にこだわり、プロバイオティクス技術を使ったノーサンヘルシースイートを加えて二重三重のサルモネラ対策をしている。安全、安心、美味の食の創造を目指すイブキが生産する。緑の募金活動協力商品。
- **食彩の風** 鶏の体力増強と抗病力のアップを目的に専用飼料に60種類以上のビタミンとミネラル、アミノ酸を含む高級海藻を加えた。のどかな田舎で育った鶏が産んだ卵。コクと旨みが違う。安全、安心、美味の食の創造を目指すイブキが生産する。

県鳥

オシドリ、鴛鴦（カモ科） オシドリの姿が美しく平和的で一年中県内の沼や池に生息しているので、県の鳥に制定された。雄の冬羽は、緑色の冠毛と翼に栗色から橙色のイチョウの葉の形をした反り上がった剣羽、思羽があり、胸は紫、背はオリーブで美しい。名前の由来は、雌雄が寄り添って泳いだり休むので、雌雄の仲が良いことに由来し、"鴛鴦夫婦"や"鴛鴦の契り"の言葉もある。英名はMandarin Duck。雄の冬羽が、中国清朝時代の官史風の服装に由来。長崎県、山形県、鳥取県も県鳥に指定。

33 岡山県

▼岡山市の1世帯当たり年間鶏肉・鶏卵購入量

種 類	生鮮肉 (g)	鶏肉 (g)	やきとり (円)	鶏卵 (g)
2000年	43,305	12,761	1,442	32,101
2005年	35,520	11,215	821	29,511
2010年	44,932	15,108	1,293	23,378

　岡山県は、明治時代初期から果物の栽培が盛んになり、今日でも白桃、マスカット・オブ・アレキサンドリアは有名である。畜産では濃厚牛乳を供してくれるジャージー牛の飼育が盛んである。鶏ではブロイラーの飼育が盛んであり、鶏卵の生産も多い。銘柄牛の「千屋牛」は江戸時代末期から飼育を続けている。ジャージー牛の牛乳では「蒜山ジャージー牛乳」が有名である。B級グルメ祭典で入賞した料理に、「蒜山やきそば」(真庭市)、「津山ホルモンうどん」(津山市) がある。いずれも豚の内臓が使われていて、鶏肉や鶏の内臓ではない。

　岡山県の地鶏・銘柄鶏には、おかやま地どり (生産者：おかやま地どり振興会)、桃太郎地どり (生産者：岡山ブロイラー)、吉備高原どり (同)、岡山県産森林どり (生産者：丸紅畜産) がある。おかやま地どりは、地鶏の規格に対応した鶏であるが、桃太郎地どり、吉備高原どりは特別に調製された飼料で飼育しているブロイラーである。

　笠岡ラーメンは岡山県笠岡市のご当地ラーメンで、「鶏そば」「鶏ラーメン」の別名がある。卵では「たまの温玉めし」「美咲卵かけご飯」がある。「たまの温玉めし」は、玉野市が地域の町興しにB級グルメとしてつくりだしたもので、焼きアナゴを混ぜ込んだ焼きめしに卵をかけたものである、「美咲卵かけご飯」の美咲町には卵かけご飯の専門店があるほど、卵かけご飯で町興しを企画している町である。老鶏の肉を「かしわ肉」として利用している。

　2000年、2005年、2010年の岡山市1世帯当たりの生鮮肉、鶏肉の購入量は、2005年に一度減少しているが、2010年の購入量は増加している。

岡山市の生鮮肉の1世帯当たりの購入量は、近県の広島市よりやや少ないが、山口市よりは多い。鶏卵の購入量は、2000年より2005年が少なく、2005年より2010年が少ない。山口市の購入量よりもやや多いが、広島市よりは少ない。やきとりの購入金額は2005年に821円と少なくなっているが、2010年には1,293円となっている。各年代ともやきとりの購入金額はそれほど多くないと推測できる。

知っておきたい鶏肉、卵を使った料理

- **笠岡鶏そば** 親鶏のガラで取った醤油ベースのスープに、ストレート麺、その上に醤油で茹でた鶏もも肉のチャーシューが載る、鶏だけで作ったラーメン。昔から養鶏が盛んで、親鶏のガラが安く大量に手に入ったので生まれたといわれている。
- **たまの温玉めし** 蒲焼にした玉野特産の穴子でチャーハンをつくり、温泉卵をトッピングしたご当地グルメ。
- **面鳥鍋** 後楽園内にある料亭"荒手茶寮"で提供される七面鳥の鍋。骨付きのぶつ切りにした七面鳥と大根、白菜、椎茸、ゆり根を、秘伝のスープで煮る。大根おろしを入れたたれでいただく。建物は岡山藩家老伊木家の屋敷を利用し全室個室。後楽園は江戸時代、藩主の池田氏が作った庭園で日本三名園の一つ。

卵を使った菓子

- **つるの玉子** 明治中期から作られる銘菓。後楽園に住む、不老長寿の象徴の鶴、このおめでたい鶴にあやかって作られた。黄身餡を卵白や砂糖、ゼラチンで造ったマシュマロで包む。"マシュマロ"の名は、もともとの原材料だった植物の"ウスベニタチアオイ（marsh-mallow）"に由来する。

地 鶏

- **おかやま地どり** 体重：平均3,100g。県の養鶏試験場が、白色プリマスロックの雄に、ロードアイランドレッドと横斑プリマスロックを交配した雌を掛け合わせて作出。肉質は赤みを帯びて厚みがあり適度に脂肪を含んでいる。ねばりのある適度な歯ごたえと独特のコクと風味がある。

どんな料理でも鶏肉本来の味が楽しめる。「おかやま地どり飼育マニュアル」に基づいて県内の農家が丁寧に育てる。吉備中央町産は「特定JAS認定」を取得。平飼いで飼育期間は95日。おかやま地どり振興会が管理している。

銘柄鶏

- **岡山県産森林どり** 体重：平均3,000g。森林エキスの木酢酸を添加し、ビタミンEを強化した専用飼料を与えて育てた、低カロリーで低脂肪、ビタミンEを豊富に含んだヘルシーな若どり。飼養期間は平均52日間。鶏種はチャンキー。丸紅畜産が生産する。

たまご

- **スリムe** 現代の食生活で不足しがちなビタミンDとビタミンEを強化した卵。ビタミンDは普通の卵の約3倍、ビタミンEは約11倍。安全で新鮮な卵を効率的に提供するために最新の設備を完備。卵に最初に手を触れるのは購入者だ。坂本産業が生産する。
- **星の里たまご** 星が美しい井原市美星町で生産した卵。独自に開発した醗酵飼料に美星農場で栽培した野菜を混ぜて鶏に給与する。また、地下130mから汲み上げるアルカリ天然水を与えている。阪本鶏卵が生産する。

県鳥

キジ、雉（キジ科） 英名 Japanese (Green) Pheasant. 留鳥。オスは、胸の緑色、赤い顔が美しい。首に白い輪があるのは、高麗雉。漢字の雉のつくりは、"とり"の意味で、矢のように飛ぶ鳥からきている。命名は、"きぎん"とも"けけん"とも聞こえる鳴き声に由来する。生息域は、平地や山地の農業地、林の藪地、河川敷、草地などで、雌は母性愛が強く、山野の野焼きなど巣に野火がきても巣を離れずに卵を抱き続けるといわれている。日本の国鳥でもある。平成6年に10種類の候補から県民の投票で選ばれた。岩手県の県鳥もキジ。

34 広島県

▼広島市の1世帯当たり年間鶏肉・鶏卵購入量

種　類	生鮮肉 (g)	鶏肉 (g)	やきとり (円)	鶏卵 (g)
2000年	44,499	12,143	1,548	33,131
2005年	46,902	14,063	2,231	34,427
2010年	47,352	14,826	1,599	34,788

　広島県域の気候は、穏やかである。北の中国山地が冬の寒気を遮り、南の四国にある山々が台風を止めてくれるので、気候が温暖で農業に適した平地が多い。野菜や果物の栽培が盛んである。畜産では広島牛、芸北高原豚、神石牛（神石高原）が知られている。鶏に関しては、広島しゃも地どり、帝釈峡しゃも地鶏（生産者：帝釈峡特産物加工組合）がある。帝釈峡地鶏は、独自の飼料（酵母や魚粉を配合）を投与し、高級肉の生産に努めている。

　広島県の名物料理の広島焼き（お好み焼き）の片面は薄焼き卵の皮である。この中に、生ラーメン、豚肉、千切りキャベツが挟まっている広島のソールフードである。広島市民は、1週間に2〜3度は専門店で食べている。広島焼きを作るには大きな鉄板が必要なので、家で作るところは少ない。

　2000年、2005年、2010年の広島市の1世帯当たりの生鮮肉、鶏肉、鶏卵の購入量は、2000年より2005年、2005年より2010年と現在に近づくほど、購入量は増えている。広島市民の好きな広島焼きには、卵が必要である。卵の購入量は、岡山市よりは多いが山口市に比べると少ない。広島市、岡山市、山口市の1世帯当たりの鶏卵の購入量には大きな差はない。このことは、広島焼きは専門店で食べ、家庭で作る機会は多くないことを意味している。広島焼きに使う肉は、薄切りの豚肉であり、鶏肉は使わない。

　2005年のやきとりの購入金額が2000年、2010年よりも多い。鶏卵の生産も盛んである。

知っておきたい鶏肉、卵を使った料理

- **広島焼き** 関西風お好み焼きとは異なり、小麦粉、卵、水などで作った生地に、野菜や具材を混ぜて焼くのではなく、それぞれを焼いて重ねるところが特徴。小麦粉を好みの軟らかさに水で溶き、この生地だけを鉄板の上に円を描くように薄く延ばして皮を作り、この上に刻んだキャベツ、もやし、豚肉を載せ、この具材の上からつなぎとして少量の生地を掛け、さらに、へらでひっくり返して両面を焼き、ソースで味を付け、調理した焼きそばを上に載せる。そして、お好み焼きの大きさに焼いた玉子焼きを載せて、ソース、マヨネーズ、青海苔を掛けて食べる。

卵を使った菓子

- **もみじ饅頭** 小麦粉と卵、砂糖を原料としたカステラ生地で、小豆餡を包み、県木の"もみじ"型に焼き上げたカステラ饅頭。"もみじ饅頭"の名前は、明治政府の初代首相の伊藤博文が、宮島の紅葉谷で紅葉狩りをした際に、茶屋でお茶を出した可愛い娘の手を見て、「紅葉のように可愛い手だね」と言った。この言葉を聞いていた宮島の老舗旅館の女将が「紅葉谷に因んで"もみじのお菓子"を作ってみては」と思いついたことに由来するといわれている。
- **五味せんべい** 呉市の銘菓。小判型の小麦粉のせんべい。味は卵、ミルク、みそ、しょうが、豆の五つの味。それぞれの煎餅には、味がわかるように、卵味の煎餅には"鶏"の絵、ミルク味には"牛"の絵が描かれている。

地 鶏

- **広島しゃも地どり** 広島県の特産品として県の畜産試験場（現在の県立畜産技術センター）が作出。瀬戸内に古くから飼育されていた軍鶏と白色プリマスロックを交配した"しゃもロック"と、ロードアイランドレッドを掛け合わせた。名前は、宮島特産の「しゃもじ」にちなんで"広島しゃも地鶏"と名付けた。脂肪が少なく適度な歯ごたえがあり好評。手羽先が2本まるごと入ったレトルトのカレーも開発されている。
- **帝釈峡しゃも地鶏** 県の畜産技術センターが、軍鶏とロードアイランド

レッド、ホワイトロックを交配して作出。帝釈峡特産物加工組合が、孵卵してヒヨコから飼い、食鳥処理、販売までを行う。品質維持のために大量生産は行わずに目の届く範囲で生産している。鶏の健康管理のために飼料にニンニクなどを配合。飼養期間は150日と長い。肉質はやや赤色を帯びた飴色で、適度な歯ごたえとほど良い脂、風味の良い濃い味が特長。和洋中華、煮る揚げるなど幅広い料理に合うが、特に炭火焼の評価が高い。

たまご

- **賢いママのこだわり卵** 健康へのこだわりから、3つの健康成分を強化。抗酸化力があるビタミンEと、生活習慣病やアレルギー、また体内でEPAやDHAになるα-リノレン酸、脳機能に関係するDHAを強化。体がよろこぶ卵。マルサンが生産する。
- **げんまんE** ビタミンEを普通の卵の15倍含んだ卵。サルモネラワクチンを接種して25段階のチェックを行う厳格仕様。安全を確認するためのトレーサビリティコードをつけ生産履歴がわかる安心卵。アキタが生産する。
- **植物育ち** 植物性の専用飼料で育てた。卵の嫌な臭みではなくてふっくらした香りが特長。健康へも配慮して、抗酸化力があるビタミンEと、生活習慣病やアレルギー、また体内でEPAやDHAになるα-リノレン酸を強化した安心卵。マルサンが生産する。

県鳥

アビ、阿比 英名 Red-throated Diver。アビ科の冬鳥で、潜水して魚を捕食する。名前の由来は、"魚を食む"が、"はみ"、"阿比"に転じたといわれる。広島の豊島、大崎下島、斉島、上蒲刈島の海域で、アビを使った独特のアビ漁が、古くから行われていたが、近年、渡来羽数が減り、実施できなくなってしまった。

35 山口県

▼山口市の1世帯当たり年間鶏肉・鶏卵購入量

種 類	生鮮肉 (g)	鶏肉 (g)	やきとり (円)	鶏卵 (g)
2000年	41,290	10,304	1,430	33,428
2005年	41,388	13,459	1,184	31,362
2010年	48,330	15,562	1,617	37,184

　山口県は、日本海に面している地域、瀬戸内海に面している地域、山間部の3つ地域に分けられている。瀬戸内海や日本海に面している地域には漁港も多い。水産加工会社も多く、山口県の蒲鉾は人気である。気候が温暖で、水はけのよい土壌であるのでかんきつ類の生産も多い。畜産では、日本の黒毛牛のルーツといわれている見島牛、無角和牛の飼育で有名である。

　地鶏・銘柄鳥では、長門地どり、長州地どり、長州赤どり、長州黒かしわなどがある。長門地どり（生産者：深川養鶏農業協同組合）を自然環境豊かなところで、時間をかけて飼育している。

　2000年、2005年、2010年の山口市の1世帯当たりの生鮮肉、鶏肉の購入量は、2000年よりも2005年、2005年よりも2010年と増加している。近県の県庁所在地の生鮮肉、鶏肉の購入量を比較すると、山口市の1世帯当たりの購入量が多くなっている。山口市の1世帯当たりのやきとりの購入金額は、2000年が非常に少なく、2000年、2005年に比べると、2010年は多くなっている。鶏卵は、2000年より2005年、2005年より2010年が増加している。

知っておきたい鶏肉、卵を使った料理

- **長門のやきとり**　長門市のやきとりは、牛肉、牛ばら肉を中心とした豚肉、鳥肉が混在したスタイルのお店が多いが、ガーリックパウダーが、一味や七味唐辛子と共にテーブルに置かれて、好みに合わせてかける点が特徴。この地域は養鶏業も盛んで、長州どりや長州赤どりなどの銘柄

鳥も育てられている。長門市は、北海道の室蘭市と美唄市、福島県福島市、埼玉県東松山市、山口県長門市、福岡県久留米市とともに、"日本七大やきとりの街"といわれる。また、"世界一長い焼鳥"の競争を、福島県川俣町や和歌山県日高川町と繰り広げている（付録３参照）。
- **肝焼き**　萩市に伝わる郷土料理。かつては、雉や山鳥の肝を味噌漬けにして保存食とした。食べるときに焼いてからし醤油やしょうが醤油でいただく。

卵を使った菓子

- **かすてらせんべい**　小麦粉と卵、砂糖、水あめで作った生地を板状に焼いて、温かいうちにロール状に巻いた焼き菓子。切り分けに使う専用の小型のこぎりが付いている。開封してすぐに食べればパリッとした煎餅の食感が楽しめ、少し置けばカステラ風の食感が楽しめる。
- **阿わ雪**　老舗の「松琴堂」が作る下関銘菓の和菓子。卵白と寒天、砂糖でつくる、独特の口あたりと口溶けが特徴の純白のお菓子。頼りなげでありながら、芯が通っていて、でも口の中に入れると"淡雪"のようにすぐに溶けて、甘さが口中に広がる。初代総理大臣の伊藤博文が命名したと伝わる。お土産だけでなく、婚礼の引き出物にも使われる。引き出物の場合は紅羊羹で「寿」の文字を入れられる。
- **亀の甲煎餅**　小麦粉、卵、砂糖、ゴマ、ケシの実を混ぜた生地を、亀の甲羅の模様が付いた型に流し込み焼いた煎餅で、亀の甲羅のように少し反りがついている。1862（文久２）年の創業以来焼かれている。下関の氏神の亀山八幡宮と、亀は万年の縁起にちなみ名付けられた。奈良時代から平安にかけて、中国への遣唐使は下関から派遣された。遣唐使の行き来により大陸の文化が入ってきた。亀の甲煎餅とよばれる菓子が平安時代の初めにはあったといわれている。
- **鶏卵せんべい**　長門市の深川養鶏農業協同組合が作る煎餅。有精卵と蜂蜜を使った飽きのこない素朴な美味しさのカステラ風味のせんべい。
- **月で拾った卵**　ふんわりした蒸しカステラの生地の中に、きざんだ栗を混ぜたカスタードクリームが入っている。

地鶏

- **長州黒かしわ**　山口県初の地鶏。体重：平均3,300g。古くから山口や島根で飼育され、緑黒色に光る羽、気品と風格を備える天然記念物の「黒柏」と、軍鶏、ロードアイランドレッド、白色ロックの交配で県農林総合技術センターが作出した。徹底した飼育管理によって、ハーブを入れた無薬の専用飼料で飼育。のびのびと育てられ、よく運動しているため脂肪が少なく、地鶏ならではの適度な歯ごたえを残しながらやわらかさを両立。旨味成分のイノシン酸が多く、鶏肉特有の臭みのない上質な肉が特長。また、脳や筋肉の疲労回復を助ける健康成分のイミダペプチドの含有量も多い。平飼いで飼育期間は平均100日間と長い。深川養鶏農業協同組合が生産する。

銘柄鶏

- **長州どり**　体重：平均2,800g。恵まれた自然環境、徹底した飼育管理によって、ハーブを入れた無薬の専用飼料で飼育。平飼いで飼育期間は平均48〜53日。鶏種はチャンキー、コブ。深川養鶏農業協同組合が生産する。
- **長州赤どり**　体重：平均3,150g。恵まれた自然環境、徹底した飼育管理によって、ハーブを入れた無薬の専用飼料で飼育。十分な運動ができる平飼いでのびのびと育てている。飼育期間は普通のブロイラーの1.3倍。肉質はほどよくしまり野性味あふれた、まさに高品質の鶏。普通の鶏肉と比べて赤みが濃く適度な脂肪としっかりとした歯ごたえがある。特に、鍋物や焼き鳥がおすすめ。ハーバードレッドブロの交配。深川養鶏農業協同組合が生産する。

たまご

- **米たまご**　純国産の鶏の飼料に山口産のお米を加えて産まれた卵。鶏糞は有機醗酵させて水田に施肥し、飼料用のお米を育てる。このお米を鶏に給与して卵を生産する。循環型養鶏に取り組む出雲ファームが生産する。

県鳥

ナベヅル、鍋鶴（ツル科） 灰色の羽色が"お鍋"の灰黒色なので鍋鶴とついた。冬鳥。英名は"Hooded Crane"。首から頭が白いので、修道士のようにフードを被った鶴という意味。"ツル"の名前の由来は諸説あるが、"つるむ"すなわち、ツルの雄が大きな翼を広げて、首を上下に動かして舞う求愛ダンス、その後、ツルはつがいとして結ばれて"つるむ"ことになる。このつるむが"つる"となったとする説が有力だし、情景が目に浮かぶ。工事などで、資材を吊り下げる重機のクレーン（crane）は、首の長いところが似ていることろからついた。毎年10月中旬に、シベリア方面から周南市八代に飛来する。絶滅危惧Ⅱ類（VU）。

36 徳島県

▼徳島市の1世帯当たり年間鶏肉・鶏卵購入量

種 類	生鮮肉 (g)	鶏肉 (g)	やきとり (円)	鶏卵 (g)
2000年	30,327	11,048	2,948	33,428
2005年	39,307	12,619	3,266	25,720
2010年	42,643	15,582	2,420	26,240

徳島県の地形は山がちであり山の傾斜面を利用してかんきつ類が生産され、吉野川下流の砂地を利用して野菜類が栽培されている。

畜産関係では、ブロイラーと地鶏の阿波尾鶏の飼育が有名である。

地鶏・銘柄鶏では、上記の阿波尾鶏（生産者：徳島阿波尾鶏ブランド確立対策協議会、貞光食糧工業）のほかに、あづま鶏・地養赤鶏・地養鳥・阿波吉野75日どり・PHFチキン（生産者：貞光食糧工業）、阿波すだち鳥・神山鶏・コクノアール（生産者：石井養鶏農業協同組合）、EM若どり、純吟鶏、彩どりなどがある。貞光食糧工業の飼育している地鶏は、ブロイラーをそれぞれ機能性成分などを加えた飼料を投与している。コクノアールはフランス産地鶏の「ブレノアール」を使用し、認定されたオーガニックの飼料を投与している。徳島県は、明治時代から大消費地の大阪へ食鶏を供給していた。地鶏の出荷羽数は全国1位になるほどで阿波尾鶏が好調。

2000年、2005年、2010年の徳島市の生鮮肉、鶏肉の購入量は、2000年より2005年、2005年より2010年と増加している。四国内の県庁所在地と比較すると、ほぼ同じ量の購入である。鶏卵の購入量についても肉類と同じ傾向にある。生鮮肉や鶏卵の生産地であり、生産したものは、県内消費のほかに県外へ流通している。

やきとりの購入金額は、2010年は2005年より減少しているが、四国圏内の県庁所在地の1世帯当たりの購入金額を比較すると増加している。昔から、徳島県内で鶏の生産を行っているからと思われる。

卵を使った和風スイートポテトがある。組み合わせの基本は「鳴門金時＋阿波和三盆糖＋焼き芋焼酎」であり、レシピは「さつまいも、砂糖（和

三盆30％)、生クリーム、バター、卵黄、アーモンド、イモ焼酎、黒ゴマ」であり、卵黄を使用している。

知っておきたい鶏肉、卵を使った料理

- **すだち丼**　ご当地グルメ。焼いてスライスした鶏もも肉や椎茸をご飯の上に載せ、錦糸卵、紅しょうがで飾り、徳島特産のすだちの果汁と、おろし金でおろした皮をいれる、味も香りもさわやかな丼物。
- **徳島バーガー**　認定制度のある本格的なご当地グルメ。"徳島バーガー"に認定される5か条は、①美味しい。②阿波尾鶏、阿波ポーク、阿波牛、鳴門鯛、わかめ、しらす、鳴門金時、椎茸、大根、すだち、柚子、阿波和三盆糖、みそなど徳島の素材をふんだんに使う。③調理に工夫する。④販売価格を妥当に設定。⑤食べやすさと見た目をバランスよくつくる。商工会議所青年部に申請し、審査が行われ、要件を満たしていると判断されて初めて認定される。商工会議所が公式ホームページを運営し、バーガーマップやスタンプラリー、キャラクターグッズの製作などバックアップしている。各お店のバーガーは統一の包装紙に包まれて提供される。

地　鶏

- **阿波尾鶏**　体重：平均3,200g。県の農林水産総合技術支援センターが、徳島県内で古くから飼われていた大型で肉質が良い強健な軍鶏を改良した阿波地鶏を父として、ブロイラー種の白色プリマスロックと掛け合わせて作り出した鶏。エネルギッシュで健康的な躍動感で有名な徳島の踊りの"阿波踊り"と、尾羽の美しさから"阿波尾鶏"と命名された。専用飼料にヨモギや、炭焼きのときに発生する「木酢液」を主原料とした地養素を添加し、甘味とコクがあり、低脂肪で鶏肉特有の臭みがない。肉質は、やや赤みがかった肉色で、適度な歯ごたえがあり、旨み成分のグルタミン酸が多いことが特徴。平飼いで飼養期間は80日以上。JASの地鶏認定国内第一号の鶏。貞光食糧工業、オンダン農業協同組合が生産する。

銘柄鶏

- **地養鶏** 体重：雄平均3,000g、雌平均2,900g。飼料に、炭焼きのときに発生する「木酢液」を主原料とした地養素を配合することで、鶏肉特有の臭みが少なく、肉質は光沢と弾力性に富む。平飼いで飼養期間は平均55日。白色コーニッシュの雄と白色プリマスロックの雌を交配。阿波尾鶏を生産する貞光食糧工業が生産する。

- **地養赤どり** 体重：雄平均2,800g、雌平均2,700g。飼料に地養素と生菌を配合することで、鶏肉特有の臭みが少なく、赤どり特有の肉のしまりと食感と旨味がある。平飼いで飼養期間は60日以上。白色コーニッシュ、レッドコーニッシュ、ニューハンプシャーを交配した雄と、プリマスロックの雌を掛け合わせた。阿波尾鶏を生産する貞光食糧工業が生産する。

- **彩どり**（いろどり） 体重：平均3,000g。飼料の主原料は非遺伝子組換え作物を中心に使い、健康な鶏を育てるためにEM菌と生薬を添加。平飼い。鶏種はチャンキー。オンダン農業協同組合が生産する。

- **神山鶏** 体重：雌平均3,000g。飼料の主原料は非遺伝子組換えの植物性原料を主体として使用し、全飼育期間無薬の専用飼料を与える。雌だけを平飼いし、飼養期間は平均70日。白色コーニッシュの雄に白色ロックの雌を交配。イシイフーズが生産する。

- **阿波すだち鶏** 体重：雄平均3,200g、雌平均2,800g。鶏の健康を考えて専用飼料に納豆菌やビフィズス菌、酪酸菌などの善玉菌を添加し、また、オリゴ糖、キトサン、酢橘、茶葉も配合することで、全飼養期間無薬で育てた。飼養期間は平均53日。白色コーニッシュの雄に白色ロックの雌を交配。イシイフーズが生産する。

たまご

- **究極のたまごかけごはん専用たまご** 太陽の恵みをたっぷり受ける徳島の気候のもと、鶏の健康と自然な美味しさを目指したTKG専用卵。天然成分と有機飼料を加えており、濃厚で箸でつまめるほどしっかりした卵黄と、強い濃厚卵白でご飯や醤油の風味も活かすまろやかなコクと旨味が特長。小林ゴールドエッグが生産する。

- **木屋平高原放し飼いたまご** 緑豊かな高原で育った健康な鶏の卵。標高

400mの木屋平高原のお茶畑と柚子畑の間で、11種のこだわった自家配合の飼料と高原の清水でのびのびと育つ。茶葉や野草もついばむのでくせのないあっさりとした風味の卵。小林ゴールドエッグが生産する。

県鳥

シラサギ、白鷺（サギ科） コサギとチュウサギ、ダイサギを総称して"シラサギ"とよぶ。英名Little Egret。夏鳥、一部留鳥。サギの名の由来には諸説あるが、サギが集団繁殖の際、やかましく騒ぎ立てることを"さやぎ"といい、これが略されて"サギ"になったとする説が有力なようだ。また、鷺の文字は、羽の色が白露のような白く清んだ濁りのない白に由来し"路"に"鳥"を合わせたといわれている。小松島市周辺に多数棲息している。シラサギの美しい純白の姿が、平和のシンボルとして県鳥に制定された。チュウサギは準絶滅危惧（NT）。

37 香川県

▼高松市の1世帯当たり年間鶏肉・鶏卵購入量

種類	生鮮肉 (g)	鶏肉 (g)	やきとり (円)	鶏卵 (g)
2000年	40,582	11,182	1,152	33,775
2005年	38,334	11,942	2,098	29,307
2010年	41,162	14,292	1,082	28,192

　香川県の畜産関係では、讃岐牛・讃岐夢豚・讃岐コーチンを、「讃岐三畜」といわれているほど、畜産関係にも力を入れている。讃岐牛は、香川県産の黒毛和牛を、瀬戸内海の暖かな風土の中でのびのびと飼育したもので、美味しい霜降り肉が形成されている。讃岐夢豚は、肉質のよいバークシャー種をイギリスから導入し、香川県畜産試験場が開発したものである。脂肪は白くて甘味があり、肉質はやわらかい。讃岐コーチンは、中国原産のコーチンをもとに、香川県畜産試験場が開発したものである。低脂肪・低カロリーのヘルシー鶏肉として知られている。

　讃岐コーチンのほかの香川県の地鶏・銘柄鳥には、愛菜鶏・こだわりチキン・瀬戸味わいどり（生産者：三栄ブロイラー販売）、阿波の地どり（生産者：まるほ食品）などがある。三栄ブロイラー販売は、それぞれのブランド鶏の飼料を特徴づけて飼育している。

　2000年、2005年、2010年の高松市の1世帯当たりの生鮮肉の購入量は、2005年のそれが、2000年と2010年に比べると少ない。高松市の家庭の生鮮肉の購入量は、松山市の家庭より少ないが、その他の県庁所在地の家庭の生鮮肉の購入量とは大差がない。高松市の1世帯当たりの鶏肉の購入量は2000年よりも2005年、2005年よりも2010年と増えている。

　高松市の1世帯当たりの鶏卵の購入量は2000年から2005年、そして2010年へと減少している。畜産が盛んな地域であるけれどもやきとりの購入金額は少ない。

四国地方

知っておきたい鶏肉、卵を使った料理

- **釜玉うどん** 讃岐うどんのメニューの一つで、茹で上げたばかりのうどんに、生卵をからめ、だし醤油をかけて、小口切りの細ねぎを散らして食べる。うどんの熱で半熟になった卵が格別。うどんの消費量日本一の県ならではの料理。香川では大晦日に「太く長く（健康長寿）」を願って"年越しそば"ならぬ"年越しうどん"を食べる習慣がある。また、2009（平成21）年には"年明けうどん"も提唱されている。
- **たまごのてんぷら** 讃岐うどんのお店で人気の具で、半熟卵に衣を付けて油で揚げる。
- **きも玉焼き** 高松市、讃岐地方のお好み焼きで、鳥レバーと半熟卵が特徴。特製ソースを塗って食べるが、青のりは使わない。
- **しっぽくうどん** 讃岐の秋冬の代表的な郷土料理。茹でたうどんの上に、鶏肉や季節の野菜などを煮込んだ汁を掛ける。
- **骨付鳥** 丸亀市周辺で提供される鶏料理。塩で味を付けた骨付きの鶏もも肉をオーブンで焼いた名物料理で、皮はぱりっと香ばしく焼け、肉汁があふれジューシーに仕上がっている。深い味わいのコクと歯ごたえが楽しめる"親鳥"と、やわらかくジューシーで食べやすい"ひな鳥"が選べる。
- **雪の朝** 丸亀の郷土料理。水気を絞った大根おろしを醤油と酢で味を付け、中央をくりぬき、そこへ卵を割り入れて提供される。食べるときに混ぜ合わせていただく。明治末期に生まれた。

地 鶏

- **地鶏瀬戸赤どり** 体重：雄平均3,500g、雌平均3,300g。植物性原料のみの専用飼料にハーブを配合。肉色は透明感あふれる美しいほのかな桜色で、脂肪は純白に近い色合い。美しい高品質な鶏肉。平飼いで飼養期間は80日。ロードアイランドレッドを交配。カワフジが生産する。
- **讃岐コーチン** 体重：雄平均3,300g、雌平均2,700g。香川を代表するおいしいブランド"讃岐三畜（讃岐牛、讃岐夢豚）"の一つ。中国のコーチンを香川で改良した香川エーコク、この血統を引き継いだ鶏を県畜産試験場が交配して作出。コーチン譲りの優れた肉質と心地よい歯ごたえ、

そしてコクに富み、低脂肪、低カロリー。健康維持に不可欠なビタミンB₁、リノール酸が多く含まれている。平飼いで飼養期間は80日以上。讃岐コーチン生産組合が生産する。

銘柄鶏

- **讃岐赤どり** 体重：雄平均3,400g、雌平均3,300g。四季を通じて温暖で少雨、気候温和な明るい瀬戸内の気候の中で専用飼料を与えて育てあげたヘルシーな赤どり。肉は旨味成分を十分に閉じ込めた上質な歯ごたえがあり、高タンパク、低脂肪、低カロリーな鶏肉。平飼いで飼養期間は75日。ロードアイランドレッドの雄に、ロードアイランドレッドとロードサセックスを交配した雌を掛け合わせた。カワフジが生産する。

たまご

- **健21** すこやか21。卵の殻一つひとつに賞味期限と生産農場名を天然色素で印字してあるので安心できる卵。サルモネラワクチンだけでなく、専用飼料にはプロバイオティクス技術を使ったノーサンヘルシースイートを加えて二重三重のサルモネラ対策をしている。また、香川県産の孟宗竹の「竹酢液」と「竹炭」の配合により美味しい卵になる。四国ノーサンエッグが生産する。
- **カマタマーレ応援たまご** JFL所属の香川県のサッカーチーム「カマタマーレ讃岐」を応援する卵。専用飼料に小豆島産のオリーブの葉の粉末を使った地産地消の卵。売り上げの一部はチーム強化費に使用される。また、いろいろなキャンペーンも行われる。四国ノーサンエッグが生産する。

県鳥

ホトトギス、杜鵑（カッコウ科） 英名 Little Cuckoo。英名も体格と鳴き声から付けられており、小さなカッコーの意味。夏鳥。"ほととぎす"の名は、鳴き声に由来する。今は"テッペンカケタカ"と鳴くとされているが、昔の人は"ホットッホトトギ"とか"ホットットキトキ"と聞き、それがつまり"ホトトギ"となり、鳥を意味する"ス"が付いたといわれる。古くから歌や詩に多く詠まれている。香川県内に広く棲息し、繁殖している。

38 愛媛県

▼松山市の1世帯当たり年間鶏肉・鶏卵購入量

種 類	生鮮肉 (g)	鶏肉 (g)	やきとり (円)	鶏卵 (g)
2000年	43,582	12,669	1,751	39,582
2005年	40,147	12,169	1,778	37,915
2010年	42,443	13,997	1,364	36,933

　愛媛県の銘柄食肉関係では、「愛媛甘とろ豚」と「媛っこ地鶏」がよく知られている。甘とろ豚は中ヨークシャー種を種豚とし、やわらかな肉質とジュージーな赤身、美味しい脂身の美味しい豚である。媛っ子地鶏は、四元交配の愛媛特有の地鶏。みかん畑に囲まれたストレスのないところで飼育した鶏である。その他の地鶏・銘柄鶏には、伊予赤どり（生産者：JAえひめフレッシュフーズ）、伊予路しゃも、浜千鶏がある。平飼いでストレスをあたえないように飼育し、飼料はそれぞれの生産者が工夫、開発したものを投与している。

　2000年、2005年、2010年の松山市の1世帯当たりの生鮮肉、鶏肉の購入量は、2000年よりも2005年が少なく、2005年よりも2010年が多い。しかし、松山市の家庭の生鮮肉、鶏肉の購入量は、四国圏内では最も多い。鶏卵の購入量も200年よりも2005年が少なく、2005年よりも2010年が多い。鶏卵の購入量は、四国圏内では最も多い（全国でも2位になる程）。

　松山市の1世帯当たりのやきとりの購入金額は2000年から2005年、2005年から2010年へと減少している。やきとりの購入金額は高知市に比べれば少ない。

知っておきたい鶏肉、卵を使った料理

- **今治の焼き鳥**　今治の焼き鳥は、串に刺さないで鉄板で焼くことが特長の焼き鳥。鉄板焼は、焼きに加えて、蒸す、揚げるという要素が加わり、味のバラエティーが広がる。とくに鉄板で焼く"鳥皮"は絶品。今治は、造船業が盛んで鉄板加工には不自由しなかった。造船やタオル製造の労

働者にとって"鉄板焼き鳥"は、安くて美味しくて胃袋を満たしてくれると爆発的な人気をよんだ。今治市は、北海道の美唄市、室蘭市、福島県福島市、埼玉県東松山市、山口県長門市、福岡県久留米市とともに"日本七大やきとりの街"といわれている(焼き鳥については付録3も参照)。

- **せんざんぎ** 鶏のから揚げのルーツといわれる料理。骨付きの鶏肉に下味を付けてから揚げにする。名前は「鶏肉を小さく千個に切るので"千斬切り"」に由来するとする説と、「昔、近見山の雉肉を使ったので"せん山雉"」とする説、「千さんが考案した雉料理の"千さん雉"」とする説、「中国料理の骨付き肉のから揚げ"軟炸鶏(エンザーチ)"」とする説などがある。
- **ざんぎ** 新居浜市で提供される鳥のから揚げの別称で、今治の"せんざんぎ"が語源とも、製塩で交流のあった北海道が語源ともいわれている。
- **焼き豚卵飯** 今治市内の中華料理屋のまかない料理として40年前に生まれ、現在は市内の60店で提供されているご当地グルメ。各店ごとに焼き豚の部位や味の工夫があるが、基本は、スライスした煮豚と半熟の目玉焼き(二個玉)を、丼ではなくて、平皿のご飯の上に載せ、甘辛の煮豚のたれを掛けてつくる。
- **揚げ足鳥** 四国中央市、骨付きの鳥もも肉を一本そのまま揚げた料理。旧川之江市の屋台で提供されていた。味付けはガーリック風味が多い。
- **岩石卵** ゆで卵を白身と黄身に分け、白身は粗く刻み、黄身は裏ごしし、両方を砂糖と塩で味付けして合わせ、型に入れて蒸し固めた黄色と白が美しい料理で、桃の節句に作られる。
- **二重巻き** かんぴょうやごぼう、ちくわなどの具を海苔で巻いた太巻きを、さらに薄焼き玉子で巻いた巻き寿司。お花見の弁当などに使われる。

卵を使った菓子

- **タルト** 愛媛県松山市の郷土菓子。江戸時代前期の初代松山藩主松平定行が、長崎で食したポルトガル菓子が気に入り、柚子の香りのするこし餡を、やわらかいカステラ生地でロール状に巻いたのがタルトの始まりといわれる。カットすると包んだ餡が"の"の字を描く。タルトの名は、ポルトガル語のタルタ(taart)に由来し、一般の果物やジャムなどを載せて焼いたパイ菓子のフルーツタルトと同じ語源だが、外観はパイ生

地とスポンジ巻でかなり異なる。
- **鶏卵饅頭** 今治の銘菓。タルトとともに愛媛を代表する和菓子。水を使わず卵だけで小麦粉と砂糖を練った生地で、漉し餡を包んだ蒸し菓子。普通の饅頭より小さく直径2cmほどで、一口で数個頬張ることができる。"鶏卵饅頭"に「巴」の焼印を両面に押したものが"焼鶏卵饅頭"。1790（寛政2）年創業の一笑堂が作る。
- **母恵夢**（ぼえむ） 地元で長年愛されている銘菓。"母恵夢"は、戦後復興の時代1950（昭和25）年に西洋の香りがする上品な和菓子として"バター万十"という名で誕生した。今の名前に替えたのは、フランス帰りの画家が「ポエムの味、ポエムの香りがする」と絶賛したことによる。卵黄たっぷりの黄身餡を、小麦粉と卵、バターの口溶けの良い皮で包んで、側面の綺麗な卵色を残しつつ天面はきつね色に焼き上げたお菓子。

地鶏

- **伊予路しゃも** 地鶏。体重：平均2,400g。脂肪分が少なくヘルシーで、かしわ肉独特の風味と歯ごたえがある。強健なので果樹園や遊休地での放し飼いに適している。飼養期間は平均120日と長い。県の養鶏研究所が、軍鶏の雄に、ロードアイランドレッドと名古屋コーチンを交配した雌を掛け合わせて開発。愛媛県養鶏研究所が生産する。
- **媛っこ地鶏** 体重：平均2,800g。専用飼料に蜂蜜やバター、地元産のシラスやちりめんじゃこなどを加えて飼育。県の養鶏研究所が、美味しい鶏肉をお手頃価格で提供するために、軍鶏とロードアイランドレッド、名古屋コーチンを交配した雌（伊予路しゃもの雌）に、白色プリマスロックの雄を掛け合わせて作出した。ストレスをかけずにそれぞれの鶏の長所を凝集させた歯ごたえが特長で、幅広い年齢層に好評を得ている。平飼い、もしくは放し飼いで飼養期間は80日以上150日。媛っこ地鶏振興協議会が生産する。
- **奥伊予地鶏** 体重：平均3,000g。むね肉ともも肉はともに筋肉がキメ細やかで、ぱさつきがなくジューシーな肉質。レッドコーニッシュの雄とロードアイランドレッドの雌を交配したはやま地鶏を掛け合わせる。平飼いで飼養期間は平均85日。ビージョイや奥伊予ブロイラーが生産する。
- **道後地鶏** 体重：平均3,000g。横斑プリマスロックの雄と白色プリマス

ロックの雌を交配した、羽色の縞模様が綺麗な卵肉兼用種。平飼いで飼養期間は平均105日と長い。肉質は適度なしまりと地鶏の旨味が多いので、焼き物、煮物、鍋に適する。工藤舎が生産する。

銘柄鶏

- **浜千鶏** 体重：平均2,900g。自然と共存できる畜産にこだわり、有効土壌微生物群を給与し、ストレスのない快適な畜舎環境の中で健康的に飼育。鶏特有の臭みがなくあっさりとした美味しさ。平飼いで飼育期間は平均60日。鶏種はチャンキー。愛媛マルハが生産する。

たまご

- **媛そだち** 専用飼料に愛媛県産のみかんの果皮を加えた飼料で産まれた卵。鮮やかな"みかん色"の黄身が特長。自社の衛生検査センターの専門スタッフが毎日卵質と細菌検査を実施。JAえひめフレッシュフーズが販売する。
- **媛っ子みかんたまご** 専用飼料に愛媛県産のみかんの果皮を加えた飼料で産まれた卵。ビタミンEは普通の卵の7倍、果皮由来のβ-クリプトキサンチンも多い。鮮やかな"みかん色"の黄身も特長。東予養鶏が生産する。

県鳥

コマドリ、駒鳥（ツグミ科） 夏鳥、英名 Japanese Robin。首から頭部が橙色の地味だが綺麗な小鳥。名前は、鳴き声「ヒンカラカラカラ」が、馬のいななきに似ているので駒鳥とよばれる。鳴声は美しく、ウグイス、オオルリとともに日本三名鳥といわれる。石鎚山系に多数生息している。奈良県も県鳥に指定。

39 高知県

▼高知市の1世帯当たり年間鶏肉・鶏卵購入量

種類	生鮮肉 (g)	鶏肉 (g)	やきとり (円)	鶏卵 (g)
2000年	34,538	10,527	1,751	32,681
2005年	36,766	11,179	1,733	30,276
2010年	34,325	11,283	1,812	27,850

　高知県は、水産業ばかりでなく畜産業も盛んであった。豚では「窪川ポーク米豚」、牛では「土佐あかうし」などのブランドものがある。

　地鶏は土佐はちきん地鶏、土佐ジローが有名である。土佐はちきん地鶏は、高知原産の地鶏「土佐九斤（コーチン）」と大軍鶏を掛け合わせた雄と、白色プリマスロックの雌の交配によってつくられた肉専用の地鶏である。肉質はしまっていて余分な脂肪はついていない。鍋料理に向いている。土佐ジローは、天然記念物の「土佐地鶏」を親にもつ地鶏で、うま味が凝縮されている。卵肉兼用の地鶏である。卵は小ぶりだが、卵黄の割合が多く、濃厚な味わいを楽しめる。土佐ジローの生産者は、高知県土佐ジロー協会である。

　銘柄鶏には、四万十鶏（生産者：高知県食鶏農業協同組合）がある。

　高知県の地鶏の食べ方は、しゃもすき鍋が有名である。キジは雉鍋、カモは鴨鍋がある。

　2000年、2005年、2010年の高知市の1世帯当たりの生鮮肉の購入量は、2005年が最も多いが、松山市の家庭よりも少ない。鶏肉の購入量は、2000年よりも2005年、2005年よりも2010年と多くなっているが、松山市の家庭よりも少ない。鶏は鍋で食べることの多い高知市だから購入量は多いように思うが、もしかしたら、農家で処理し、近所に分けているかもしれない。

　やきとりの購入金額は2000年より2005年が少なく、2005年より2010年が増えている。金額から推察するところ、4人家族の家庭なら、一人3本を食べるとすると、年に1回ほどしか購入しないのではないかと思われる。

知っておきたい鶏肉、卵を使った料理

- **きじ鍋** キジのガラでとったスープに季節の野菜やキノコを入れる。キジ肉はしっかりとした歯ごたえがあり、噛むとコクのある旨味が口中に広がる。脂肪分が少ないので高たんぱく低カロリー。高知には昔から野生のキジも多く生息し、また江戸時代には土佐藩にキジを献上していたので、キジを使った料理は身近だった。

- **きじ丼** 高知のご当地グルメ。冬がハイシーズンだが、梼原町（ゆすはら）では通年味わえる。梼原は日本三大カルストの四国カルストに抱かれ四万十川の清流の豊かな自然が売り物。この環境の中で「梼原町きじ生産組合」がキジを飼育している。ゆったりとしたスペースの平飼いで約8カ月間飼育する。きじ肉は、しっかりとした歯ごたえがあり、旨味が濃厚な野趣あふれる丼。

- **しゃもすき鍋** 甘辛いすき焼き風のスープに骨付きのぶつ切りの軍鶏肉と季節の野菜やキノコを入れる。もみじ（足の趾［指］の形が葉のもみじに似るので）からとったスープに、さらに骨からもスープが出て旨味が倍増する。肉質は身がしまっており鶏本来の旨味がたっぷり楽しめる。野菜も豊富で食べ応えがある。とくに、坂本龍馬が生まれた南国市では、いろいろなしゃも料理が堪能できるように"シャモ鍋社中"を結成している。

- **かも鍋** 鶏王国土佐では鴨も食されていた。鴨肉は、ほど良い歯ごたえと旨味があり、脂が特徴的。季節の野菜とキノコ類、そしてシャキシャキした食感の青ネギは欠かせない。鴨から出るだしが美味しい。

- **脱藩定食** キジ肉を使った梼原町のご当地グルメ。使うキジ肉は、四国カルストに抱かれ四万十川の清流の豊かな自然の中で飼育されている。このキジ肉を炊き込んだキジ飯や、地元で採れる山菜や季節の野菜、地元産のそばなど地元の食材をふんだんに使った定食。

- **土佐はちきん地鶏そぼろ弁当** 人気の駅弁。"はちきん"は土佐弁で"男勝りで前向きな女性""さばさばした女性"というような意味のようだ。蓋を開けると、対角線で仕切られ右上半分には黄色い錦糸玉子が敷かれ、その上には焼き鳥が2つ載る。左下半分には鳥のそぼろが載り、錦糸玉子との境には緑の蒸したピーマンのラインが引かれる。そして、そぼろ

の上にも赤ピーマンと黄色いピーマンのラインが引かれる、なんとも色合いの良い弁当。高知県はピーマンの生産量は全国3位。

- **どろめの卵とじ**　高知では、鰯の稚魚の「生しらす」を「どろめ」とよび、頻繁に食卓に上る。この新鮮などろめを卵でとじて食す。生のどろめが無いときは、しらす干しを湯通しして塩抜きをして使う。毎年4月、香南市では豊漁と安全を祈り大杯になみなみと注がれたお酒を一気に飲み干す「どろめ祭り」が行われる。
- **はちきんカレー**　土佐はちきん地鶏を使ったご当地カレー。軍鶏とコーチンの血を引く土佐はちきん地鶏、その旨味と丹念に炒めた玉ねぎのコク、ジャガイモとニンジンの甘味が溶け込んだ通好みのカレー。ガラムマサラを利かせニンニクと生姜の香りがする辛口のチキンカレーで隠し味にコーヒーを使っている。レトルト製品も売られている。
- **土佐維新バーガー**　ご当地グルメ。龍馬が好んだ軍鶏の血を引く"八斤地鶏"と、岩崎弥太郎の出身地、安芸産の米茄子をパテにして、お好み焼き風の厚めの生地でサンドしたハンバーガー。味付けは、中岡慎太郎の出身地の北川村産の柚子を使ったマヨネーズ。玉子焼きも挟まりボリュームがある。高知自動車道の南国サービスエリアで販売されている。

卵を使った菓子

- **土佐ジロープリン**　1982（昭和57）年に高知県畜産試験場で誕生した"地鶏"の土佐ジローの卵で作ったプリン。"土佐ジロー"は、高知原産で国の天然記念物にも指定されている"土佐地鶏"の雄と、在来種の"ロードアイランドレッド"の雌を交配した。卵は、一般の鶏卵より小さいが、卵黄の割合が大きく、ビタミンEやカロテンが多い。県土佐ジロー協会が品質の維持管理などを行っている。
- **ぼうしパン**　帽子の形をしたご当地パン。メロンパンを作る時に丸めたパン生地の上からかけたビスケット生地が鉄板に広がって、ちょうど帽子のつばのように焼きあがった。この偶然から生まれたといわれる。その後、ビスケット生地をカステラ生地に変更して、現在の、中がふわふわで外がサクサクの形になった。当初は"カステラパン"という名前だったが、いつしか"ぼうしパン"のほうが定着した。「アンパンマン」で有名な高知県出身の漫画家やなせたかし氏によるキャラクターには

「ぼうしパンくん」がいる。

地　鶏

- **土佐はちきん地鶏**　体重：雄平均3,000g、雌平均2,500g。高知県は県原産の日本鶏を8品種ももつ世界に冠たる鶏大国。その中から土佐九斤（くきん）をもとに作出。ブロイラーとは異なりほど良い歯ごたえがあり、脂肪が少なくヘルシー。肉にしまりがあり旨味成分のアミノ酸が失われにくい。開放鶏舎の平飼いで専用飼料を給与し、飼養期間は平均85日。土佐九斤と大軍鶏を交配した雄に白色プリマスロックの雌を掛け合わせた。むらびと本舗が生産する。"はちきん"は土佐弁で"男勝りで前向きな女性""さばさばした女性"というような意味のようだ。
- **土佐ジロー**　体重：雄平均1,500g、雌平均1,200g。1982（昭和57）年、県畜産試験場が高知県原産の天然記念物"土佐地鶏"の雄とロードアイランドレッドの雌を交配して開発。在来鶏100％の鶏。県畜産試験場が生産した種卵から孵化したヒナだけが"土佐ジロー"になる。飼養期間は150日以上と長い。1m²当たり10羽以下で飼育。肉質は脂が少ないものの、味が濃厚で歯ごたえがあり美味い。県土佐ジロー協会が品質の維持管理などを行っている。

銘柄鶏

- **四万十鶏**　体重：平均3,000g。独自の専用飼料に木酢、海藻、よもぎなどを加えて、ほど良い歯ごたえでやさしい甘味をもつ、高タンパク、低カロリーな鶏肉。通常のブロイラーよりコレステロールが10％低い。平飼いで飼育期間は50日。コーニッシュの雄に白色ロックの雌を交配。高知県食鶏農業協同組合が生産する。

たまご

- **土佐ジローの卵**　地鶏の卵。県の畜産試験場が開発した"土佐ジロー"は、美味しい肉だけでなく美味しい卵も採れる「卵肉兼用種」。卵は一般の鶏卵より小さいが、卵黄の割合が大きく濃厚で、ビタミンEやカロテンが多い。卵黄の色は、季節によって与える餌が違うので、また放し飼いなので一羽一羽の餌の好みで色は変わる。卵の殻の色は基本的に

桜色。県土佐ジロー協会が品質の維持管理などを行っている。
- **コロンブスの茶卵**　四万十川の上流の緑に抱かれた高原の町、四万十町で産まれた卵。植物性原料の飼料に有機微生物や緑茶、海藻などを加えた。卵の嫌な生臭さがなく驚くほど透明で美しい弾力のある白身と盛り上がった旨みのある黄身。ぶらうんが生産する。この卵を使ったスイーツも販売。

その他の鳥

- **七面鳥**　中土佐町の七面鳥生産組合が生産する特産品。3月頃に産まれた卵を孵化させて、年末のクリスマスシーズンに出荷する。飼料には町内でとれた新鮮な野菜や米を混ぜて与える。四万十川の恵みを受けた高南台地にある大野見地区では、1960年ごろから七面鳥の生産が始まった。肉質は淡白でやわらかく高たんぱく低カロリー（付録1参照）。
- **キジ肉**　肉質は、しっかりとした歯ごたえがあり、濃厚な旨味が特徴。また、脂肪分が少なく高たんぱく低カロリーでミネラルを多く含む。キジ鍋が有名だが、すき焼きやしゃぶしゃぶ、オーブンでローストしても美味しい。キジ肉は、江戸時代、土佐藩主に献上していた。「本川きじ生産組合」は、標高700mの高地の美しい自然の中で、吉野川の源流水をキジに与え、徹底した衛生管理の下、キジの飼育を行っている。また、「梼原きじ生産組合」は、日本三大カルストの四国カルストに抱かれ四万十川の清流の豊かな自然の中でキジを飼育している。ゆったりとしたスペースの平飼いで約8カ月間飼育する。キジ肉の他に鍋や丼のセット、燻製やソーセージ等の加工品も通信販売で購入することができる。南国市後免町の「ごめんシャモ研究会」が軍鶏の生産と肉の販売を行っている。

県鳥

ヤイロチョウ、八色鳥（ヤイロチョウ科）　英名 Fairy Pitta。夏鳥で、インド、インドシナ、スマトラなどから5月ごろ県西部に飛来し繁殖する。雌雄同色。八色は、たくさんの羽の色をした鳥の意味で、頭部は栗色、目の上はクリーム色、喉元は白、胸は淡いレモン色、お腹は赤色、背中は緑、肩は光沢のある明るい青と美しい鳥。絶滅危惧IE類（EN）。

40 福岡県

▼福岡市の1世帯当たり年間鶏肉・鶏卵購入量

種 類	生鮮肉 (g)	鶏肉 (g)	やきとり (円)	鶏卵 (g)
2000年	49,953	16,626	1,355	31,290
2005年	47,323	15,900	1,136	26,643
2010年	46,440	17,391	1,597	27,310

　福岡市は北は響灘・玄界灘、北東は周防灘、南西は有明海に面し、珍しい魚介類やフグのような高級魚などの豊富な地域である。平野も多く、コメや野菜の栽培にも適している。物流システムが速くなったので、福岡の果物や野菜は関東の市場へ空輸されるようになった。

　福岡の名物料理には、「博多水炊き」がある。「博多煮」、単に「水炊き」ともいわれる。現在は福岡県の郷土料理となっている。もともとは、中国の料理が博多で日本化したといわれている。長崎の鶏の「塩煮」が原型という説もある。水炊きは、鶏肉を水から煮込む、手軽な鍋料理として、博多から全国各地に普及した。水炊きの本来の意味は調理をしないで、煮た鍋のことであり、しゃぶしゃぶも水炊きの一種であるとの説もある。1911（明治44）年に、博多の新三浦の初代・本田次作が、中国料理をヒントに水だけで鶏肉を煮る料理を生み出したといわれている。福岡の代表的料理が鶏肉の水炊きであるためか、総理府の「家計調査」を見ても、福岡の鶏肉の購入量は多いことに気がつく。

　がめ煮は、筑前煮・筑前炊きともいう。魚や鶏肉と、野菜類を炒めてから煮込んだもので、博多の名物である。禅宗料理の影響を受けた煮物である。

　福岡の地鶏・銘柄鶏には、筑前秋月（あきづき）どり古処鶏（こしょけい）（生産者：チキン食品）、はかた地どり（生産者：JAふくれん）、博多華味鳥（はなみどり）（生産者：トリゼングループ）、博多華味鳥レッド90、華味鳥、華味鳥レッド90、福岡県産のはかた一番どりなどがある。

　2000年、2005年、2010年の福岡市の1世帯当たりの生鮮肉、鶏肉購入

量は、2000年に比べて2005年の購入量が少なく、2010年の購入量は2005年のそれより少なくなっている。福岡市の1世帯当たりの鶏肉の購入量は、2005年が多く、2000年と2010年の購入量は少ない。福岡市の1世帯当たりの生鮮肉、鶏肉の購入量は、九州圏の各県庁所在地の購入量と大きな差はないが、九州圏を除くほかの各都道府県庁の購入量に比べると多い。(全国では1位になった)やきとりの購入金額は九州圏の以外の地域と大差はない。

知っておきたい鶏肉、卵を使った料理

- **水炊き** 福岡を代表する郷土料理。明治時代に、洋風と中華風を加味して作られた料理。鶏がらから取った白濁鶏がらスープで、骨付きの鶏もも肉のぶつ切りを茹でている間、鍋のスープを器に取り、ねぎと塩で味を付けて、まずはスープを味わい、その後、鶏肉をポン酢などで味わい、その後、いろいろな野菜を煮ながらポン酢で食べる。最後にご飯と溶き卵で作る雑炊が美味。
- **かしわうどん** ご当地グルメ。うどんの上に砂糖と醤油で甘辛く煮た細切りの鶏肉が必ず載る。駅の立ち食いのうどん屋でも「かしわ抜き」と言わない限りかしわが載ってくる。県内でも地域によって麺、汁、肉の味付けも異なる。佐賀県が発祥ともいわれている。なお、福岡のうどんは軟らかいほど美味しいといわれる。うどんは、鎌倉時代に中国から福岡に伝わった麺料理が、福岡で日本独特の発展をして全国に広まったといわれている。
- **かしわめし** 郷土料理。鶏肉とささがきごぼう、にんじんを混ぜて炊いたご飯で、かつては、大切なお客様やお祝いの際に各家庭の庭先で飼っていた鶏をつぶして作ったおもてなし料理。
- **かしわめし(駅弁)** 昔から愛される名物駅弁。1921(大正10)年創業の東筑軒が作る。折尾駅、直方駅が有名。秘伝の鶏肉のだしでご飯を炊き、その中央に鮮やかな黄色の錦糸卵が敷かれ、左右に鶏そぼろときざみ海苔が載る。鶏肉も美味しいがそれ以上にご飯が美味しいと評判。二段重になった豪華な「大名道中駕籠かしわ」からお子様向けの「ピヨちゃんかしわ」まで、副菜やご飯の量の違いで5種類あり、大人から子どもまで味わえるようになっている。また、2月14日のバレンタインデ

一向けの錦糸玉子でご飯の上にハートを描いた季節限定のお弁当も作る。
- **そうめんちり**　前原地区の山間部に昔から伝わる郷土料理。農繁期に向けて精をつけるために、庭先で飼っていた貴重な鶏と、また、当時非常に貴重だった砂糖を使う。鶏がらのスープで鶏肉、野菜、こんにゃく、焼き豆腐などを煮て、醤油、みりん、砂糖で味を調え、素麺を入れて食す。この地区には、お盆に素麺を仏前に供える習慣があり、盆が終わり、供えた素麺を使って作られたのが始まりといわれている。
- **すいだぶ**　福岡県の郷土料理。昆布だしに干し椎茸、ごぼう、にんじん、揚げ豆腐、玉麩、季節の野菜など具がたくさんの汁物で、汁にとろみがあり"だぶだぶ"しているから「すいだぶ」といわれるとも。桃の節句、端午の節句、七五三、お盆などの行事に欠かせない料理で、お祝いには鶏肉が使われた。
- **柳川鍋**　江戸時代からの郷土料理。ドジョウを使った鍋料理で、ささがきごぼうを濃い目の割り下で煮込み、どじょうを入れ、最後に卵でとじる。どじょうの薬効は、胃腸や貧血、スタミナをつけるといわれる。田植えが終わった頃からが旬。料理名の"柳川"が、地名が同じなので、柳川の名物になった。
- **久留米のやきとり**　鶏以外に、豚、牛、馬、魚介類、野菜の焼き物も、串に刺さっていれば久留米では"やきとり"とよばれる。基本はたれを使わない塩焼き。肉と肉の間には、長ねぎではなくて玉ねぎが刺してある。一緒に出てくる付け合わせの定番は、お酢のたれを掛けた生のキャベツ。久留米市は、北海道の美唄市、室蘭市、福島県福島市、埼玉県東松山市、愛媛県今治市、山口県長門市とともに"日本七大やきとりの街"といわれており、人口に対するやきとり店の数は日本一多い。
- **博多のやきとり**　鶏肉と鶏肉の間に長ネギが刺してある"ネギマ"はない。代わりに玉ねぎが串に刺してある。また、ザク切りキャベツの上に載って提供される場合が多い。突き出しの定番も酢のたれの掛かったザク切りキャベツで、基本的にお代わりは自由。久留米と同じように鶏以外の豚なども提供される（やきとりについては付録3も参照）。

卵を使った菓子

- **鶏卵素麺**　卵と砂糖だけで作る昔から福岡に伝わる南蛮菓子。沸騰した

糖蜜の中に卵黄を糸状に細く流し込み固める。形が素麺に似るので"鶏卵素麺"とよばれる。ポルトガルのお菓子"フィオス・デ・オヴォス（卵の糸）"に由来するといわれている。旧黒田藩御用達御菓子司の「松屋利右衛門」などが作る。綺麗な卵黄色の鶏卵素麺を口に入れた瞬間、たっぷりの蜜とともにコクのある卵の風味が口中に広がり幸せになれる。

- **鶴乃子** 明治38年創業の「石村萬盛堂」が作る福岡で100年以上愛されている銘菓。卵白や砂糖、ゼラチンで作った卵形の白いマシュマロの中に、風味の良い黄身餡を入れたお菓子。鶴の顔を描いた優しい丸みのある卵形の箱に入っている。当初、鶏卵そうめんの製造で残った卵白の活用から発想したといわれる。また、製法や素材をさらに吟味した皇室へ献上している「献上鶴乃子」もある。

- **ひよ子** 明治30年創業の筑豊飯塚の菓子舗「吉野堂」が作る銘菓。屋号の「吉野」は桜の"染井吉野"に由来する。飯塚は、江戸時代に海外に開かれた長崎の出島から砂糖を運んだ長崎街道、通称"シュガーロード"が通っており、早くから菓子文化が芽生えていた。また、明治時代には炭鉱で栄え、重労働のエネルギー源として砂糖が好まれた。このような環境の中で長年愛される"ひよ子"は誕生した。九州産の小麦と卵、砂糖で作った生地の中に、卵黄とインゲン豆の餡を入れたヒヨコの形が可愛らしい饅頭。春限定の桜餡を使った"桜ひよこ"もある。

- **二〇加煎餅** 博多銘菓。博多"にわか"（仁和加）は、博多弁で面白おかしく風刺を利かせて喋り、最後の"落ち"を効かせて聴衆を笑わせたり、気分爽快にする、商人の町、博多に江戸時代から伝わる伝統芸能。この"にわか"で使う顔の鼻から上半分を覆うユーモアあふれる"半面"を模して作られる"二〇加煎餅（ニワカセンベイ）"は、上質な小麦粉と卵をたっぷり使い、こんがりサクサクに焼き上げてある。煎餅は2種類あり、丸みを帯びた煎餅は砂糖を多めにし甘く仕上げ、平らな煎餅は卵をより多く使い香ばしく仕上げてある。博多っ子の遊び心として"にわかの半面"が1枚入っている。

地鶏

- **はかた地どり** 体重：平均3,100g。博多の郷土料理の"水炊き"や"筑前煮"をもっと美味しくしようという考えから開発が県農業総合試験場

でスタートした。国内の在来種の中でも最も美味しいといわれる"軍鶏"と、旨味成分のイノシン酸を多く含む"横斑プリマスロック"、これに肉付きの良い"白色プリマスロック"を掛け合わせて誕生した。さらに、2009（平成21）年、"はかた地どり"より旨味成分のイノシン酸が1割（ブロイラー比4割）多い"新はかた地どり"が開発された。地鶏ならではの歯ごたえ、噛めば噛むほど増す旨味。きめ細やかな肉質はサクッとした歯切れが良い。平飼いで飼養期間は平均85日間。農事組合法人福栄組合が生産する。

銘柄鶏

- **華味鳥** 体重：平均3,150g。独自の専用飼料に海藻や、ハーブエキスの長期醗酵物を配合することで鶏の腸内の働きを良くし健康な鶏を育てている。飼養期間は平均50日間。白色コーニッシュの雄に白色ロックの雌を交配。トリゼングループが生産する。
- **博多華味鳥レッド90** 体重：平均3,200g。すばらしい自然環境の中で広葉樹の樹液やヨモギ粉末を加えた独自の専用飼料を与え約70日間飼育する。ヘビーロードアイランドレッドを交配した雄に、ロードアイランドレッドとロードサセックスを交配した雌を掛け合わせる。トリゼングループが生産する。
- **福岡県産　はかた一番どり** 体重：平均3,000g。専用飼料の主原料は非遺伝子組換えで、特産の八女茶を加えている。肉は鮮度と美味さにこだわり、鶏肉特有の臭みもなくやわらかく、一般のブロイラーに比べて旨味成分が15％多く含まれている。安心へのこだわりは、トレーサビリティシステムにより生産情報を携帯電話やスマホ、パソコンに提供している。横斑プリマスロックと白色ロックを交配した雄に白色ロックの雌を掛け合わせている。平飼いで飼養期間は平均65日。はかた一番どり推進協議会が生産する。

たまご

- **栄養バランスたまご** 本来卵に含まれている栄養成分のうち、ビタミンA、ビタミンK、ビタミンE、ビタミンB_{12}、葉酸がバランス良く含まれた卵。赤玉、白玉。飼料メーカーの日清丸紅飼料のグループ会社、"Farm

to Table"を掲げる丸紅エッグ福岡が販売する。
- **黄味美人** 黄味の色が鮮やかで美しく、食卓を美味しく彩る。約280種類の有機酸とミネラルが含まれる木酢液を飼料に配合することで、鶏の新陳代謝が活発になり、卵のコクと旨味が向上。さらに木酢液がサルモネラを排除しより安全・安心な卵を追求。ノーサン・エミーが生産する。

県鳥

ウグイス、鶯、春告鳥（はるつげどり） 英名は Japanese Bush Warbler。日本の茂み（bush）でさえずる（warble）小鳥。ウグイス科、雌雄同色。春先、"ホーホケキョ"と美しい声で鳴くので、オオルリ、コマドリとともに日本三名鳥といわれる。うぐいすの名の由来は、「春に谷の奥から出づる」鳥、すなわち「奥出づる」、「オクイズ」、「ウグイス」の説が有力なようだ。なお、ウグイス色は、このウグイスの色ではなく、ウグイスが盛んに囀る春先によく目にするメジロをウグイスと勘違いし、メジロの羽の色が鶯色とされたともいわれている。山梨県も県鳥に指定。

41 佐賀県

▼佐賀市の1世帯当たり年間鶏肉・鶏卵購入量

種　類	生鮮肉（g）	鶏肉（g）	やきとり（円）	鶏卵（g）
2000年	46,199	14,189	1,007	34,585
2005年	44,882	15,084	1,525	32,833
2010年	49,814	17,630	1,233	25,199

　佐賀県の農業では温州みかんの生産がさかんである。甘味の濃い温州みかんが人気である。佐賀平野を中心にヒノヒカリや夢しずくなどの米が栽培されている。漁業は有明海の海苔の養殖が、東京湾に替わって盛んになっている。畜産関係のブランドものでは佐賀牛（さがぎゅう）、ありたどり、たら名水豚がある。佐賀牛はJAグループ佐賀管内の肥育牛農家で育てられた黒毛和種。ありたどりは、植物性の原料で飼育した銘柄鶏。たら名水豚は佐賀県の多良岳水源の清涼な地下水を与えて飼育している豚。

　銘柄地鶏は有田赤絵鶏・ありたどり（生産者；有田食鳥生産組合）、みつせ鶏（生産者：ヨコオ）、佐賀県産若鶏、骨太有明鶏、麓どりなどがある。

　鶏肉料理には福岡と同じく「がめ煮」がある。

　生鮮肉、鶏肉の購入量は、九州圏以外の他の地域に比べれば多い。2000年、2005年、2010年の生鮮肉の購入量は、2005年に減少している。鶏肉の購入量は2000年より2005年、2005年より2010年が増加している。やきとりの購入金額は2005年に増えている。鶏卵の購入量は、2000年より2005年の購入量が少なく、2010年の購入量は2005年より増えている。

知っておきたい鶏肉、卵を使った料理

- **かしわうどん**　鳥栖市が発祥の地といわれている。砂糖と醤油で甘辛く煮た細切りの鶏肉（かしわ）がうどんの上に載る。鳥栖駅の立ち食いのうどん屋で開発されたようだ。今、かしわうどんは九州北部で普通に提供される。鳥栖では、「かしわ抜き」と言わない限りうどんには"かしわ"が載ってくる。

- **阿つ焼き**　呼子で100年以上食べられている伝統料理。呼子で採れた新鮮なエソや鯛と、地元の卵を原料としてふんわりと焼いた"海のカステラ"風かまぼこ。そのままでも美味しいが、お吸い物に入れてもよい。
- **シシリアンライス**　温かいご飯の上に、生野菜と甘辛く炒めた肉を載せ、マヨネーズを掛けた、人気のご当地グルメ。佐賀市の喫茶店から始まったといわれている。一皿で、焼肉とご飯、サラダも食べられ、バランスが良いと、家庭でも人気。お店や各家庭でマヨネーズをドレッシングに代えたり、トッピングに温泉卵を使うなど異なる。
- **唐津エッグバーガー**　唐津名物のハンバーガー。唐津バーガー自慢のパテとふんわり焼いた玉子焼きが入ったバーガー。内面を焼いたバンズと、シャキシャキのレタス、ボリュームのあるパテ、ふわふら玉子とソースが合う。包装紙には豊臣秀吉の家臣が築城した唐津城と、日本三大松原の虹ノ松原の絵が描かれている。

卵を使った菓子

- **丸ぼうろ（芳露、房露）**　佐賀を代表する銘菓。備前の御用菓子屋が、ポルトガルの船乗りの保存食を日本人に合うように改良した南蛮菓子。小麦粉、鶏卵、砂糖を主原料とする焼き菓子で、やわらかくざっくりした口溶けの良い美味しさが特徴。"ぼうろ"の名は、ポルトガル語の"玉"、"団子"を意味する"Bolo"に由来するといわれている。長崎から佐賀を経由して京や江戸に砂糖を運んだ長崎街道は別名シュガーロードとよばれ、街道沿いには砂糖を使った銘菓が多く作られている。丸ぼうろをスープ皿に入れて牛乳をかけてレンジで加熱すると、ふっくらしたプディング風に変身しこちらも美味しい。
- **松露饅頭**　唐津の銘菓。球形の丸い可愛らしいカステラ饅頭で、小さく丸めた漉し餡に、小麦粉、砂糖、卵で作った生地を掛けながら焼いた焼き菓子。1850（嘉永3）年創業の「大原老舗」が製造する。焼きたては特に美味しく格別の評価を得ている。玄界灘に面した唐津は、古くから中国大陸との交通の玄関口であり、"松露饅頭"の原型の"焼き饅頭"も、豊臣秀吉の朝鮮出兵後、中国大陸から伝わったといわれている。松露とは、松林に自生する球形のきのこのこと。唐津には日本三大松原の虹ノ松原がある。丸く可愛らしい形が似ているので"松露饅頭"となった。

銘柄鶏

- **ありたどり**　体重：雄平均3,300g、雌平均2,900g。植物主体の原料と、昆布の乳酸醗酵抽出物を添加した独自の専用飼料で美味しい鶏肉に仕上げた。平飼いで飼養期間は平均50日。白色コーニッシュの雄に白色プリマスロックの雌を交配。有田食鳥生産組合が生産する。
- **佐賀県産若鶏　骨太有明鶏**　体重：雄平均2,900g、雌平均2,900g。抗菌性物質を含まない飼料ですべての飼育期間を飼育。専用飼料にはカルシウム源として有明海の"牡蠣がら"を加えて、平飼いで飼養期間は平均52日。白色コーニッシュの雄に白色プリマスロックの雌を交配。JAフーズさがが生産する。
- **みつせ鶏**　体重：雄平均2,750g、雌平均2,750g。植物性原料主体の専用飼料の給与により、肉質はほど良い弾力があり、深い味わいと風味をもつ。自然豊かな北部九州の山間部で80日飼育する。美食の国、フランスの赤どりレッドブロを交配。ヨコオが生産する。
- **麓どり**（ふもとどり）　体重：雄平均2,750g、雌平均2,750g。美食の国、フランスの赤どりカラーイールドの雄に同じくレッドブロの雌を交配し、赤どりらしいやわらかくきめの細かい肉質に仕上げた。植物性原料主体の専用配合飼料の給与により風味と旨味をもつ。昔ながらの自然豊かな佐賀の里山で飼育。飼養期間は60日。ヨコオが生産する。

たまご

- **自然卵　朝のたまご**　ケージではなく平飼いで育てた鶏が産んだ卵。新鮮な空気と新鮮な水、安全な食べ物、のびのびとした快適な環境で健康な鶏に。飼料の原料はその80％が佐賀県産。森の農楽舎が生産する。

県鳥

カササギ、鵲（カラス科） 留鳥。英名は Magpie。名前の由来は、背中が黒くてカラスのようで、腹が白くてサギのようなので"カラスサギ"とよんだものが省略されて"カササギ"になったという説と、"カシャッ"という鳴き声、または、騒がしい"さわぎ"が転じたという説、朝鮮語に由来するという説など諸説ある。朝鮮へ出兵した豊臣秀吉が持ち帰ったこの鳥が、"カッ（勝つ）、カッ（勝つ）"鳴いたことに由来し、佐賀では"勝ちガラス"ともよばれる。佐賀平野を中心に棲息している。

42 長崎県

▼長崎市の1世帯当たり年間鶏肉・鶏卵購入量

種　類	生鮮肉（g）	鶏肉（g）	やきとり（円）	鶏卵（g）
2000年	40,470	12,678	1,542	34,911
2005年	38,239	12,062	1,450	34,055
2010年	47,788	18,053	1,522	30,883

　長崎県は半島と島嶼部からなる。それらは、日本海・東シナ海に面している半島や島嶼が多い。山地や傾斜が多いので、地形を活かした農業が発達している。畜産関係では、肉用牛の長崎和牛が知られている。ブロイラー・豚肉・牛乳・鶏卵の産業が盛んである。

　地鶏・銘柄鶏には、つしま地どり（別名：ひげじどり、生産者；つしま地どり生産組合）、長崎香味鶏・ながさき自然鶏（生産者；鶴川畜産飼料）、ボンジュール長崎赤鶏、雲仙しまばら鶏、長崎ばってん鶏、幸味どり、ながさき自然鶏、長崎香味鶏、ハーブ育ちチキン、五島地鶏しまさざなみなどがある。五島地鶏しまさざなみが開発されたのは新しい。コク、香味がよく、玉子丼に使われている。

　2000年、2005年、2010年の長崎市の1世帯当たりの生鮮肉、鶏肉の購入量は、生鮮肉も鶏肉も2005年の購入量が2000年と2010年の購入量に比べて少ない。鶏卵の購入量は、2000年よりも2005年は少なく、2010年は2005年よりも少なくなっている。

　やきとりの購入額は1世帯の家族が3～4人の場合1回程度しか利用できない金額である。

知っておきたい鶏肉、卵を使った料理

- **パスティ**　南蛮から伝わったパイ料理。鶏肉、人参、玉ねぎ、椎茸、百合根、ギンナンなどを鶏ガラスープで煮て、耐熱の大きな皿に入れ、半分に切ったゆで卵を綺麗に盛り付けて、パイ生地で包み焼き上げるパイ。
- **ちょく焼き**　鯵と卵をすり鉢ですり、砂糖、塩、お酒を加え、たこ焼き

の鉄板に似た窪みのある専用のちょく焼きに流し込んで、ふわふわに焼いた料理。お祝いのときに焼かれる。形がお猪口に似ているので、"猪口焼き"が"ちょく焼き"になったといわれている。

- **鯵のかんぼこ**　鯵のかまぼこ。蒸した物が"かまぼこ"、揚げた物を"かんぼこ"とよぶ。鯵と卵をすり鉢ですり、砂糖、塩、お酒を加え、ささがきゴボウ、人参、あさつきを入れた生地で、ゆで卵を包み、油で揚げた料理。

- **長崎てんぷら、ゴーレン**　鶏のささ身の長崎風揚げ物。片栗粉と砂糖、塩、卵黄、しょうが、水をあわせて、粘りが出るほどよく混ぜ合わせ、この生地に薄く塩をふった鳥のささ身をくぐらせて油で揚げる。鶏のから揚げに似た、ポルトガル伝来の南蛮料理。普通のてんぷらとは異なり衣に味が付いているので、冷めても美味しく食べられる。天ぷらの語源は、ポルトガル語の"料理をする"意味の"Tempero"といわれている。

- **淡雪羹**　砂糖を加えて溶かした寒天を、十分に泡立てた卵白に加え、熱を加えながらよく混ぜて、型に流して固めた料理。卓袱料理（元禄の頃、長崎に移り住んだ中国の人々との親密な関係から産まれた中国料理を基本とした和食との折衷料理。卓袱とはテーブル"卓"とテーブルクロス"袱"のこと）に出される。

- **茶碗蒸し**　卓袱料理に出される料理。約140年前の1866（慶応2）年創業の老舗「吉宗（よっそう）」が、創業時の味を守っていることで有名。具は、鶏肉、海老、蒲鉾、穴子、麩、たけのこ、椎茸、銀杏、きくらげと、長崎の海と山の幸がたくさん入る。また、容器は、茶碗ではなくて大きな丼で作られる。

- **鶏（とい）めし**　県央の諫早に古くから伝わる郷土料理。集落の農家が集まり、農作業用の牛の削蹄などの手入れの際に、鶏をつぶして食べたのが始まりといわれている。鶏肉、人参、椎茸、ごぼうなどを醤油で煮てご飯に混ぜる。伝統的に男性が作る料理。この地方では"鶏"のことを"とい"という。

- **雲仙温泉たまご**　雲仙温泉の雲仙地獄の蒸気で蒸し上げた温泉たまご。ほのかな硫黄の香りが好ましい。温泉たまごを1個食べると5年長生きし、2個食べると10年、3個食べると死ぬまで長生きといわれている。昭和12年に雲仙を訪れたヘレンケラーが温泉卵の美味しさに感激した

といわれている。

卵を使った菓子

- **カステラ**　長崎を代表する銘菓。古くから外国との玄関として栄えた長崎には、海外からもたらされた文化が、発展しながら色濃く根付いている。カステラもその一つで、ポルトガルの宣教師が日本に伝えたといわれる。今は日本各地で作られているカステラだが、生地の下にザラメが敷いてあるのが、長崎の特長。卵、小麦粉、砂糖、水あめを混ぜて型に入れて焼いた焼き菓子。カステラの名前は、ポルトガル語の"パウン・ディ・カスティーリャ（カスティーリャ王国（現在のスペインに相当する）のパン）"に由来するといわれている。長崎の出島から、京や江戸に砂糖を運んだ長崎街道は、別名シュガーロードとよばれる。この街道沿いには砂糖を使った多くの銘菓が今も残されている。かつて砂糖は黄金に匹敵する貴重品であった。五味のトップも"甘味"。カステラ本家福砂屋は、卵を割るところから、泡立て、焼き上げまでを、一貫して手作りにこだわっている。卵白のみを使用して焼いたカステラの「白菊」や、卵黄のみの「黄菊」もある。1681（天和元）年創業の松翁軒、全国菓子大博覧会で「名誉総裁賞」を受賞した万月堂、岩永梅寿軒など老舗が多い。年間のカステラの購入金額もダントツの全国1位で全国平均の7倍。
- **カスドース**　平戸市の銘菓で、ポルトガルから伝わった南蛮菓子。平戸は、日本最古の西洋貿易港として栄え、オランダやイギリスなどの西洋文化が根付いている。焼いたカステラを食べやすい大きさにカットし、卵黄に浸し、蜂蜜でコーティングし、表面に砂糖をまぶし、表面はサクッと、中はしっとりやわらかく、卵の風味が楽しめるお菓子。
- **九十九島せんぺい**　佐世保の銘菓。小麦粉と卵、砂糖の生地にピーナッツを入れて焼いた小麦せんべい。パリッとした食感とピーナッツの香ばしいかおりが美味しい飽きのこないお菓子。形は縁起の良い亀の甲の六角形で、生地に散りばめられたピーナッツが名勝九十九島を現し、表面には"九十九島"の文字が砂糖液で書かれている。九十九島せんぺい本舗が作る。モンドセレクション最高金賞受賞。また、表面にオリジナルの文字を入れることもできる。
- **かす巻き、とら巻き、カステラ巻、加寿萬喜**　長崎銘菓。卵を使ったカ

ステラ風の生地で小豆餡を包んだお菓子。江戸時代、対馬藩主が参勤交代を終えての帰国を祝うために作られた。対馬の"かすまき"は皮が厚く円筒形なのに対して、壱岐の物の皮は薄く平たい。また、長崎や島原では表面にザラメがまぶしてある。

地鶏

- **対馬地鶏** 原産地：長崎県。昔から対馬で飼われていた長崎を代表する地鶏の"対馬髱地鶏"の雌に、"赤色コーニッシュ"の雄を交配して作出された。
- **つしま地どり** 体重：雄平均3,600g、雌平均2,800g。味と増体（経済）性に優れた鶏として長崎県農林技術開発センターで開発された。レッドコーニッシュの雄に地鶏の対馬地鶏の雌を交配。赤みを帯びた肉質は適度な歯ごたえがあり、まろやかな舌ざわりで味にコクがある。旨味成分のイノシン酸の含量が高い。飼養期間は平均95日間。大光食品が生産する。
- **五島地鶏しまさざなみ** 体重：雄平均3,200g、雌平均2,200g。肉質は身がしっかりしており適度な歯ごたえとコクがあり甘味も優れている。専用飼料に地元五島産の米や麦、ひじき、五島茶、椿油を配合することで、低カロリーで低脂肪、高たんぱくな鶏肉になった。平飼いで飼養期間は平均150日と長い。軍鶏の雄に横斑プリマスロックの雌を交配。優性遺伝する雌の"横斑"が"さざなみ"に見えるところから命名された。さざなみ農園が生産する。

銘柄鶏

- **雲仙しまばら鶏** 体重：平均3,000g。雲仙普賢岳のふもとの自然豊かな土地で飼育。殺菌効果、免疫効果、肉質改善効果のあるハーブを専用飼料に配合することで、すべての期間を無薬で飼育し、鶏肉特有の臭みがなく風味豊かなヘルシーで美味しい肉に仕上げた。鶏種はコブ、チャンキー。飼養期間は平均52日。大光ブロイラー生産者組合が生産する。
- **長崎ばってん鶏** 体重：平均3,000g。澄んだ空気と太陽に恵まれた大地のもと、開放鶏舎で長期間無薬飼料を使用。感味豊かな香ばしさとやわらかい肉の歯ざわりがバランスよく、食べ心地を満喫する。平飼いの開

放鶏舎で飼養期間は平均55日。白色コーニッシュの雄に白色ロックの雌を交配。長崎県養鶏場農業協同組合が生産する。

- **幸味どり**（さいわいあじ）　体重：平均2,850g。飼料はマイロを主原料として、天然成分の中鎖脂肪酸のラウリン酸を豊富に含むヤシ油と、体内の酸化防止のためにビタミンEを加えた。飼育のすべての期間を無薬飼料で飼育。肉食は淡いピンク色で、味は淡白で鶏肉特有の臭みがない。平飼いの開放鶏舎で飼養期間は平均52日。白色コーニッシュの雄に白色ロックの雌を交配。鶴川畜産飼料が生産する。

- **ながさき自然鶏**　体重：平均2,850g。飼料に乳酸菌や納豆菌、枯草菌などの有用微生物を配合することで鶏の腸内環境を整え健康維持力が強化されるので飼育のすべての期間を無薬飼料で飼育。鶏特有の臭いのない美味しい肉に仕上がっている。平飼いの開放鶏舎で飼養期間は平均52日間。白色コーニッシュの雄に白色ロックの雌を交配。鶴川畜産飼料が生産する。

- **長崎香味鶏**　体重：平均2,850g。飼料に乳酸菌や納豆菌、枯草菌などの有用微生物を配合することで鶏の腸内環境を整え健康維持力を強化した。鶏特有の臭いのない美味しい肉に仕上がっている。平飼いの開放鶏舎で飼養期間は平均52日間。白色コーニッシュの雄に白色ロックの雌を交配。鶴川畜産飼料が生産する。

- **ハーブ赤鶏**　体重：雄平均3,000g、雌平均2,800g。専用飼料にカボチャの種子、オオバコの種子、紅花、スイカズラの花などのハーブを加えて、鶏肉特有の臭みを無くした美味しく安全な鶏肉。平飼いで飼養期間は70日。赤色コーニッシュの雄にロードアイランドレッドの雌を交配。長崎福島が生産する。

- **ハーブ育ちチキン**　体重：雄平均3,000g、雌平均2,700g。専用飼料にカボチャの種子、オオバコの種子、紅花、スイカズラの花などのハーブを加えて、鶏肉特有の臭みをなくした美味しく安全な鶏肉。平飼いで飼養期間は52日。白色コーニッシュの雄に白色プリマスロックの雌を交配。長崎福島が生産する。

たまご

- **クイーン卵**　太陽がサンサンと当たる開放鶏舎で飼育された元気な鶏が

産んだ卵。天然原料のキク科の花、マリーゴールドを飼料に加え鮮やかで深みのある卵黄色に仕上がっている。長崎県養鶏農業協同組合が生産する。

- **枇杷たまご** 太陽がサンサンと当たる開放鶏舎で飼育された元気な鶏が産んだ卵。専用飼料に、鎮静作用、殺菌作用があり、ビタミン B_{17} を多く含む県特産の枇杷の葉を配合。天然原料のキク科の花、マリーゴールドを飼料に加え鮮やかで深みのある卵黄色に仕上がっている。長崎県養鶏農業協同組合が生産する。

県鳥

オシドリ、鴛鴦（カモ科） 雄の冬羽は、緑色の冠毛と翼に栗色から橙色のイチョウの葉の形をした反り上がった剣羽、思羽があり、胸は紫、背はオリーブで美しい。名前の由来は、雌雄が寄り添って泳いだり休むので、雌雄の仲が良いことに由来し、"鴛鴦夫婦"や"鴛鴦の契り"の言葉もある。英名は、Mandarin Duck。雄の冬羽が、中国清朝時代の官史風の服装に由来。長崎県、山形県、鳥取県も県鳥に指定。

43 熊本県

▼熊本市の1世帯当たり年間鶏肉・鶏卵購入量

種類	生鮮肉（g）	鶏肉（g）	やきとり（円）	鶏卵（g）
2000年	47,803	15,335	1,181	34,186
2005年	44,968	15,843	1,199	31,245
2010年	45,133	16,341	1,239	30,886

　熊本県も島嶼地区も半島もあり、平野も多い。平地ではトマトなどのハウス栽培が行われている。かんきつ類の栽培にも適している。最近、人気なのがデコポンである。畜産関係では、酪農、くまもとあか牛、馬肉、熊本コーチン、天草大王（鶏）がよく知られている。

　地鶏・銘柄鶏には、大阿蘇どり（生産者：児湯食鳥）、熊本コーチン（生産者：熊本県養鶏農業協同組合）、肥後の赤どり、天草大王・肥後うまか赤鶏・庭鶏・うまかハーブ鳥（生産者：熊本チキン）などがある。

　2000年、2005年、2010年の熊本県の1世帯当たりの鶏肉や生鮮肉の購入量は、九州圏以外の地域に比べると多い。1世帯当たりの生鮮肉の購入量は、2000年が最も多かった。その後は年を追うごとに減少している。鶏肉の購入量が2000年よりも20005年、2005年より2010年が多くなっている。1世帯当たりの鶏卵の購入量が年々少なくなっている。この傾向は、多くの県庁所在地の購入量でも明らかになっている。鶏肉や生鮮肉の購入量は、九州圏以外の地域に比べればやはり多い。やきとりの購入金額は微小ではあるが、年々増えている。

知っておきたい鶏肉、卵を使った料理

- **太平燕**（たいぴーえん）　温かい鶏がらの春雨スープに、炒めた白菜、玉ねぎ、もやし、きくらげ、人参、タケノコ、豚肉を入れた麺料理。中国福建省から熊本に来た華僑が作ったのが起源といわれ、現在は熊本に定着している郷土料理。ゆで卵を油で揚げたものがトッピングとして付くのは、卵の表面に出来たしわ模様が、中華の高級食材の燕の巣のイメージになるからで、

ふかひれの代わりに春雨を使用している。
- **卵の味噌漬け**　上益城や下益城地方では、保存と調味を目的としていろいろな食材を味噌漬けにする。ゆで卵の殻を剥き味噌に漬ける。白身があめ色になり美味しい。
- **山菜とりめし**　発売昭和48年、新玉名駅で人気の駅弁。県産の鶏を秘伝のたれでじっくり煮込み、山菜寿司の上に散らす。玉名市は、温暖なので草木が良く育ち"花の都"とも、"薬草のまち"ともいわれる。その薬草を使った薬草弁当と、この山菜とりめしが一度に楽しめる「四季彩薬草弁当」も人気がある。どちらも「玉名ブランド」に認定されている。庭園が有名な日本料理のたがみが作る。
- **肥後の赤鶏ピザチキン弁当**　ニシコーフードサービスが作る熊本駅の評判の駅弁。ご飯の上に薄焼きの玉子焼きを敷き、その上にチーズとトマトソース、香草でピザ風に仕上げた鳥もも肉が載り、横にはお弁当には珍しい目玉焼きが載っている。手作りだからできるお弁当。また、手作りのおにぎり"昔伝承地鶏めし"は、全国の百貨店にも出店している。
- **高菜めし**　阿蘇の郷土料理。炒り玉子と細かく切った阿蘇高菜の高菜漬けや筍をごま油で炒め、ご飯と混ぜた混ぜご飯。平皿にこんもりと盛り付ける。表面に胡麻を振り、頂上に錦糸玉子を載せて、紅しょうがを添える。白いご飯に散りばめられた緑の高菜と黄色の炒り卵、頂上の黄色と脇の赤。素朴だが彩りが良い。阿蘇の寒い冬を越した阿蘇高菜は、その辛みと香りが特徴。
- **だご汁**　郷土料理。小麦でつくった団子と鶏肉、季節の野菜を入れた鍋料理。小麦粉でつくった平らな団子と、鶏肉や豚肉と季節の野菜を煮込む。味付けは、阿蘇では味噌仕立て、有明では鶏肉と魚介類が入り、すまし汁になる。各家庭で母から子へ作り方や味が受け継がれている。大分では"だんご汁"という。
- **つぼん汁**　正月やお祭り、祝い事で食べられた人吉市球磨川の郷土料理。名前の由来は、"つぼ"とよばれる深いお椀によそって出された汁物という説と、壷で煮込んだからという説がある。各家庭で少しずつ作り方は異なるが、基本は、地鶏、根菜類、椎茸を醤油仕立てのだしで煮て、赤飯と一緒に食べる。

九　州・沖　縄

卵を使った菓子

- **漱石まんじゅう**　小説『吾輩は猫である』や『坊ちゃん』で有名な夏目漱石は1896（明治29）年から4年3カ月間、第五高等学校（現在の熊本大学）の英語教師として熊本で暮らした。その漱石来熊100周年を記念して、御菓子司しほりやが作った焼き菓子。地元産の小麦粉と卵、砂糖、蜂蜜で作った生地で、手亡豆の白餡を包んで焼いたカステラ饅頭。第22回全国菓子大博覧会「栄誉賞」受賞。緑茶の餡の饅頭もある。

地鶏

- **天草大王（あまくさだいおう）**　原産地：熊本県、体重：雄5,000～6,700g、雌4,000～5,600g。商品規格での体重：雄4,000g、雌3,000g。明治中期に中国から輸入した"ランシャン"鶏を元に、天草地方で改良された大型の肉用鶏。昭和時代に絶滅したが、1992（平成4）年に、県農業センターが、ランシャンに大軍鶏、熊本種を交配して復元した日本鶏。熊本県では、天草大王、久連子鶏、肥後矮鶏、地すり、熊本種を、郷土の誇る「肥後五種」とよんでいる。このうち、天草大王と地すりは一度絶滅したが現在、熊本チキンや熊本県高品質肉鶏推進協議会が生産している。弾力がありしまった肉の歯ざわりやコクのある味は鶏本来の旨味がある。赤みが美しく骨太の骨から出るスープが美味い。水炊き、たたき、から揚げがとくにおすすめ。平飼いで飼養期間は平均123日と長い。食鳥処理は一羽一羽丁寧に昔ながらの手解体を採用。

- **地すり（じすり）**　原産地：福岡県、熊本県。体重：雄3,000～4,200g、雌2,250～3,300g。江戸末期から明治初期に作出された短脚黒色の肉用鶏で、かつては九州で広く飼われていたが、昭和30年代に絶滅した。1977（昭和52）年から、県農業センターが、軍鶏と達磨矮鶏を交配して復元した日本鶏。「肥後五種」のひとつ。

- **熊本コーチン**　体重：雄平均4,000g、雌平均3,000g。熊本県養鶏試験場が絶滅寸前の在来種の"熊本種"を復元し、さらに大型に改良した。熊本コーチンとロードアイランドレッド、白色プリマスロックを交配。飼料には健康を考えてヨモギやおから、にんじん、木酢液、海藻を配合。肉質は赤みを帯びており弾力があり適度な歯ごたえ、ほのかな甘味、昔

ながらのコクがある。平飼いで飼養期間は120日と長い。熊本県高品質肉鶏推進協議会が生産する。

銘柄鶏

- **肥後のうまか赤鶏**　体重：平均3,000g。鶏のストレスを緩和して強い体になるようにハーブを加えた専用飼料で、平飼いで育てる。安全と適度の歯ごたえとコクのある味わいにこだわった赤どり。飼養期間は平均70日。ハーバードレッドブロを交配。熊本チキンが生産する。
- **うまかハーブ鳥**　体重：平均3,000g。鶏のストレスを緩和して強い体になるようにハーブを加えた専用飼料で育てる。鶏特有の臭みがなく旨味があり歯ざわりが良くシャキシャキした食感。低カロリーでヘルシー。鶏種はチャンキー。飼養期間は50〜55日。熊本チキンが生産する。
- **庭鶏**　体重：平均3,000g。ハーブを加えた専用飼料で飼育する。鶏種はチャンキー。飼養期間は50〜55日。熊本チキンが生産する。

たまご

- **かぐや姫たまご**　竹林のさわやかな空気の中で、環境とえさ、水にこだわって育てた鶏が産んだ卵。殺菌効果が期待できる竹林に建つ鶏舎で、舎内の環境はニームオイルで整えて、飼料には木酢やヨモギ、沸化石、海藻などのほか6種類のハーブ類を加え、清らかな地下水を電磁分解して与える。ビタミンEが普通の卵の7倍、甘みは26％アップ。緒方エッグファームが生産する。

県鳥

ヒバリ、雲雀（ヒバリ科）　留鳥。晴れた日に鳴くので"日晴り"といわれる。また、鳴きながら空高く舞い雲にのぼるので"雲雀"とも書く。雌雄とも頭から尾まで黄褐色だが、雄は頭の羽を良く立てる。昔から俳句や和歌に数多く詠われている。英名は、空で戯れている鳥の意味から"Skylark"。茨城県も県の鳥に指定されている。

44 大分県

▼大分市の1世帯当たり年間鶏肉・鶏卵購入量

種 類	生鮮肉 (g)	鶏肉 (g)	やきとり (円)	鶏卵 (g)
2000年	45,516	14,864	1,365	34,065
2005年	44,406	16,343	1,307	32,728
2010年	54,504	20,462	1,171	33,071

　大分県の稲作耕地は標高があるので、ヒノヒカリという品種の稲の栽培が多い。関あじ、関さばなど、早期にブランド化した魚として流通にのせたことで知られている。畜産では「肥後牛」が知られている。

　地鶏・銘柄鶏には、九重の赤どり（生産者：藤野屋商店）、豊のしゃも（生産者：内那地どり牧場）、豊後赤どり（田原ブロイラー）、無薬鶏（児湯食鳥）、おおいた冠地どりなどがある。

　2000年、2005年、2010年の大分市の1世帯当たりの鶏肉・生鮮肉の購入量は、九州圏内の他の県庁所在地と同じ傾向である。全国では2位になる程である。鶏卵の1世帯当たりの購入量は、九州圏内の他の地域と同じ傾向である。

　大分県は唐揚げ専門店発祥の地ともいわれている。戦後間もない頃、宇佐市の中華料理店「来々軒」の店主が、多くの人に安く満腹になってもらいたいと、規格外で市場に出荷できなかった鶏肉を使って唐揚げを作り評判になったことが、唐揚げ専門店の発祥といわれている（「USA・宇佐からあげ合衆国」が調査や情報発信を行っている）。

知っておきたい鶏肉、卵を使った料理

- **とり天**　鶏肉のてんぷら。大分ではポピュラーな鳥料理で、そのままでもよいが、ポン酢や練り辛子を付けても美味しい。九州のファミリーレストランでは、鶏のから揚げとともに、とり天や宮崎のチキン南蛮も定番メニューになっているので、食べることができる。
- **中津風から揚げ**　宇佐市や中津市の専門店で作られているから揚げ。各

店独自の冷めても美味しい秘伝のたれで下味を付けており、揚げたてを単品からテイクアウトすることができる。秘伝のたれは、醤油をベースにニンニク、しょうが、フルーツなどを使う。大分県は鶏肉の消費量が日本一といわれている。特に、宇佐や中津といった県北地域では、鶏肉のから揚げ専門店が多い。家庭でもよくから揚げが作られている。

- **鶏めし** 鶏もも肉とごぼうを使った、シンプルだが美味しい吉野地方のおもてなしの郷土料理。ご飯に炊き込むのではなくて、甘辛の砂糖醤油で煮た鶏肉とごぼうを、炊き立てのご飯に混ぜるのが特徴。嫁いできたお嫁さんは、姑からその家の味、作り方を受け継ぐ。
- **だんご汁** 郷土料理。小麦粉で作った平らな団子と、鶏肉、季節の野菜を煮込み、味噌で味付けした料理。鶏肉は、豚との合挽き肉に卵を加えて作った団子を使う場合もある。昔は、美味しいだんご汁が作れると良い奥さんといわれた。各家庭で母から子へ作り方や味が受け継がれている。
- **別府温泉たまご** 地獄の温泉水や蒸気の熱で茹でた温泉卵。98℃もあるコバルトブルーの温泉水が美しい"海地獄"の湯で茹でた温泉卵、噴出する噴気でお供飯を炊いていた"かまど地獄"と鬼山にある"鬼山地獄"の噴気で蒸した温泉卵、の3種類あり、食べ比べができる。

卵を使った菓子

- **和っぷりん、ぷりんどら** 湯布院のお菓子の菊屋が作るお菓子。"和っぷりん"は、小麦粉と卵、和三盆糖で作った蒸しケーキで、特製のプリンをサンドした銘菓。プリンに掛けてあるほろ苦いカラメルソースが良いアクセント。ふんわり仕上がった蒸しケーキと、とろけるプリンの食感がベストマッチして「わっ」と驚く美味しさ。"ぷりんどら"は、小麦粉と卵、和三盆糖で、通常のどら焼きより洋菓子のスポンジのように仕上げた皮で、あっさりとした甘さのプリンと卵をたっぷりと使ったカスタードクリームをサンドした。カラメルのほろ苦さはプリントの相性を何度も試作して完成した。
- **地獄蒸し焼きプリン** 地獄めぐりのお土産。別府地獄の海地獄の温泉で蒸し焼きにしたプリン。材料はシンプルに卵とミルクと砂糖のみ。別府地獄は「海地獄」の他、「鬼石坊主地獄」「山地獄」「かまど地獄」「鬼山

地獄」「白池地獄」「血の池地獄」「龍巻地獄」の8つの地獄から構成される。"地獄"とは温泉の噴出口を意味するが、この鉄輪の地は、昔から蒸気や熱湯、熱泥が噴出しており"地獄"とよばれていた。

地 鶏

- **おおいた冠地どり**　体重：雄平均3,300g、雌平均2,800g。「家庭で味わうこだわりの地鶏」。"うまい""お求めやすい""やわらかい"をコンセプトに県農林水産研究指導センターが開発した。烏骨鶏、ロードアイランドレッド、九州ロード、白色ロックを交配した。熱を加えても硬くならずにジューシーなので、子供にも高齢者にも人気がある。トサカの部分に特徴があるので名前に「冠」の文字が入った。平飼いで飼養期間は平均90日。おおいた冠地どり銘柄協議会が生産する。
- **豊のしゃも**　体重：雄平均3,500g、雌平均2,800g。平飼いで飼養期間は150〜180日と長いので、肉質に弾力があり脂肪も少ない。食すと肉汁の旨味成分が口の中に広がる。軍鶏の雄に、白色ロックとロードアイランドレッドを交配した九州ロードを掛け合わせた。豊のしゃも推進協議会や内那地どり牧場が生産する。

銘柄鶏

- **豊後赤どり**　体重：雄平均3,000g、雌平均2,800g。開放の平飼いを行い専用飼料を給与し飼養期間は平均90日。旨味とコクがある美味しい肉。コレステロールが少ない。レッドコーニッシュの雄とロードアイランドレッドの雌を交配。田原ブロイラーが生産する。
- **九州の赤どり**　天然水の湧き出る九重連山の裾野で85〜90日間飼養。ゆとりのスペースで穀物の多い飼料にハーブも配合。肉質はやわらかく良い香りが特徴。北九福鳥㈱が生産する。

たまご

- **蘭王**　選りすぐった原料に飼料で昔の美味しい卵を作った。飼料原料には、大根の葉や緑茶、米、米ぬか、ニンジン、青野菜、そして鶏の体調を良くするために、ビール酵母、乳酸菌、にんにくの粉を、質を良くするために蟹の殻やカルシウムを使う。品質管理にHACCP方式を採用し、

安心と安全を届ける。協和 GP センターが生産する。
- **岡崎おうはん卵** 家畜改良センター岡崎牧場が開発した純国産の卵と肉の兼用種。黄身の割合が多いのが特徴。卵かけご飯だけでなくいろいろな料理に使っても深みのある味が楽しめる。与える水は地下150m から汲み上げ FFC 活水器を通している。安心安全な卵を届ける大分ファームが生産する。
- **ぶんご活きいき卵** 安心安全な卵のために、鶏と鶏に与える飼料と水にこだわって育てた鶏が産んだ卵。鶏は生後400日までの若い鶏で、飼料はこだわりの独自配合、水は地下水を汲み上げ FFC 処理している。大分ファームが生産する。

県鳥

メジロ、(メジロ科) 留鳥。目の周りが白いので目白。英名は Japanese White-eye。腹部以外の羽は、ウグイス色をしている。和歌山県も県鳥に指定。

---

45 宮崎県

▼宮崎市 1 世帯当たり年間鶏肉・鶏卵購入量

種　類	生鮮肉 (g)	鶏肉 (g)	やきとり (円)	鶏卵 (g)
2000 年	38,485	14,208	1,313	27,436
2005 年	42,524	15,763	1,787	28,746
2010 年	53,755	20,130	1,667	30,289

　宮崎県は、全国でも上位の畜産県である。したがって、牛の感染症が現れても、豚の感染症が現れても、さらに鳥インフルエンザが明らかになっても、発症しないための予防や抑制の対応を常に心がけていなければならない。牛では「宮崎牛」、豚では「はまゆうポーク」、地鶏では「宮崎地鶏」は有名である。宮崎県の畜産試験場は、繁殖のための純系の動物を保持しているので、それらの安全な飼育だけでも大変な仕事である。

　地元産の鶏はブロイラー、海部どり、霧島どり、サラダチキン、高千穂どり、日南どり、日向赤鶏、日向どり、みやざき地鶏、宮明の赤どり、高原ハーブどり、大阿蘇どり、宮崎都味どり、はまゆうどり、宮崎産森林どり、みやざき地頭鶏など種類が多い。

　2000年、2005年、2010年の宮崎市の 1 世帯当たりの鶏肉・生鮮肉の購入量は、全国の県庁所在地の中で一番多い。宮崎のやきとりは、網焼きや南蛮液に浸漬しておいた肉を焼くので、やきとりのカテゴリーでは評価ができない。

　鶏肉の購入量は全国一であるが、鶏卵の購入量はそれほど多くない。

知っておきたい鶏肉、卵を使った料理

- **チキン南蛮**　やや大ぶりの鶏のから揚げを、醤油ベースの甘酢に浸した鶏料理。もともとは醤油味だったが、洋食屋の主人がタルタルソースを提案し今の形に。チキン南蛮を巻寿司にした"南蛮たる巻き"もある。酢飯と甘酢のチキンとタルタルソース、そして海苔がよく合う。九州のファミリーレストランでは、鶏のから揚げとともに、チキン南蛮や大分

のとり天も定番メニューにもなっているので、食べることができる。
- **もも焼き**　ご当地グルメ。地鶏に限らず宮崎の"もも焼き"は骨付きのもも肉を使う。炭火で焼くので鶏の脂が炭の上に落ちて煙が立つので、肉には強い炭の香りと黒い色が付く。骨を持ってかぶりつくが、食べやすいように包丁が入れてある。骨から外して角切りにした"ばらし"でも焼いてもらえる。味付けの基本は塩ベースだが、味噌やチーズなど発展している。スーパーや売店でパック入りが売られている。
- **鶏刺し**　新鮮で美味しい鶏が手に入るので昔から鶏を刺身で食べていた。ささ身などの肉だけでなく、レバーや砂肝、ハツが使われる。スーパーでも単品の"鶏刺し"や盛り合わせが販売されている。九州独特の甘い醤油でいただく。鹿児島県も鶏を入手しやすいので"鶏刺し"の食文化がある。
- **鶏わさ、鶏のたたき**　新鮮な鶏肉をさっと湯がいて表面だけ加熱して冷水で締め、食べやすい厚みにスライスしていただく鶏料理。"たたき"は表面をさっとあぶった鶏肉をスライスした鶏料理。醤油もいいが柚子コショウが美味しい。鹿児島県でも食される。
- **厚焼き玉子**　日南市の伝統料理。1689（元禄2）年から伝わる玉子焼き。卵を混ぜる時に泡立てないようにして上下から加熱する特殊製法。きめが細かくつるりとした少し固めのプリンのような食感。冷たく冷やして食べても美味しい。飫肥の間瀬田厚焼本家が作る。
- **スタミナエッグ**　惣菜。茹でて殻をむいた南九州産の卵を、醤油と黒酢で煮たほど良い酢が美味しい卵。使っている酢は鹿児島県福山の黒酢。ゆで卵の表面も少し黒っぽい。そのままでも美味しいが、サラダ、ラーメン、お弁当にも合う。岡崎鶏卵が作る。
- **宮崎の親子丼**　宮崎の親子丼は、鶏肉と玉ねぎだけでなく、人参、大根、干し椎茸を、干し椎茸の戻し汁で煮て卵でとじて丼に盛ったご飯の上に載せる。
- **都城の雑煮**　都城の正月の雑煮の具には、鶏の卵が使われる。だしはあご（飛魚）でとったすまし汁で、お餅は焼いた丸餅、具は他にかしわ、かまぼこ、焼き豆腐、里芋、椎茸が入る。
- **かしわめし**　都城の郷土料理をアレンジした評判の駅弁で、せとやま弁当が作る。しょうゆ味の特製の鶏がらスープで炊いたご飯の中央に鮮や

かな黄色の錦糸玉子を敷き、手前に甘辛く煮た鶏のむね肉のスライスが載り、奥にはきざみ海苔が飾り付けられる。錦糸玉子の上のグリーンピースと梅干が彩りを添える。1955（昭和30）年の発売以来一番の人気を誇る。

卵を使った菓子

- **焼酎けーき霧島**　明治34年創業の都城の郷土菓子処南香が作るスポンジケーキ。地元都城の霧島酒造で熟成された最高級の本格芋焼酎「霧島」と卵をたっぷり使った美味しいバターケーキと合わせた洋菓子で、封を開けると焼酎の芳醇な上品な香りが漂う。

地　鶏

- **飛来幸地鶏**（ひらいこじどり）　名古屋コーチン。雌のみを放し飼いで12カ月間長期飼育する。独自配合飼料と旬の野菜を給与する。
- **みやざき地頭鶏**　体重：雄平均2,600g、雌平均2,000g。国の天然記念物の地頭鶏を、宮崎畜産試験場が改良。平飼いで飼養期間は平均135日と長い。鶏肉特有の臭いが少なくやわらかい中にも適度な歯ごたえが、コクがある。特定JASの地鶏に認定。みやざき地頭鶏事業協同組合が生産する。"地頭鶏"の名前は、その昔、あまりにも肉が美味しいので地頭職に献上されたことに由来する。

銘柄鶏

- **さつま純然鶏**（じゅんぜんどり）　体重：雄平均3,000g、雌平均2,800g。植物性原料主体の飼料に、鶏の健康を考え生菌剤のカルスポリンとオレガノなどのハーブを配合。鹿児島の薩摩川内市やさつま町の開放の平飼い鶏舎で平均50日飼養。鶏種はコブやチャンキー。江夏商事が生産する。
- **さつま雅**（みやび）　体重：雄平均3,000g、雌平均2,800g。マイロを主体とした飼料を給与し、脂肪は白く、肉色は淡いピンク。中鎖脂肪酸を多く含む「ココヤシ油」と、鶏の健康を考え乳酸菌や生菌剤を飼料に添加。鶏種はコブやチャンキー。江夏商事が生産する。
- **高原ハーブどり**　体重：平均3,000g。霧島連山の麓で専用飼料に、カボチャ種子、オオバコ種子、スイカズラ花弁、紅花などのオリジナルハー

ブを加えすべての飼養期間を無薬で育てた。保水性が良くジューシーで、鶏肉特有の臭さを抑えた美味しい鶏肉。開放鶏舎の平飼いで飼養期間は平均52日。白色コーニッシュの雄に白色プリマスロックの雌を交配。エビス商事が生産する。

- **霧島鶏** 体重：雌平均3,200g。雌のみを開放鶏舎の平飼いで約70日間飼養。ハーブを加えた専用飼料を与えることで肉の色艶に富みしまりが良く、コクのあるジューシーな味に仕上がっている。鶏特有の臭みがなく、高タンパク、低カロリーのヘルシーチキン。白色コーニッシュの雄に白色プリマスロックの雌を交配。エビス商事が生産する。
- **特別飼育豊後どり** 体重：平均2,920g。専用飼料に生菌剤のカルスポリンを添加したことで余分な脂肪が減少し旨さを引き出した。ビタミンEも豊富。平飼いで飼養期間は52日。白色コーニッシュの雄に白色プリマスロックの雌を交配。児湯食鳥が生産する。
- **日南どり** 体重：平均2,920g。鶏がお腹の中から健康になるように、飼料にカルスポリンのような生菌とビタミンEを添加した元気チキン。脂肪が少なく旨味を引き出したワンランク上の鶏肉。平飼いで飼養期間は平均52日。白色コーニッシュの雄と白色プリマスロックの雌を交配。児湯食鳥が生産する。
- **日向鶏** 体重：雄平均3,400g。低脂肪、低カロリー、低コレステロールの三拍子そろったヘルシーチキン。飼料に海藻類とビタミンEを添加。雄だけを平飼いし飼養期間は55〜60日。白色コーニッシュの雄に白色プリマスロックの雌を交配。児湯食鳥が生産する。
- **大阿蘇どり** 体重：平均2,920g。天然ミネラルやビタミン、アミノ酸をたっぷり専用飼料に加え、遠赤外線で処理した水を与えて育てた、低脂肪で低コレステロールな鶏肉。肉の香りや色合いが引き出されている。平飼いの開放鶏舎で平均52日間飼養する。白色コーニッシュの雄に白色プリマスロックを交配。児湯食鳥が生産する。
- **宮崎都味どり** 体重：平均2,900g。専用飼料に醗酵乳や木酢液を添加し、また植物性油脂のパームオイルを与えることで鶏の旨味の要素の脂を改良。平飼いで飼養期間は平均50日。白色コーニッシュの雄に白色プリマスロックの雌を交配。宮崎くみあいチキンフーズが生産する。
- **はまゆうどり** 体重：平均3,000g。専用飼料にビタミンE、醗酵乳粉末、

木酢液、パーム油脂を添加して育てた若どり。生産者、飼育方法などを明確にした安心な鶏肉。開放鶏舎で飼育期間は平均50日。白色コーニッシュの雄に白色プリマスロックの雌を交配。宮崎くみあいチキンフーズが生産する。

- **宮崎県産森林どり**　体重：平均3,100g。森林エキスの木酢酸を添加し、ビタミンEを強化した専用飼料を与えて育てた、低カロリーで低脂肪、ビタミンE豊富なヘルシーな若どり。飼養期間は平均52日。鶏種はチャンキー。丸紅畜産が生産する。
- **みやざき霧島山麓雉**　霧島連峰の麓で飼育されている雉で、コクと旨味があり、口当たりはさっぱりしている。

たまご

- **霧島山麓とれとれ村 庭先たまご**　霧島山麓の山林の澄み切った空気と太陽のふりそそぐ自然環境の中で放し飼いにして、緑草を加えた自家配合飼料で育てた健康な鶏から産み落とされた卵。岡崎鶏卵が生産する。
- **米の子**　JA宮崎グループの統一ブランド。特長は飼料に次の3つを行うこと。水田の有効活用を行うために宮崎県産の飼料用米を配合する。割れを少なくして安全で安心な卵を供給するためにミネラルや有機酸、有用な菌類で作った「エクス（卵殻質用飼料）」を使う。サルモネラと鶏のお腹の調子のためにヨーグルト末や枯草菌で作った「ZK」を使う。白玉、ピンク卵、赤玉がある。JA宮崎が販売する。

その他の鳥

- **ダチョウの飼育**　日南市は、一時期"ダチョウ"を地域の特産にしようと飼育に乗り出したことがある。今はオーストリッチHajime（旧かずき農園）が生産している（付録1も参照）。

> **県鳥**
>
> **コシジロヤマドリ（キジ科）** ヤマドリは、長い尾羽が特徴の日本固有の種で、生息域は雉とは異なり、山の中なので、山鳥という。奈良時代から山鳥として知られており、万葉集や小倉百人一首にも歌われている。英名は、Copper Pheasant。銅色の雉。コシジロヤマドリは、九州に棲息するヤマドリの一亜種で、腰の部分の羽に白い模様がある。秋田県、群馬県の県鳥はヤマドリ。

46 鹿児島県

▼鹿児島市 1 世帯当たり年間鶏肉・鶏卵購入量

種　類	生鮮肉（g）	鶏肉（g）	やきとり（円）	鶏卵（g）
2000 年	42,314	14,972	2,285	35,312
2005 年	41,900	15,622	1,758	29,618
2010 年	44,282	16,935	1,728	30,623

　鹿児島県の農業は桜島の火山灰の影響を受けるが、農業は漁業とともに重要な役割を持っている。農業生産の過半数は、畜産業の生産高である。宮崎県と同様に鹿児島の畜産業は日本の畜産業の中でも重要な位置にある。鹿児島黒牛、かごしま黒豚、茶美豚（チャーミートン）、さつま地鶏、さつま若しゃもなどのブランドものはよく知られている。鶏肉や鶏卵の生産も盛んである。

　地鶏・銘柄鶏にはブロイラー、赤鶏クロックロゼ、桜島どり、桜島どりゴールド、薩摩味鶏、さつま若しゃも、黒さつま鶏、薩摩ハーブ悠然どり、健康咲鶏、安心咲鶏、さつま地鶏、赤鶏さつま、南国元気鶏などがある。

　2000年、2005年、2010年の鹿児島市の1世帯当たりの鶏肉・生鮮肉の購入量は九州圏外の都道府県の県庁所在地の購入量と比較すると多いが、九州圏内では少ないほうである。町の肉屋やスーパーで買うのは、町で生活している人で、農家などは自宅で飼育していて、鶏肉を利用するが家計調査の対象にならない場合も多いと思う。

知っておきたい鶏肉、卵を使った料理

- **鶏飯**　奄美大島に江戸時代から伝わる代表的な郷土料理。薩摩藩のお役人の視察の際の"おもてなし"料理として考案、鶏がらスープで煮た地鶏肉や野菜、きのこを薄くスライスしてご飯の上に載せ、さらに錦糸卵や特産のパパイヤの漬物などを載せ、スープを掛けて食べる郷土料理。昔は炊き込みご飯だった。トッピングには、地元のパパイヤ漬けや刻み海苔、紅しょうがを使う。

- **鶏刺し、鶏わさ、鶏のたたき**　宮崎県でも食されている。詳しくは宮崎県（p.239）を参照。
- **薩摩汁**　鹿児島を代表する郷土料理。味噌味で、ぶつ切りの骨付き鶏もも肉やさつまいも、大根、にんじん、油揚げ、ごぼうなどを煮る。豚汁風の鶏料理。鹿児島原産の"薩摩鶏"は、江戸時代に闘鶏用として品種改良された。この闘鶏では鶏の脚に鋭い剣をつけて行うので、負けた"薩摩鶏"を料理したのが始まりといわれている。

卵を使った菓子

- **さつまどりサブレ**　1919（大正8）年創業の風月堂が作る銘菓。小麦粉に地元の新鮮鶏卵、霧島のバター、砂糖、天然水で焼き上げたサックリとしたサブレ。第25回全国菓子大博覧会「名誉総裁賞」受賞。"薩摩鶏"は、鹿児島原産の大型の地鶏で肉質の良いことで知られている。天然記念物に指定されている。薩摩藩は戦の要の兵士のために、携帯しやすく日持ちのする兵糧の開発に力を入れていた。そこで生まれたのがサブレやビスケットといった焼き菓子だと伝わっている。

地　鶏

- **さつま若しゃも**　体重：平均2,600g。鹿児島県原産の天然記念物の"薩摩鶏"の雄に白色プリマスロックの雌を交配。専用飼料を給与して、平飼いで平均80日以上飼育。鹿児島くみあいチキンフーズが生産する。
- **黒さつま鶏**　体重：雄平均2,800g、雌平均2,600g。「黒豚」「黒牛」に次ぐ"鹿児島の新しい「黒」"として、県の畜産試験場が開発。鹿児島原産の天然記念物の"薩摩鶏"の雄に"横斑プリマスロック"を交配。水分が少なくしまりがあり、繊維が細かい肉質が特徴。弾力がありつつもやわらかい食感が楽しめる。旨味成分のアミノ酸も多く含み脂の乗りもよくジューシー。平飼いで飼養期間は平均105日と長い。鹿児島県地鶏振興協議会が生産する。
- **さつま地鶏**　体重：雄平均2,600g、雌平均2,300g。県の畜産試験場で平成2年から天然記念物の"薩摩鶏"と"ロードアイランドレッド"を掛け合わせて作出した。肉は食味をそそる赤みが強く、飼育期間も長いため旨味成分を多く含み、甘味にも似た滋味がある。また、低脂肪で水分

が少なくきめが細かいのでやわらかさの中にも適度な歯ごたえを楽しむことができる。平飼いで飼養期間は平均135日と長い。平成17年の「地鶏・銘柄鶏コンテスト最優秀賞」受賞。鹿児島県地鶏振興協議会が生産する。

銘柄鶏

- **桜島どり**　体重：雄平均2,800g。"農場から食卓まで"を理念に、「種鶏」、「孵卵」、「肥育」、「処理」、「加工」までを一貫生産管理した鹿児島県産の鶏肉。平飼いで専用飼料を給与して53日間飼養する。白色コーニッシュの雄に白色プリマスロックの雌を交配。ISO取得企業のジャパンファームが生産する。コンビニエンスストアの"ふるさとのうまいシリーズ"に「桜島どりの溶岩焼きあがったもんせ弁当」が採用された。溶岩焼きのむね肉と柚子コショウの相性が良い。

- **桜島どりゴールド**　体重：雄平均2,800g。"桜島どり"と同様に一貫生産体制を基本として、さらに美味しさと風味を追求するために、飼料に"海と山のハーブ"の「活性めかぶ」とハーブ、お茶、ビタミンEを加えたハイグレードな鶏肉。脂肪分が少なく、赤みが強く、皮が薄く、低コレステロール。平飼いで専用飼料を給与して53日間飼養する。白色コーニッシュの雄に白色プリマスロックの雌を交配。ISO取得企業のジャパンファームが生産する。

- **薩摩ハーブ悠然どり**　体重：雄平均2,800g。飼料製造から鶏の飼養、食鳥処理まで一貫した生産体制、管理体制の中で生産した安心できる安全な鶏肉。ビタミンEが豊富。鶏種はチャンキーやコブ。平飼いで飼養期間は平均53日。アクシーズが生産する。

- **赤鶏さつま**　体重：平均2,900g。麦を加えた植物性たんぱく質のみの飼料を給与。鶏特有の臭いがなくシャキッとした歯ごたえがあり風味が良い。平飼いで飼養期間は平均65日。赤色コーニッシュの雄に白色プリマスロックの雌を交配。赤鶏農業協同組合が生産する。

- **南国元気鶏**　体重：平均2,900g。「より安全な鶏肉」として、「ひな」から「飼料」、「食鳥処理」までをグループ内で一貫体制の衛生、品質管理で作り、すべての飼育期間は無薬飼料で育てた。安心、安全で美味しい鶏肉。飼養期間は平均50日。鶏種はチャンキー、コブ。マルイ農業協

同組合が生産する。

たまご

- **烏骨鶏のたまご**　烏骨鶏は古くから中国では薬鶏として珍重されてきた。滋養に富んだこの烏骨鶏の卵を一人でも多くの人に愛用いただけるように40年ほど前に生産を開始した。鶏の健康と卵の質を考えた独自の飼料を与えて自社農場で育て続けている。マルヒが生産する。
- **藤姫**　川辺町藤野原大地の自然の中で黒糖を加えた純植物性の飼料で育てた鶏が産んだ卵。元気に育った親鶏から産まれた安心卵。ビタミンEが豊富。「かごしまの農林水産物認定」商品。ココ・ファームが生産する。

> **県鳥**
>
> ルリカケス（カラス科）　留鳥、英名は Lidth's Jay。Jay は鳴き声の"ジェー"より。奄美大島の山地だけに棲息する貴重な鳥。背、肩、胸が赤茶色で頭、翼、尾羽が瑠璃色の美しい鳥。

47 沖縄県

▼那覇市の1世帯当たり年間鶏肉・鶏卵購入量

種　類	生鮮肉（g）	鶏肉（g）	やきとり（円）	鶏卵（g）
2000年	41,431	9,719	787	28,826
2005年	43,735	10,281	864	29,894
2010年	41,491	10,883	846	30,183

　沖縄県の食肉文化は内地とは違った面がある。牛・豚の関係では、石垣牛、黒島牛などの肉用牛は有名である。豚ではアグーの肉質は内地の豚肉とは違った美味しさがある。

　地鶏・銘柄鶏には、タウチー、琉球どり、やんばる地鶏などがある。

　2000年、2005年、2010年の沖縄県の県庁所在地・那覇市の1世帯当たりの鶏肉・生鮮肉の購入量は、生鮮肉については九州圏の県庁所在地の購入量と大差はないが、鶏肉の購入量は9,000gから10,000gである。鹿児島市や宮崎市の14,000gと比較すると、5,000gほど少ない。沖縄の食肉文化は豚肉や牛肉が主体となっていることが推測できる。

知っておきたい鶏肉、卵を使った料理

- **アーサーの玉子焼き**　緑藻のアーサーが入った厚焼き玉子。一切れ口に入れて噛みしめるとアーサーの香りが広がり脳裏に美ら海が浮かぶ。ほっとする美味しさの玉子焼き。アーサーは沖縄の岩場に生える海藻で、"あおさ"のこと。沖縄の家庭でも食堂でもお味噌汁の定番の具。"わかめ"より高タンパクでビタミンC、カルシウムも多く、またルティン、食物繊維も多い注目の健康食品。前田鶏卵が作る。
- **カステラかまぼこ**　県魚のぐるくんなどの白身魚を、蒲鉾を作るようによくすり、卵を混ぜ、塩、砂糖、片栗粉を加え、型に流して蒸しあげて作る郷土料理。冷めたカステラかまぼこは、油で揚げても美味しい。
- **ブエノチキン**　若鶏の丸焼きで、アルゼンチン料理を沖縄風に仕上げた料理。お酢にたっぷりのにんにく、たまねぎ、ハーブを混ぜて作った特

製たれに１日漬け込み、漬け込み後、鶏のお腹の中ににんにくやたまねぎを詰め込み、じっくりロースターで焼き上げる。お腹の中のにんにくは、蒸し焼きにされるので、臭いは消え、旨みだけが残り美味。
- **てんぷらー**　沖縄風揚げ物、衣に卵が多く上がった色も黄色みが濃い。衣にも味が付いている。
- **ポーク玉子おにぎり**　おにぎりの間に、ポークランチョンミートと玉子焼きを挟んだおにぎり。コンビになどでも売られている。温めて食べることが多い。ポークランチョンミート（スパム）は第二次大戦後の米国の沖縄統治の影響が大きい。
- **おにささ**　石垣島の昼食、鶏のささ身のフライに好みのおにぎりを貼り付けて、ソースやマヨネーズ、ケチャップで味付けをして食べる。
- **沖縄風ちゃんぽん**　長崎の麺料理のちゃんぽんとは異なり、野菜とポークランチョンミートを炒めて卵でとじ、平皿のご飯の上に載せたご飯の料理。
- **フライドチキン**　沖縄は豚肉食文化と思われるが、鶏肉の消費量も多い。フライドチキンは、お祝い事のハレの食事やお土産にもよく使われる。フライドチキンのチェーン店も、沖縄での売り上げは日本国内でも上位に位置するほど。

地鶏

- **タウチー**　沖縄原産の大型の軍鶏。大軍鶏の体重が5kgくらいなのに比べて、タウチーは7kgを超えることもあり、地上から頭のてっぺんまでの高さが90cmを超える一番大きな軍鶏。絶滅危惧種。軍鶏に関しては付録１を参照。
- **やんばる地鶏**　体重：平均3,420g。植物性原料の専用飼料に沖縄の健康素材のよもぎやウコン、島唐辛子、ニンニクを加えた。肉は赤みが強く繊維が細かくて歯ざわりが良い。むね肉もばさつかずジューシー。鶏肉特有の臭いが極めて少ない。平飼いで飼養期間は80日以上。ロードアイランドレッドとレッドコーニッシュを交配した雄に、ロードアイランドレッドを交配した雌を掛け合わせる。中央食品加工が生産する。

たまご

- **ふこい卵** 専用の飼料に健康成分のフコイダンを加えて元気に育てた鶏が産んだ卵。与える水にもこだわり"元始活水器"を通している。フコイダンはモズクなどの海藻のぬるぬる成分中にある食物繊維で抗菌作用や抗がん作用が研究されている。見奈須フーズが生産する。

その他の鳥

- **ダチョウ** 今帰仁（なきじん）の「ダチョウランド」で、日本国内初のダチョウの飼育が始まった。ダチョウステーキや、ボリュームのあるダチョウの卵の目玉焼きを味わうことができる（付録1も参照）。

> **県鳥**
>
> **ノグチゲラ、野口啄木鳥（キツツキ科）** 英名は Pryer's Woodpecker。Pryer は、動物の収集や分類を行った英国人の名前で、ノグチは人名の野口だが詳細は不明。留鳥。沖縄だけに分布する固有種で、特別天然記念物に指定されている。"キツツキ"の名前の由来は、「木突（きつつき）」と一般的に思われているが、どうもこの解釈は江戸時代以降の俗説といわれている。"きつつき"は"つついて虫を捕る"、すなわち、"つついて"虫を"テラ"、"テラツツキ"に由来するといわれている。"テラツツキ"が"ケラツツキ"になり、"キツツキ"なったといわれている。また、今日、キツツキのことを"ケラ"とよぶわけは、"ケラツツキ"の下部が省略されて"ケラ"になったといわれている。絶滅危惧ⅠA類（CR）。

付録1

主な食鶏の特徴

アヒル

カモ目カモ科。アヒルは中国や東南アジアで越冬していたマガモ("Mallard")の飛翔力を弱め飼育管理しやすくするなどの改良を行った(家禽化)物と考えられている。アヒルは12世紀頃には中国から日本に渡来していたようだ。名は、大きな水かきが付いた足に由来する"足広(アシヒロ)"が語源。現在はマガモに似た青首型のアヒル("Japanese Mallard Duck")が、各地の河川や公園の池で放し飼いや半野生の状態で生息している。国内では大規模な産業用飼育は行われていない。マガモはロシアなど北半球中高緯度の広い範囲に分布し冬に日本に渡ってくる冬鳥。首から頭にかけて光沢のある綺麗な青緑色をしている。合鴨はアヒルとマガモの交雑種で、有機栽培の稲作などで「合鴨農法」として利用され肉も消費される。また、カモ肉用には肉用のアヒルが育種改良されて飼育されている。日本で卵といえば、鶏卵を指すが、中国や東南アジアではアヒルの卵の方が流通量は多い。地元では"ピータン"や"塩漬け卵"、また孵化途中(卵中でヒヨコに成りかけ)の卵をゆでた"ホビロン"、"バロット"も元気の素として日常的に食される。

ウズラ

キジ目キジ科。ウズラは世界各地にいろいろな種のウズラが生息している。日本では渡り鳥として今でも野生種が生息している。紀元前3000年頃のエジプトの壁画にも登場する。鎌倉時代からウズラの鳴き声を楽しむために愛玩用に飼育されていた。明治に入り豊橋で改良されて採卵用に飼育されるようになった。この日本で改良された日本うずらは、世界中で飼育されている。名は韓国語の「モズラ」に由来する説と、古語の「ウ(草むら)にツラウ(群れる)」鳥に由来する説がある。家禽化された日本うずらの英名は"Japanese quail"で海外でもこの名前でよばれる。

付録

エミュー

ヒクイドリ目エミュー科。英名は"Emu"。エミューはオーストラリア原産でオーストラリアの国鳥。ダチョウについで世界で2番目に大きい鳥類で、体長75cm、地上から頭の先まで200cm、体重が50kg以上になる。ダチョウと同じく飛ぶことはできない。気温差のある砂漠に生息するので寒暖の差には強く雑食性。性格は温和で飼育が容易。飼育下での寿命は約20歳。肉は高蛋白で低脂肪、低カロリーで低コレステロールのヘルシーミート。豚肉の4倍の鉄分を含んでいる。また、卵の殻の色は深い緑色で、大きさは鶏卵の10倍の600g。脂肪から採れるオイルは、オーストラリアの原住民のアボリジニが、スキンケアや医薬品として数千年前から利用している。潤いと保湿効果のあるオレイン酸と清潔感を保つリノール酸が多く含まれている。また、浸透性にも富む。ダチョウと同じように、肉や卵は食用に、卵の殻はエッグアートとし、羽根は装飾品に、皮は高級な皮革の"オーストリッチ"風に加工される。

かしわ、かしわ肉

　地鶏のような濃い褐色の羽の色の鶏ではなくて、黄褐色の黄鶏のことを、枯れて黄変した柏の葉に見立てて"かしわ"と言ったという記録が、江戸初期の書物に残っている。地鶏に肉用種のコーチンなどを掛け合わせた"三河種"や"名古屋種"の羽の色（バフ色、黄褐色）を指して、この鶏を"かしわ"とよんだが、その後、その肉が美味しいので肉のことも"かしわ"とよぶようになったと考えられている。

在来種（ざいらいしゅ）

　明治時代までに日本国内で成立した、または導入され定着した38種（付録2を参照）と、日本農林規格（JAS規格）で定められている。畜産学的には、古くから特定の地域で、その環境条件に適応しながら飼育され、特定の利用目的のために選抜されてきた家畜や家禽の品種のことをいう。遺伝的多様性に富み、改良品種に比べて生産性は低いが未利用な形質を保有するので重要な動物資源。

七面鳥（しちめんちょう）

　キジ目キジ科。七面鳥は、アメリカやフランスを中心に世界中で2億羽以上飼われている。日本には江戸時代にオランダ人によってもたらされ、オランダ語の"カクラン"とよばれていた。興奮すると顔や肉垂れの色があっという間に赤色に変わるので、七つの顔色を持つ鳥として和名の"七面鳥"と名が付いた。英名は"Turkey"。原産地はアメリカからメキシコにかけてだが、その昔トルコ（Turkey）経由でヨーロッパに紹介されたので"ターキー"とよばれるようにな

った。欧米では、"ローストターキー"はクリスマスや感謝祭にはなくてはならない料理。他にも、日本の鶏肉のように焼いたり、煮込んだり、サンドイッチやサラダなどに日常的に使う。ターキーハムもある。

地鶏（じどり）

JAS法（農林物資の規格化及び品質表示の適正化に関する法律）の定義では、在来種の血液が50％以上（母親か父親は在来種であること、もしくはそれ以上在来種の血液が濃いこと）で、ふ化後28日齢以降は、床面積1m^{2}当たり10羽以下で、鶏が自由に運動できるような平飼いにし、80日齢以上飼育した鶏と定められている。品種でいう"地鶏（Japanese old style native fowl）"はもっと狭い範囲の鶏を指し、岐阜地鶏、伊勢地鶏、土佐地鶏、芝地鶏、トカラ地鶏、徳地地鶏など、弥生時代に渡来した鶏を祖先として、各地の環境に適応した鶏をいう。地鶏の前3種は1941（昭和16）年に天然記念物に指定されている。

ダチョウ

ダチョウ目ダチョウ科。ダチョウは、現生する鳥類の中で最大で、大きな雄は体長180cm、地上から頭の先まで250cm、体重155kgに達する。たくましい体、細く長い首と小さな頭、頑丈な長い脚をもち、快足に走る。飛ぶことはできないが、時速50km以上で長時間走ることができる。趾（足の指）は、鶏が4本のところ、ダチョウはよく発達した中趾と外趾の2本のみ。一夫多妻制で、冬から春の繁殖期間に、40個くらいの卵を産む。卵の大きさは、長径15～20cmで、重さは1.5kgほどあり鶏卵の約25倍。生息地域は、アフリカとアラビア半島、そして、オーストラリアには放し飼いにされていた鳥が野生化している。肉色は鶏肉（ホワイトミート）と異なり牛肉のような赤い色（レッドミート）をしている。肉質はやわらかく、低脂肪、低コレステロール、低カロリーで、鉄分が多い。出荷する体重の100kgになるのに1年から1年半かかるが、繁殖力があり、発育が早く、飼料などの飼育コストが安い。肉や卵は食用に、羽根は装飾品に、皮は高級な皮革の"オーストリッチ"に加工される。英名は"Ostrich"。

日本鶏

明治維新以前から日本で飼育され、長い年月をかけて改良し、日本独自のさまざまな種類となった。姿かたちが美しく、世界に誇る鶏や、鳴声を楽しむ鶏など、日本には17品種が天然記念物（うち、1品種が特別天然記念物）に指定されている（付録2を参照）。

ニワトリ

　名前の由来は、庭先で飼われていたから"庭鶏"となったと思われがちだが、昔、日本で飼われていた鶏の羽の色が"褐色"で、この色の伝統的な呼称が"丹色"、そこから"丹色の鳥"、"にわとり"とよばれるようになったといわれている。

鳩

　ハト目ハト科。飛翔力を弱めずに家禽化された唯一の家禽。世界的には、食用、通信用、愛玩用の多様な品種がある。通信手段のない時代、鳩は重要な情報の伝達手段だった。フランス料理や中華料理、東南アジアでは普通の食材だが、日本では食べる習慣はない。英名は"Pigeon"。

ブロイラー

　発育速度がたいへん速く、孵化後3カ月未満で3kg前後に育つ食用の若どりの総称。一般に「若どり」「肉用若どり」「ひなどり」などとよばれる。日本では1965（昭和40）年ごろから各地に飼育が広がった。栄養価のある鶏肉を安く大量に供給できる。品種は、白色コーニッシュや白色プリマスロック、白色ロック、赤色コーニッシュなどが使われるが、中でも白色コーニッシュの雄に白色プリマスロックの雌を交配したブロイラーが世界のブロイラーの大半を占めている。また、育種会社が、産肉性や食味、壮健性などを目的に、上記鶏種や、ロードアイランドレッドや横斑プリマスロックなど他の品種を使って育種改良した"チャンキー"や"コブ""アーバーエイカー""ハバード""ラミート"などもブロイラーとしてよく使われる。ブロイラーの名称は、オーブンで丸焼き（ブロイル：broil）に適した大きさの若鶏に由来する。

ホロホロ鳥

　キジ目キジ科。ホロホロ鳥は古代ギリシャ・ローマ時代から食用にされていた。もともとはアフリカのサバンナに生息する野生のホロホロ鳥を飼いならして家禽化したもので、紀元前2400年頃のエジプトのピラミッドの壁画にも描かれている。肉質は、野鳥のようなクセや臭みがなくやわらかく弾力があり脂肪分も少なくあっさりとした味わい。牛肉に匹敵するほど美味といわれ、ヨーロッパでは「食鳥の女王」と称される。昔からフランス料理やイタリア料理に広く使われ、フランス国内で飼養する家禽の30％をホロホロ鳥が占める。ギリシャ語でホロホロ鳥は"メレアグリス（meleagris）"といい、"（勇士）メレアグロスの姉妹"という意味。勇士メレアグロスの死を悲しんだ姉妹は鳥に姿を変えたというギリシャ神話に由来する。羽の斑点模様は姉妹たちが"ほろほろ"流した涙であり、和名もホロホロ鳥と付けられた。日本へは江戸時代後期の1819（文政2）年に渡来

した。国内での飼養羽数は多くない。英名は "Guinea Fowl" でギニアの鶏の意味。

銘柄鶏(めいがらどり)

　地鶏の定義以外の鶏で、○○地鶏など商品に"地鶏"とは標記できない。基本的にブロイラーを使う場合が多いが、飼育期間を延ばしたり、放し飼いなどの飼育方法や、飼料に工夫をした鶏が多い。

野鶏(やけい)

　キジ科。野鶏は、今もインドから東南アジア、中国にかけて生息する野生の鶏で、赤色野鶏、セイロン野鶏、緑襟野鶏と灰色野鶏の4種がいる。このうち、赤色野鶏が今の家鶏の祖先とする説が有力。

付録2

天然記念物 17 種を含む
在来種 38 種一覧（50音順）

会津地鶏（あいづじどり）

　原産地：福島県。体重：平均1,500g。平家の落人が会津に持ち込み、愛玩用に飼っていた地鶏。長い歴史のある郷土の伝統芸能の会津彼岸獅子の獅子頭に、会津地鶏の黒く長い尾羽が装飾として使われている。彼岸獅子は、獅子が笛と太鼓の音色に合わせて舞い、春の訪れを喜び、豊作と家内安全を祈る伝統行事。

伊勢地鶏（いせじどり）

　原産地：三重県。体重：平均1,800g。三重地方で昔から飼われていた地鶏。三重地鶏、猩々地鶏（しょうじょうじどり）ともよばれる。岐阜地鶏、土佐地鶏（小地鶏ともよぶ）とともに、伊勢地鶏も1941（昭和16）年に「地鶏」として天然記念物に指定された。

岩手地鶏（いわてじどり）

　原産地：岩手県。体重：雄平均1,800g、雌平均900g。岩手県北部の山間部や紫波町、県南部で飼われていた地鶏。一時、絶滅したと思われていたが、再発見され、現在は岩手県畜産研究所で保存されている。野生色が強く飛ぶ力も強い。1984（昭和59）年に天然記念物に指定された。

インギー鶏（とり）

　原産地：鹿児島県種子島。体重：雄平均3,500g、雌平均2,800g。尾骨はあるが尾羽が生えない大型の無尾鶏。1894（明治27）年に、イギリスの帆船"ドラメルタン号"が難破して種子島に漂着した際に、島民が船員を救助した。このお礼として、船で食料用に飼っていた11羽の鶏を残した。イギリスにこの姿の鶏はみられず、中国広東の英陽鶏と尾の形や羽色が似るので、航海の途中で入手したと推測されている。

烏骨鶏（うこっけい）

　原産地：中国。体重：雄平均1,125g、雌平均900g。江戸時代初期に中国から伝わった、小型の特殊な鶏。羽毛はサラサラの絹糸羽、趾（足の指）も普通の鶏

が4本のところ5本ある。皮膚や骨、内臓、鶏冠などにはメラニン色素が沈着して黒い色をしており、その様がカラス（烏）に似ているのでカラスの骨の鶏といわれた。肉は薬効があるといわれている。英名では羽根の特徴から"silky"という。1942（昭和17）年に天然記念物に指定された。

鶉矮鶏、鶉尾

原産地：高知県。体重：雄平均670g、雌平均500g。名前に矮鶏と付いているが矮鶏ではない。小さな鶏を矮鶏とよぶ習慣から起きた混乱で、"鶉尾"とよぶ場合もある。江戸時代中期に"土佐地鶏"から作られた、尾骨がなく、尾羽も無い小型の鶏。背中の蓑毛が豊富で、下半身を丸く包み込み、愛らしい。1937（昭和12）年に天然記念物に指定された。

ウタイチャーン

原産地：沖縄県。体重：雄平均1,800g、雌平均1,300g。数百年前に中国から沖縄にもたらされたと考えられている。沖縄では、"チャーン""ウテードゥイ（唱鶏）"、中国では"琉球鶏"といわれる。名前は中国語の"鶏唱（ジーチャン）"に由来するといわれている。鳴声に特徴があり、独特の節と澄んだ高音で「ケッケッーケッ」と歯切れよく鳴く。平成3年に県の天然記念物に指定された。

エーコク

エーコクは、江戸末期にイギリスから日本へ鶏の導入を試みたが叶わず、帰国途中に寄港した中国上海で入手したコーチンを、備中、現在の岡山県に導入して飼ったもので"備中エーコク（岡山エーコク）"とよばれていた品種。イギリス船がもたらしたので"エーコク"という。"備中エーコク"が山陰に伝わり"鳥取エーコク"に、また、讃岐では"香川エーコク"になったといわれる。

横斑プリマスロック

原産地：アメリカ。体重：雄3,850～4,800g、雌2,700～3,400g。1620年にアメリカ大陸に向けて英国のプリマス港を出港したメイフラワー号の移民が、最初に上陸した岩を"プリマス ロック"と名付け、そこがプリマスという町になった。プリマスで、東洋系肉用種に、西インド諸島の横斑鶏ドミニークを交配して完成した鶏が"横斑プリマスロック"。性質は温順で、体質強健、飼育も容易。日本には、1887（明治20）年に輸入され、卵肉兼用種として全国で飼われている。

沖縄髭地鶏

原産地：沖縄県。体重：雄平均1,800g、雌平均1,300g。

尾長鶏(おながどり)

　原産地：高知県。体重：雄平均1,800g、雌平均1,350g。鳥類として最も長い尾羽を持つ鳥。雄の尾羽は換羽しないで、1年間に1m前後伸びる。土佐藩主山内侯の大名行列の先頭を行く槍の鞘飾りに尾羽が使われていた。尾長鶏の存在は藩の秘密とされ、周囲に存在が知れ渡ったのは、江戸時代後期である。普通に飼うと尾羽が擦り切れてしまうので専用の止箱の中で飼われる。運動の時には尾羽が脚に絡まないように尾羽を人が束ねて手で持ちながら付き添う。1923（大正12）年に日本で一番最初の鶏の天然記念物に指定され、1952（昭和27）年には特別天然記念物に昇格した。

河内奴鶏(かわちやっこ)

　原産地：三重県。体重：雄平均930g、雌平均750g。大阪の河内とは関係なく、三重県度会郡南島町河内地方で作出された鶏。江戸時代後期に、渡辺華山が描いた絵に、河内奴と思われる鶏がいるので、江戸時代には存在していたと考えられる。小型で敏捷な動きが"奴さん"に似ているので"河内奴"といわれる。鶏冠は、真中の鶏冠が大きく、両側の鶏冠は小さく側冠としてついた"三枚冠"を特徴とする。1943（昭和18）年に天然記念物に指定された。

雁鶏(がんどり)

　原産地：秋田県。体重：雄平均3,300g、雌平均2,000g。秋田県で昔から飼われていた地鶏。脚が短く、首が細く、雁に似た体型から、"雁鶏"の名が付いた。絶滅したと思われていたが、大館市の篤志家により少数が保存されていた。

岐阜地鶏(ぎふじどり)

　原産地：岐阜県。体重：雄平均1,800g、雌平均1,350g。岐阜地鶏は、平安から江戸時代初期にかけて今の岐阜県郡上八幡周辺で飼われていた地鶏で、地元では"郡上地鶏"とよばれる。神話の天照大神の天岩戸伝説で鳴いた鶏とも考えられているが定かでない。伊勢地鶏（三重地鶏、猩々地鶏ともよぶ）、土佐地鶏（小地鶏とも）とともに、岐阜地鶏も1941（昭和16）年に「地鶏」として天然記念物に指定された。赤笹地鶏。名古屋コーチンの作出にも使われた。

熊本種(くまもとしゅ)

　原産地：熊本県。体重：雄平均3,750g、雌平均3,000g。1900（明治33）年ごろ、熊本の地鶏に、バフ・コーチンやコーチン系のエーコクから作りだされた"熊本コーチン"に、"バフ・プリマスロック"や白色レグホンを交配した。1976（昭和51）年、絶滅寸前の在来種の"熊本種"を熊本県養鶏試験場が復元した。

久連子鶏
<ruby>く<rt></rt></ruby><ruby>れ<rt></rt></ruby><ruby>こ<rt></rt></ruby><ruby>と<rt></rt></ruby><ruby>り<rt></rt></ruby>

原産地：熊本県。体重：雄平均2,250g、雌平均1,800g。平家の落人伝説で知られる熊本県五家荘久連子村の原産で、昭和初期に知られるようになった。小型の地鶏、半鶏から改良されたと考えられている。300年前から久連子村に伝わる郷土芸能の"太鼓踊り"の花笠一つに、久連子鶏の羽が300本ほど使われている。1965（昭和40）年に県の天然記念物に指定された。

黒柏鶏
くろかしわ

原産地：島根県、山口県。体重：雄平均2,800g、雌平均1,800g。黒色の小国といってよいほど優美な姿をしている。長鳴性で10秒近く鳴くものもいる。昔、中国地方で、美味しい肉を採るために闘鶏種の小国鶏から改良された鶏。天然記念物には唯一戦後（昭和26年）に指定された。黒色が主流だが、山口県に白色の白柏が、兵庫県に赤笹の播州柏が少数残る。

コーチン

原産地：中国。体重：雄4,600〜5,900g、雌4,100〜5,000g。原産地は中国だが、名前はコーチシナ（現在のベトナム南部の昔の呼称）に由来する。1850年ごろ、中国上海からイギリスに導入された鶏で、"シャンハイ"とよばれていたが、いつしか"コーチン"と称されるようになった。性質が温順な大型の肉用種で、多くの品種の作出に関わっている。脚毛も特徴的。

声良鶏
こえよし

原産地：秋田県、青森県、岩手県。体重：雄平均4,500g、雌平均4,000g。日本三長鳴鶏の一つ。"東天紅""蜀鶏"より体が大きいので、鳴声は太く、余韻の響く低音で鳴く。角館や比内地方の大地鶏と、蜀鶏から作り出されたと考えられる。外観、風貌は怖そうだが、性格はおとなしい。1937（昭和12）年に天然記念物に指定された。

薩摩鶏
さつまどり

原産地：鹿児島県。体重：雄平均3,375g、雌平均3,000g。江戸時代に今の鹿児島県や宮崎県で闘鶏用として、軍鶏と小国から作られた鶏。脚に剣をつけて戦わせたので"剣付鶏"ともよばれる。軍鶏は体重が重いので、闘鶏の際、最初のうちしか空中戦ができないが、薩摩鶏は俊敏で羽も強いので空中で勝負する。薩摩鶏は、軍鶏、比内鶏と同様に肉質が良いので、肉用鶏の作出によく使われる。1943（昭和18）年に天然記念物に指定された。

佐渡髭地鶏
<ruby>佐<rt>さ</rt></ruby><ruby>渡<rt>と</rt></ruby><ruby>髭<rt>ひげ</rt></ruby><ruby>地<rt>じ</rt></ruby><ruby>鶏<rt>どり</rt></ruby>

　原産地：新潟県佐渡。体重：雄平均1,500g、雌平均1,200g。新潟に古くからいた芝鶏の肉髯が退化して、毛髯にかわった髯が付いた小型の地鶏。芝地鶏ともよばれる。

地頭鶏
<ruby>地<rt>じ</rt></ruby><ruby>頭<rt>と</rt></ruby><ruby>鶏<rt>っこ</rt></ruby>

　原産地：鹿児島県、宮崎県。体重：雄平均3,000g、雌平均2,500g。江戸時代、薩摩地方の地鶏から突然変異で出現した日本鶏。あご髯があり、脚が3cm（1寸）と短いので"一寸鶏"ともよばれる。昔、農家では庭先で鶏を放し飼いにして、卵や肉を得ていた。背が高いと作物の穂先を食べてしまうので、短脚は都合が良かった。名の由来は、美味しい鶏肉として農民が地頭職に献上したとする説と、宮崎地方で「じとっこ」とよぶミミズクに似ていたからとする説がある。1943（昭和18）年に天然記念物に指定された。

芝鶏
<ruby>芝<rt>しば</rt></ruby><ruby>鶏<rt>とり</rt></ruby>

　原産地：新潟県。体重：雄平均1,500g、雌平均1,200g。越後の広い範囲で昔から飼われていた卵肉兼用の地鶏で、早朝の報晨（時告げ）、雑穀処理など、農家の生活に密着した生活をしていた。日本最古の地鶏と考えられている。地元では「しばっとり」とよばれる。

軍鶏
<ruby>軍<rt>しゃ</rt></ruby><ruby>鶏<rt>も</rt></ruby>

　原産地：日本。体の大きさで、大軍鶏（雄平均5,600g、雌平均4,900g）、中軍鶏（雄平均3,800g、雌平均3,000g）、小軍鶏（雄平均1,000g、雌平均800g）に分けられる。一番大型の軍鶏は沖縄の「タウチー」で、体重7,000gを超え、地面から頭までの高さは90cm以上になる。名前はシャム（現在のタイ）に由来する。江戸時代初期に、シャム周辺から、朱印船などによりもたらされた鶏が元になっている。12～13世紀、平安時代から鎌倉時代にかけて描かれた国宝の「鳥獣戯画図乙巻」にも、軍鶏の様な直立姿勢の鶏が登場するので、このころには既に日本にいたと考えられる。現在、軍鶏の愛好家は日本全国に多く、闘鶏だけでなく、愛玩用、観賞用として、一番多く飼われている日本鶏であろう。また、軍鶏は、薩摩鶏、比内鶏と同様に肉質が良いので、肉用鶏の作出によく使われる。江戸時代、軍鶏鍋で食されていた。英名はJapanese Game Bantan。1941（昭和16）年に天然記念物に指定された。

小国鶏
<ruby>小<rt>しょう</rt></ruby><ruby>国<rt>こく</rt></ruby>鶏

　原産地：京都府、三重県、滋賀県。体重：雄平均2,000g、雌平均1,600g。平安

時代に遣唐使が中国の揚子江河口にあった昌国から持ち帰ったとされる。赤笹の小さな地鶏しか知らなかった当時の日本では、首から背中にかけて白く、胸から腹、尾羽が黒く長い白藤の美しく立派な姿は人気を集めた。闘争心が強く"鶏合わせ"と称した"闘鶏"にも使われていたが、江戸時代には軍鶏が闘鶏の主流になった。鳴き声の綺麗な小国鶏は、時刻を正確に告げるところから「正刻」、あるいは「正告」ともよばれ、神社の神鶏などとして時を告げていた。小国鶏は多くの日本鶏の祖先種になっている。1941（昭和16）年に天然記念物に指定された。

矮鶏（ちゃぼ）

　原産地：日本。体重：雄平均730g、雌平均610g。日本鶏の中で一番小さい鶏。江戸時代初期に、当時の明、今の中国を経由して渡来したと考えられている。名前は、もともとの原産地のベトナム中南部に在った王国「チャンパ」に由来する。町人文化華やかな江戸時代に、豪商や大名が独創的な矮鶏を競い、育種改良された。寛政年間（1790年ごろ）に書かれた「長崎見聞録」にも、さまざまな矮鶏が紹介されており、長崎からオランダ船で"日本鶏ナガサキ"の名で輸出されたことが記されている。現在も国内だけでなく海外にも愛好家が多く、"Chabo"の名で通用する。1941（昭和16）年に天然記念物に指定された。

東天紅鶏（とうてんこう）

　原産地：高知県。体重：雄平均2,250g、雌平均1,800g。1860年ごろ（江戸時代）から土佐の山間部で飼われていた地鶏だったが、特別名前はなかった。1887（明治20）年ごろ、夜明けの東の空が紅く染まるころに時を告げた（鳴いた）ので、"東天紅"という立派な名前が与えられた。1936（昭和11）年に天然記念物に指定された。日本三長鳴鶏（声良、蜀鶏）の一つで、最も長く（15～20秒）鳴き続けることで有名。

蜀鶏（とうまる）、唐丸鶏（とうまる）

　原産地：新潟県。体重：雄平均3,750g、雌平均2,800g。江戸時代初期に中国からもたらされた大唐丸と、長鳴性の鶏から新潟県で作出されたと考えられる大型の鶏。蜀鶏は、東天紅鶏、声良鶏と並んで三長鳴鶏として有名であり、力強い張りのある鳴声が特徴。発育は遅く産卵率も低い。1939（昭和14）年に天然記念物に指定された。一方、大唐丸は、身の丈90cmもあるが、時を告げる性質も弱く、長鳴性もなく、闘鶏もそれほど強くなかったので、有用性が乏しく、明治期に絶滅したとされている。また、江戸時代に罪人を護送した竹編みの籠（唐丸籠）は、この大唐丸の飼育籠だといわれている。

土佐九斤
とさくきん

　原産地：高知県。体重：雄平均4,800g、雌平均3,800g。九斤とはコーチンのこと。エーコクとバフ・コーチンを交配した鶏。コーチンのような脚毛はない。

土佐地鶏
とさじどり

　原産地：高知県。体重：雄平均680g、雌平均600g。高知原産の小型の地鶏で小地鶏ともいう。羽の色や大きさから古代の鶏の面影を強く残していると考えられる。最近の研究で他の地鶏が中国由来のところ、土佐地鶏は東南アジア由来のようだ。岐阜地鶏、伊勢地鶏（三重地鶏、猩々地鶏ともよぶ）とともに、土佐地鶏も1941（昭和16）年に「地鶏」として天然記念物に指定された。

対馬地鶏
つしまじどり

　原産地：長崎県。昔から対馬で飼われていた長崎を代表する地鶏の"対馬髯地鶏"の雌に、"赤色コーニッシュ"の雄を交配して作出された。

名古屋種、名古屋コーチン

　原産地：愛知県。体重：雄平均3,000g、雌平均2,500g。明治初期に岐阜地鶏とバフコーチン（羽がバフ色のコーチン。バフ色は黄褐色から黄土色を指す色）を交配して、脚に羽（脚毛）のある卵肉兼用種の"名古屋コーチン"が作られ、その後、バフ・レグホーンやロードアイランドレッドなどを交配して、脚毛のない"名古屋種"を作った。肉も美味しいが、卵もややサイズは小さいが、殻は桜色で、卵黄も色濃く、味もコクがあり美味しい。近年は、肉用としての人気が高まり、商業的には名古屋コーチンの名が通っている。愛知県畜産総合センターの種鶏場から供給された種鶏を使った名古屋コーチンはさらに差別化され純系名古屋コーチンの名が与えられている。

比内鶏
ひないどり

　原産地：秋田県。体重：雄平均3,000g、雌平均2,300g。秋田県の比内地方、現在の大館市には大地鶏とよばれる鶏がいた。外見はいたって普通の鶏だが、この鶏肉はことのほか美味しく評判となり、明治30年ごろから"比内鶏"とよばれるようになった。比内鶏の肉は、キジやヤマドリの味がするといわれ、江戸時代には年貢として納められていたといわれている。明治時代に秋田きりたんぽ鍋に欠かせない食材になった。比内鶏は、軍鶏、薩摩鶏と同様に肉質が良いので、肉用鶏の作出によく使われる。1942（昭和17）年に天然記念物に指定された。

三河種(みかわしゅ)

原産地：愛知県。体重：雄平均2,800g、雌平均2,300g。三河種は外国種バフ・レグホーンの雄に、雌のバフ・プリマスロックとバフ・オーピントンを交配して、1904（明治37）年に成立したバフ・ミックスに、さらに、多産性の白色レグホーンと、産肉性の高い名古屋種を交配して、1916（大正5）年に完成した。当時は"岡崎種"とよばれた。羽の色はバフ色（帯黄色）で卵の殻は桜色。

蓑曳矮鶏(みのひきちゃぼ)、尾曳(おひき)

原産地：高知県。体重：雄平均940g、雌平均700g。名前に矮鶏と付いているが矮鶏ではない。小さな鶏を矮鶏とよぶ習慣から起きた混乱で、中型の鶏の"蓑曳"とも混乱するので"尾曳"とよばれるようになった。小型の"尾長鶏"ともいえる風情があり、美しくかわいらしい。尾羽が1mに達するものもいる。脚が短く、尾が地面を曳くので"尾曳"となった。1937（昭和12）年に天然記念物に指定された。

蓑曳鶏(みのひき)

原産地：愛知県、静岡県。江戸時代後期に小国と軍鶏の交配によって作られたと考えられる。背中から腰にかけてある蓑羽が長く、地面を曳きずることから名づけられた。姿は美しく女性的。大きく2系統あり、三河系（愛知県）はやや小型の小国タイプで、遠州系（静岡県）は大型で軍鶏タイプ。1941（昭和15）年に天然記念物に指定された。

宮地鶏(みやちどり)

原産地：高知県。体重：雄平均2,400g、雌平均1,100g。明治時代に高知県宿毛の宮地氏が作出した短脚種。性質は温順で、脚が短く作物の穂先を食べ荒らさないので、放し飼いに適しており、卵もよく産む。地鶏と捉えるのなら"宮地地鶏(みやちどり)"となる。

ロードアイランドレッド

原産地：アメリカ。体重：雄平均3,850g、雌平均2,950g。米国ロードアイランド州で、レグホーンやコーチンなどを交配して1905年に成立した。日本には昭和になってから本格的に導入され、強健で温順なので飼育しやすく、卵肉兼用種の主流となった。現在、地域特産鶏の種鶏として広く使われている。体重700g台の矮性タイプは、"プチコッコ"の名で愛玩用に飼われている。卵殻の色は褐色の赤玉。

付録3

焼き鳥の各部位の特徴

- **焼き鳥** 焼鳥。鳥肉に、たれや塩などをつけてあぶり焼いたもの。
- **やきとり** 鳥や豚、牛などの肉や臓物を串に刺して焼いたもの。
- **ホルモン焼き** 牛や豚のハツやレバー、腸管などをタレに漬け込んだり、塩焼きにした料理を「ホルモン焼き」という。「ホルモン」と「もつ」は同じ意味でも使われるが、本来「ホルモン」は腸管を指し、「もつ」は心臓や肝臓、腎臓など、腸管以外を指す。それぞれの語源は、「内臓は捨てる物」の意味の「放るもの」が転じたという説と、滋養強壮や強精の意味の内分泌の「ホルモン」に由来するとする説。そして、「もつ」は「臓物」に由来する。

〈各部位〉

- **もも** 焼き鳥の定番。ジューシーなモモ肉の串焼き。皮付き、皮なしがある。
- **むね** 胸肉。脂が少なくさっぱりとし、肉の味がよくわかる。
- **正肉** 胸肉とモモ肉の両方を交互に刺した焼き鳥。
- **ささみ** 胸肉の下に隠れている筋肉で、脂分が少なくさっぱりとしていてやわらかい。鳥刺しや鳥わさに料理されることも多い。筋肉の形が笹の葉に似るので"ささみ"という。1羽から2本とれる。
- **ねぎま** 肉と肉の間に長ネギを刺した焼き鳥。使う肉は、モモ肉と胸肉を交互に刺す場合が多い。
- **つくね** 鶏の挽肉に、卵や片栗粉を混ぜて団子状にして串に刺して焼いたもの。小判形にしたり、軟骨や大葉を混ぜたり、卵黄を付けて食べさせたり、各お店で工夫している。"つくね"の名前は、手でこねて丸める意味の「つくねる」の名詞形。
- **皮** 脂分は多いが、パリッと焼けた皮はおいしい。皮の部位により厚みや脂の多さが違うので、その部分だけを選んで串に刺すお店もある。
- **ぺた** お尻から背中にかけての皮で、一番厚い部分。ねっとりとした脂も旨い。
- **手羽** 鶏の翼。先端から手羽先、手羽中、手羽元の3部位からできている。よく動かす部分なので肉がしまり、いろいろな働きをする筋肉が多いので、表面の皮、脂とともに複雑な味が楽しめる。コラーゲンが多い。
- **手羽先** 皮が中心の部位だが、焼くと皮がパリッとして美味しい。串物より

揚げ物に使う場合が多い。人にたとえると手首から先の手(手のひらと手の甲)に相当する。

- **手羽中** 手羽先よりは肉が多く、表面の皮も美味しいが、この骨に付着した肉が特に旨い。焼き鳥の王様という人もいる。肘から手首までの前腕に相当する。
- **手羽元、ウイングスティック** 手羽先、手羽中と比べると肉量が多く淡白。串物より料理に使われることが多い。肩から肘までの二の腕に相当する。
- **レッグ** 骨付きのもも肉で、串に刺すのではなくて、豪快に骨付きももをそのまま焼く。パリパリに焼けた皮とジューシーなお肉、骨の周りの肉が美味しい。膝関節で切り離した下の部分は"ドラムスティック""ドラム"といわれる。膝関節は軟骨として食べると美味しい。
- **ドラム、ドラムスティック** 骨付きのもも肉（レッグ）の膝関節で切り離した下（ふくらはぎや脛）の部分。
- **ソリレス、ソリレース、そり、めがね** 中殿筋。鶏の骨盤の窪みに隠れている丸い筋肉。ソリレスとはフランス語で「愚か者は残す」という意味のようだ。"めがね"は開いて串に刺した形に由来する。弾力があり旨い肉。
- **おび** 外モモ。脂分の多いモモ肉の中では淡白なほうで、繊維質で肉の味は濃厚。
- **ふりそで** 肩から胸にかけての肉、肉汁が豊富だが脂が少なく上品な味。
- **軟骨、薬研軟骨** 肋骨が体前面の中央で接した部分で胸骨の下方にある軟骨。ささ身の一部が付いたやげん軟骨の焼き鳥もある。ヤゲンは、漢方薬などを調合する際に使う道具「薬研」に形が似ているので"ヤゲン"という。1羽からとれる量は1個。
- **げんこつ** 鶏の膝の軟骨。味の濃い肉を噛むと中にこりこりの軟骨が楽しめる。膝軟骨はから揚げも美味しい。1羽からとれる量は少ない。形が握りこぶし（げんこつ）に似る。
- **せせり、首ズル、そろばん、小肉、ネック、キリン** 首のところの肉。よく動かす筋肉なので、肉質はしまっており、噛めば噛むほど味が出てくる。1羽からとれる量は少ない。"そろばん"は串に刺した形に由来する。
- **さえずり** 気管と食道。食感は弾力があり、少々軟骨の食感もする。1羽から取れる量は少ない。
- **松葉** 鎖骨。鳥類では、強い羽ばたきの力を出すために左右の鎖骨が癒合し、松葉のようなV字形をしている。アメリカでは鳥類の鎖骨を"wishbone（願いの骨）"といい、クリスマス用にローストしたターキーなどの鳥の鎖骨の右端と左端を2人で持って引っ張り、割れた鎖骨が大きい人の願い事がかなうといわれている。

付　　　録

- **ぼんじり、ぼんぼち、テール、三角**　尾脂腺。脂の多いジューシーでプリプリした食感のある焼き鳥。鳥が羽繕いしている時に、嘴でお尻の部分を撫でてから羽を掃除している仕草を見かけるだろうが、この作業で羽に脂肪を補い羽が雨にぬれても水をはじいたり、水に浮けるようにしている。
- **油つぼ、オイルキャップ**　ぼんじりの付け根の薄黄色の脂の部分。脂がたっぷりのり独特の風味がある。
- **はらみ**　横隔膜。肉の厚さは薄いが、しっかりとした食感が特長。
- **ハツ、こころ、ハート**　心臓。歯応えは硬くもなく独特の弾力のある食感が美味しい。当然1羽からとれる量は1個だが小さい。通常、心臓周囲の脂肪を取り除き、縦半分に開いて中の血液を洗い流して使う。ハツのよび名は、昭和30年代に英語の「Heart（ハート）」から転じたといわれている。
- **ハツもと、つなぎ、心残り**　ハツの上部でハツに出入りする動脈と静脈も付いている。ハツの食感と血管の食感が絶妙で良い。
- **丸ハツ**　心臓。切り開かずに丸いまま焼いたハツ。食べた瞬間、口中にうまみが広がる。
- **レバー、きも**　肝臓。豚レバーに比べて臭いも少なく、しっとりとした食感で濃厚な味わい。1羽からとれる量は1個。ビタミンA、B_1、B_2、鉄分が多い。名前は、明治初期に広まった西洋料理の英語名「Liver（レバー）」からついた。"きも"の場合は、レバーとハツを一緒に串に刺す店もある。
- **白レバー**　色の白い肝臓。フォアグラのように普通のレバーよりも脂がのり、さらにねっとりと濃厚な味わい。
- **砂肝、砂ずり**　筋胃。鳥類は歯がないので、この筋胃で餌の穀類をすり潰して消化しやすくする。放し飼いの場合、鶏は小石を飲み込みこの砂肝に蓄えて、より効率的に穀類をすり潰す。鳥類にはこの筋胃と、胃液などを分泌する腺胃（人はこちらのみ）がある。この筋胃は硬い筋肉でできているが焼くとしゃきしゃきこりこりした食感になり美味しい。クセは少ない。1羽からとれる量は1個。
- **銀皮、ぎんぴ**　砂肝の内側の皮の部分で、砂肝より噛み応えがあり、こりこりの食感。
- **ふんどし、徳利、ずりした、ガツ**　腺胃。弾力があり噛むほどに旨みが染み出してくる。1羽からとれる数は1個で、筋胃より小さい。"徳利"はその形から、"ずりした"は体の中では"砂肝"の下に付いているので。
- **背肝、せぎも**　腎臓。鳥類の腎臓は、豚や人の腎臓と異なり（進化していなくて）一塊の臓器ではなくて細長く、背骨の裏側の溝に埋まっている。そのため、背のキモといわれる。レバーよりも内臓の風味が強く濃厚な味。豚の腎臓は大豆など植物の豆の形に似ているので"マメ"という。腎臓は英語で

"Kidney"で、そら豆は"Kidney Bean"という。1羽から2個しか取れず、量は少ない。
- **チレ**　膵臓。上品な内臓の風味と濃厚な味。1羽から1個しか取れず、量は少ない。
- **えんがわ**　砂肝の壁の薄皮の部分で、食感は砂肝より硬い。
- **ちょうちん、きんかん**　卵巣と卵管のこと。卵巣に卵黄（卵の黄身）がぶら下がっている様が"提灯"に似ているのと、卵黄が柑橘類の金柑のような形なので"きんかん"ともよばれる。人類を含めた多くの哺乳類は卵巣と卵管を2つ持つが、鳥類は飛ぶために体を軽くする進化をとげ、卵巣と卵管は発生初期に片側は退化し、左側のみ分化、発達する。よって、"ちょうちん"は、成熟した雌から1組しか取れないが、重量はある。
- **たまひも**　卵管。卵管だけを串に刺す店での呼び名。
- **白子**　精巣。皮が強く弾力があり、噛むとプチっと弾ける感じ。味はクリーミーで濃厚。
- **おたふく**　胸腺。やわらかくクリーミーな食感。1羽から取れる量は少ない。
- **小豆、あずき、めぎも**　脾臓。形が小豆に似る。柔らかで内臓の風味が強くほろ苦く少し甘い。
- **冠、かんむり**　鶏冠（とさか）。ゼラチン質と軟骨で、トロッとした食感。軽く茹でて、からし醤油でも美味しい。
- **ふわ**　肺。ふわふわの独特の食感が特長。

他にも、"まく（腸管だと思われる）"や"ベラ（十二指腸）""きんちゃく""さがり"などがあるが、まだ食したことがないので今後各お店に出かけて調査してゆきたい。また、筆者のお勧めとしては"せせり"と、希少性と美味しさ、食感、名称から"心残り"を挙げておく。

付録4

鳥・卵の入っている/鳥・卵にちなんだ
主な郷土料理・菓子

青森県

〈鳥にちなんだ料理〉

- **すずめ焼き**　海タナゴを甘辛く揚げた郷土料理。開いた海タナゴを揚げた姿が雀に似ているので"すずめ焼き"とよばれるが、近年漁獲量が減少している。

〈卵を使った菓子/卵にちなんだ菓子〉

- **鶏卵、柳にけまり**　甘い小豆餡が入った団子を入れた"すいとん"に似た郷土料理。青森県下北地方や秋田県鹿角地方でも食される南部藩に伝わる料理。団子は、もち米にうるち米を1割程度混ぜた生地で、小豆餡とクルミ、黒胡麻などを包み卵大の団子（鶏卵形）に丸める。この団子と季節の野菜を、醤油で味を調えた椎茸の戻し汁で煮た団子汁。地元産の舞茸を使うとさらに美味。慶事には紅白の団子、弔事には小ぶりの団子や青色に着色した団子を入れる。八戸では"柳にけまり"という。米の少なさを、小麦やひえ、あわで補っていた昔から、どこの家庭でも作っていたものがそのまま今に引き継がれている。
- **鶴子まんじゅう**　鳥類に関係する名前のついたお菓子。1921（大正10）年創業の八戸市萬榮堂が作る八戸を代表する銘菓。南部一ノ宮の歴史を持つ櫛引八幡宮に、銘菓を授け下さるように祈願したところ、御神夢に現れた鶴にちなんで"鶴子まんじゅう"と命名された。
- **気になるりんご**　弘前で作られるアップルパイ。芯を抜いて皮を剥いたシロップ漬けのりんご1個丸ごとを、卵を練り込んだパイ生地で包み込んで焼いた焼き菓子。ふじと紅玉がある。お土産だけでなく結婚式の引き菓子でも好評。
- **合掌土偶マドレーヌ**　東北農業研究センター開発のもち小麦"もち姫"を使用し、青森県菓子工業組合八戸支部が開発したマドレーヌで、中心には南郷産のブルーベリージャムが入っている。もち小麦の特徴は、お餅のようにもちもちした食感。合掌土偶は、八戸市内の風張遺跡から出土した3,500年前の縄文時代の土偶で、国宝に指定されている。

岩手県

〈鶏肉、卵を使った料理〉

- **ひっつみ** 岩手県の北部から、青森の八戸や二戸に伝わる郷土料理で、すいとんの一種。鶏肉や野菜、季節の山菜など具だくさんの醤油仕立ての汁もの。小麦粉の生地を熟成することによって柔らかい弾力のある生地となる。"ひっつみ"は、"引っ摘む"の方言で、生地を引っ張ってちぎり、鍋に入れることから、"ひっつみ"とよばれる。
- **芋煮** 東北地方に伝わる郷土の鍋料理。戸外で家族や友人と行われる芋煮鍋（芋煮会）は、東北の秋の風物詩となっている恒例行事。芋煮の起源は諸説あるが、九州や京都などの西日本から物資を仕入れに山形県の最上川をさかのぼって来た船が、積み込む荷物を待つ間、地元の芋を煮て鍋を作り、お酒を飲んで時間待ちをしていたことが発祥といわれている。岩手県地方では、鶏肉を使い、野菜は里芋を主に、きのこ、ごぼう、にんじん、ねぎなどを醤油味のだしで煮る。"芋の子汁"ともよばれる。山形市では牛肉を使ったすき焼き風で、庄内地方では豚肉を使った味噌仕立ての豚汁風に、宮城や福島では同じく豚汁風だが野菜が多く使われる。愛媛にも鶏肉や里芋、こんにゃく等を入れた「いもたき」とよばれるよく似た郷土鍋料理が伝わっており、やはり秋に戸外で楽しまれている。
- **盛岡冷麺** 韓国の冷麺とは異なり、馬鈴薯澱粉や小麦粉、片栗粉などで作った生地を、麺の太さに合わせた製麺機の穴から圧力を掛けて押し出すことにより独特の強いコシのある食感を引き出している。茹でた麺に牛のだし汁を掛け、中央に半切りのゆで卵が必ずのる。他にはキムチ、甘酢漬けきゅうり、牛肉スライス、ねぎ、そして、スイカや梨、りんごといった季節の果物が添えられる。

〈卵を使った菓子〉

- **がんづき** 日常のおやつとして古くから親しまれている郷土のおやつ。小麦粉と卵、砂糖などの生地を練り、蒸した蒸しぱん様の丸い郷土菓子。黒砂糖を使った黒がんづき、上白糖の白がんづきとよばれる。丸いがんづき（満月）の上に、雁が飛ぶ姿のようにM字状にゴマをあしらったからという説（月に雁）と、生地が雁の肉に似ているという説がある。
- **郭公団子**（かっこうだんご） 一関の景観のすばらしい渓谷、厳美渓で販売される団子。団子屋から渓谷を挟んだ対岸の東屋までロープが張ってあり、注文した団子はロープに下がっている籠に入って運ばれてくる。名前の"郭公"の由来は、団子屋の先代が郭公の物真似が好きだったとか、団子が滑空する等、諸説ある。

宮城県

〈鶏肉、卵を使った料理〉
- **冷やし中華** 仙台が発祥といわれている麺料理。茹でた麺を水で冷やし、その麺の上に細切りの玉子焼き、きゅうり、トマトなどの野菜、ハムや焼き豚を彩り良く載せ、酢醤油、または胡麻ダレで食す夏が主の料理。練りガラシや紅しょうがが添えられることが多い。
- **油麩丼** 郷土料理。油麩は、宮城県北部の登米(とめ)地方特産の揚げたお麩で、"仙台麩"ともよばれる。この麩をカツ丼のカツの代わりに使い卵でとじた丼物。醤油ベースの甘辛のだしを吸った油麩と半熟の卵が美味。
- **凍みっぱなし丼** 郷土料理。凍り豆腐は、大崎市の代表的な特産品として160年の歴史をもつ。この凍り豆腐を乾燥させずに、凍らせたまま熟成させると、豆腐本来のみずみずしさと、滑らかさをもった新食感の「凍みっぱなし」になる。この「凍みっぱなし」をカツ丼風に卵でとじて仕上げたもので、岩出山・鳴子温泉地域の飲食店で提供されている。

〈卵を使った菓子〉
- **ずんだブッセ** 風月堂。宮城名産の枝豆とだだちゃ豆をすり潰して作った緑色の鮮やかな"ずんだ餡"にクリームを混ぜた"ずんだクリーム"を、小麦粉、卵、砂糖を混ぜて焼いた丸いソフトなスポンジにはさんだ焼き洋菓子。"ずんだ"は、豆をすり潰した、宮城の郷土料理で、お餅にかけた"ずんだ餅"が仙台のお土産として有名。

秋田県

〈鶏肉、卵を使った料理/鳥・卵にちなんだ料理〉
- **いものこ汁** 郷土料理。里芋と鶏肉、舞茸やシメジといったキノコ類、こんにゃくなどを、醤油で味付けした鶏がらスープで煮た料理。貧しかった昔は、秋の収穫のお祝いに、材料を持ち寄って、具の多い"いものこ汁"を作りたっぷり食べた。山形にも同様の料理が伝わっている。
- **あいがけ神代カレー** 仙北市神代地区の家庭で食べられていた懐かしい昭和のカレーと、デミグラスソースの欧風カレーを、お皿の中央に盛ったご飯の左右に合い掛けにして、温泉卵と地元の特産品の漬物、いぶりがっこを載せるご当地グルメ。神代地域活性化推進協議会が平成19年に創作。
- **けいらん** 甘い小豆餡が入った団子を入れた"すいとん"に似た郷土料理。秋

田県鹿角地方や青森県下北地方でも食される南部藩に伝わる料理。もち米にうるち米を1割程度混ぜた生地で、小豆餡とクルミ、黒胡麻などを包み卵大の団子（鶏卵形）に丸める。この団子と季節の野菜を、醤油で味を調えた椎茸の戻し汁で煮た団子汁。地元産の舞茸を使うとさらに美味。米の少なさを、小麦やひえ、あわで補っていた昔から、どこの家庭でも作っていたものがそのまま今に引き継がれている。

〈卵を使った菓子〉
- **豆富かすてら**　豆腐を材料として作った秋田にだけある生菓子である。原材料は「大豆、砂糖、鶏卵、でんぷん、塩、凝固剤（硫酸カルシウム）」。
- **麦巻き**　郷土に伝わるお菓子。小麦粉に卵と砂糖、水をまぜて作った生地をフライパンで焼き巻いた、和風バームクーヘンのようなお菓子。もちもちとした食感が特長。くるくると生地を巻くところから"麦巻き"という。昔から冠婚葬祭やひな祭り、運動会など人が集まるときに作られている。味も各家庭で工夫し、ミルク味やココア味、コーヒー味、紅いも味、黒糖味を作り楽しんでいる。

山形県

〈鶏肉、卵を使った料理〉
- **いも子汁、いもっこ汁**　郷土料理。里芋と鶏肉、舞茸やシメジといったキノコ類、こんにゃくなどを、醤油で味付けした鶏がらスープで煮た料理。貧しかった昔は、秋の収穫のお祝いに、材料を持ち寄って、具の多い"いもこ汁"を作りたっぷり食べた。秋田にも同様の料理が伝わっている。

福島県

〈鶏肉、卵を使った料理〉
- **柳津のソースカツ丼**　会津はソースカツ丼で有名だが、柳津町では昔からソースカツを卵でとじたソースカツ丼が食べられている。福島産のお米に新鮮なキャベツの千切り、その上に卵でとじたソースカツが載る。煮込んでいないのでカツの衣がさくさくし、卵もとろとろで、キャベツもしゃきしゃきしており、評判のご当地グルメ。
- **すしぶち**　砂糖と醤油で甘辛く煮たかんぴょうと椎茸を、薄焼きの卵か海苔で巻いた巻き寿司。黄色い玉子焼きの内側に白いご飯、中心に茶色い椎茸と

かんぴょうがのぞく。海苔の黒と黄色を彩り良く盛り付ける。お祝いに作られた。
- **白河ラーメン** 白河市で作られるラーメン。鶏がらのだしがきいた澄んだ、醤油味のスープ。歯ごたえのある幅広縮れ麺も特徴で飽きのこない味。ナルト、ほうれん草、メンマ、海苔、ねぎが載り、チャーシューは表面の赤いチャーシューが基本。ラーメン店は、市内に100軒ほどあり、店の数は福島のご当地ラーメンの双璧「喜多方ラーメン」と差はない。

〈卵を使った菓子〉
- **ままどおる** 郡山の三万石の代表的銘菓。卵とバターを使った生地でミルク味の白餡を包んだ焼き菓子。ままどおるはスペイン語で"お乳を飲む人"の意味。第20回全国菓子大博覧会「名誉総裁賞」を受賞。
- **エキソンパイ** 卵とバターを使ったパイ生地で欧風くるみ餡を包んだ焼き菓子。「ままどおる」とともに三万石のベストセラー。
- **いもくり佐太郎** 福島市のダイオーが作る帰省のお土産によく使われる銘菓。第26回全国菓子大博覧会「最高名誉総裁賞」受賞。サツマイモのスイートポテトに、白いんげん豆の餡と栗、卵、クリーム、チーズを練り込み焼き上げた和風スイートポテト。商品名は、昔、信夫の里に暮らしていた佐太郎という男が、自分の一人娘を救うために、山の神にたくさんの芋と栗をお供えしたという民話に由来する。
- **じゃんがら** いわき市に伝わる旧盆の「じゃんがら念仏踊り」にちなんで名付けたお菓子。水を使わずに卵と紛乳で小麦粉を練り、踊りに使う太鼓の形に整えて焼いた皮で、小倉餡をはさんだ銘菓。皮の表面には「自安我楽（自らを案じて我を楽しむ）」の焼印が押されている。いわき市の和洋菓子店「みよし」が創業以来作り続けている。

茨城県

〈鶏肉、卵を使った料理〉
- **奥久慈法度汁** 奥久慈しゃもを販売する大子町の飲食店や旅館で構成される"大子よかっぺ倶楽部"が、奥久慈しゃもの普及を目指し、東北地方独特の"はっとう（うどん）"を入れた郷土料理の"法度汁"を生かして開発した煮込み料理。冬はしゃもの肉団子と地元の山野菜のしょう油仕立てで、夏はみそ味仕立てにし、氷を入れ冷製とする。料理名の由来は、江戸時代に、小麦粉を原料とする"はっとう"が美味しかったため、農民が米作から小麦の生産に転作しないように、食べることを禁じた、"ご法度"からといわれる。

- たらし、**垂らし焼き** 大洗のスローフード。ゆるく溶いた小麦粉に、卵、キャベツ、ねぎ、イカ、天かすなどの具を混ぜて、醤油やソースで味付けをして、鉄板の上で"ヘガシ"という専用のさじを使って混ぜながら焼いて食べる。東京のもんじゃ焼きに似ている。大正時代に誕生したといわれており、主に駄菓子屋で売られていた。今ではお好み焼屋、居酒屋でも扱っている。最近はベビースターラーメンを入れるのが流行っている。

〈鳥にちなんだ菓子〉
- **鳩杖最中** 下館地区菓子組合が、地元出身の日本陶芸界の巨匠で、陶芸家として初の文化勲章を受章した板谷波山(いたやはざん)が下館に住む長寿者へのお祝いとして「鳩は食事のときむせない」ことから作った握りに鳩を模した"鳩杖"。材料を吟味して作った最中。水戸市は、お菓子の年間購入金額は3本の指に入る。

栃木県

〈鶏肉、卵を使った料理〉
- **日光金谷ホテルの大正コロッケットと百年カレー** 日光金谷ホテルはアインシュタインやヘレンケラーなど国内外の著名人が宿泊したことがある、明治時代に建てられたクラシックホテル。このレストランで提供されるコロッケットは、若鶏と蟹のベシャメルソース(ホワイトクリームソース)。カレーはホテルの蔵の中から発見された大正時代のレシピに則り再現された。ビーフとチキン、鴨から選べるが、鴨が人気のようだ。
- **耳うどん** 佐野、桐生、館林に昔から伝わる正月の粉食料理で、具に伊達巻を使う。耳の形をしたうどんの汁は甘めの醤油仕立てで、ゆずの香りがアクセントを付けている。悪魔の耳に模した「耳うどん」を、正月三が日に食べてしまえば、悪魔に悪い話が聞かれないので、1年間安泰という言い伝えがある。
- **しっぽくそば** 郷土料理。名前の「しっぽく」は「卓袱」と書き、長崎の卓袱料理と起源が同じ。大皿にいろいろな料理を載せて取り分けることをいう。このように、いろいろな具を載せた麺料理を「しっぽく」とよんだ。鶏肉や里芋、大根、ニンジンと季節の野菜を煮てそばの上に掛けた料理。
- **佐野ラーメン** 佐野市で作られるラーメン。スープは鶏がらがメインの澄んだあっさりとした味のスープ。麺も特徴的で、長い青竹でのばしたコシの強い平打ちの縮れ麺を使用。関東は良質な小麦粉が採れるので、小麦食文化が栄えている。

群馬県

〈鶏肉、卵を使った料理〉
- **おっきりこみ（おきりこみ、煮ぼうとう、煮込みうどん）** 幅広く太目の平打ち麺を、鶏肉や季節の野菜、きのこなどと煮込んだ郷土料理。日本有数の小麦の産地である上州の代表的な料理で、味付けは、県東部では醤油味が多く、県西部では味噌味が多くなる。名前の由来は、麺生地を麺棒に巻いたまま包丁で「切込み」を入れるという説と、麺や具材を"切っては入れ、切っては入れる"からという説が有力。コンビニエンスストアでもエリア限定で発売された。
- **高崎のだるま弁当** 醤油味で炊いた香りの良いご飯に、山菜やきのこ、鶏八幡巻き、蒸し鶏、花豆煮、赤こんにゃく、栗など自然の恵みを生かした定番のお弁当。高崎のだるま市で売り出される開運の目無しだるまにあやかって、だるまの容器に入れて販売したのが始まり。空き容器が貯金箱になる。群馬県産素材にこだわった「復古だるまべんとう」もある。
- **峠の釜飯** 信越本線の横川駅で昭和33年に発売された駅弁で、容器には、益子焼の土釜を使用している。昆布と秘伝のだしで炊き上げたご飯に、秘伝のたれを絡ませた鶏肉、うずらの卵、椎茸、たけのこ、ごぼう、栗、杏、グリーンピース、紅しょうがが載る。旅の思い出とともに親しまれている。安中市のおぎのやが販売する。

〈鳥にちなんだ菓子〉
- **旅がらす** 鳥関連の名称の菓子。前橋市の㈱旅がらす本舗清月堂が作る群馬銘菓。薄焼きの丸い鉱泉煎餅でクリームをサンドした。サクサクとした和の食感の鉱泉煎餅と、中のコクのある洋風ミルククリームが新しい味わいと評判。

埼玉県

〈鶏肉、卵を使った料理／鳥・卵にちなんだ料理〉
- **やきとり** 東松山市は、北海道の美唄市、室蘭市、福島県福島市、愛媛県今治市、山口県長門市、福岡県久留米市とともに"日本七大やきとりの街"といわれている。東松山のやきとりは、炭火でじっくり焼いた豚肉に辛味の効いた各店秘伝の"みそだれ"を付けて食べる。秘伝みそだれは、白味噌をベースにニンニクや唐辛子など10種類以上の香辛料をブレンドして作られる。人気の串は、"こめかみ"や"ほほ""あご"といった、濃い味わいと弾力ある歯

ごたえが特長の"かしら肉"。もともとはテイクアウト専門店が多かったが、早くから行政がやきとりの支援を行い、今では東松山駅周辺を中心に100軒以上の店がある。
- **卵巻き寿司** あぶらあげ（油揚げ）寿司、ごぼうののり巻きとともに提供される、海苔の代わりに薄焼き卵で巻いた巻き寿司。具にごぼうを使うのが特徴。狐色のあぶらあげ寿司、海苔の黒、卵巻きの黄色と彩の良い一品。

東京都

〈鶏肉、卵を使った料理〉
- **すき焼き** 名は、農具の鋤で肉類を焼いたことに由来する。当初は、ハマチや鴨、雁を焼いたと記録にある。江戸時代には獣肉を調理するときには、けがれを嫌って厨房ではなく土間で料理をしたり、通常の調理道具の鍋釜ではなく鋤で料理をしたといわれている。熱したすき焼き鍋に牛の脂をひき、薄切りの牛肉と長ネギを焼いてそれぞれのうまみを鍋に残す。そこに醤油や砂糖、お酒、水、みりんで作った割り下を入れて、次に白菜やネギ、焼き豆腐などの具も入れて、最後に牛肉を広げて載せて好みの加減で鍋から取り出し、生卵を溶きほぐした銘々の取り皿に取り、溶き卵をくぐらせて肉を味わう。調理の仕方は家庭ごと、お店ごとで流儀がある。
- **他人丼** "親子"の関係の、鶏肉と卵を使うのではなくて、鶏肉の代わりに牛肉や豚肉を使うところから"他人"丼という。肉を親子丼と同じように、玉ねぎや長ネギと割り下で煮て、卵でとじ、ご飯に載せた丼料理。関西では牛肉が、関東では豚肉が使われる傾向がある。関東より関西で一般的な料理。関東では牛肉を使うと"開化丼"とよばれることが多い。大阪府の項を参照。
- **開化丼** 牛肉を使った"他人丼"の呼び名。文明開化で日本に入ってきた西洋文化の牛肉や玉ねぎなどを使うところから命名された丼料理。
- **深川丼** 江戸時代、深川は海に面してアサリ漁が盛んに行われていた。そんな深川名物のあさりとねぎ、油揚げを醤油だしで煮て、卵でとじた丼物。江戸時代のファストフード。卵でとじないで、具をご飯の上に載せて、蒸篭で蒸した深川丼（深川飯とも）、アサリのお味噌汁をご飯にかけた深川丼もある。現在も隅田川左岸の深川で提供されている。

〈卵を使った菓子〉
- **ごまたまご** 鶏卵関係の名前が付いた銘菓。黒ゴマのペーストと黒ゴマ餡をカステラ生地で包みホワイトチョコでコーティングした卵型のお菓子。製造は㈱東京玉子本舗。

- あんぱん　木村屋総本店創始者の木村安兵衛が、長崎の出島のパンに興味を抱き、1874（明治7）年に売り出した菓子パン。当時の日本人は小麦を使った料理は麺類が主流で、パンは馴染みがなかった。そこで、安兵衛は、日本人が好むように、大福もちを手本にして中に餡を包み込み、さらに、卵と砂糖を加え、また、酒饅頭を参考にして酒種酵母を使い日本酒の香りがする、冷めても美味しいアンパンを考案したのが始まり。あんぱんの中央に塩漬けの桜が、甘いアンパンの良いアクセントになっている。これは、幕末の幕臣で明治政府の政治家だった山岡鉄舟（江戸城の無血開城の陰の立役者としても有名）に献上したときに始めたと伝わる。
- 甘食パン　東京、芝の清新堂が1894（明治27）年に作った富士山の形に似た菓子パン。当時、半日かかったパン作りを短時間で作れるように、薄力粉に卵、砂糖、油脂、ミルクの配合や、重曹（炭酸）で膨らませる工夫をした。表面には卵液を塗り、頭の部分に十文字に切れ目を入れて焼いた、パンよりしっかりした食感の菓子パン。
- 揚巻ソフトクリーム　銀座の歌舞伎座にちなんで、揚げ菓子の"歌舞伎揚"がトッピングされた歌舞伎座オリジナルのソフトクリーム。ソフトで甘いクリームに、"歌舞伎揚"のカリカリした甘辛味の食感と味覚が楽しめる。

神奈川県

〈鶏肉、卵を使った料理〉
- 伝統カレー　明治に建てられた日本で初めての本格的なリゾートホテルの箱根富士屋ホテルで人気のカレー。ホテルの庭園内の湧き水を使い、ブイヨンではなくコンソメを使っているので、まろやかな味わいのカレーに仕上がっている。ビーフ、チキン、蟹などから選べる。ホテル直営のパン屋の"クラシックカレーパン"も人気。

〈卵を使った菓子 / 卵にちなんだ菓子〉
- 鳩サブレー　明治27年創業の鎌倉の豊島屋の代表銘菓。サブレーを鳩の形に焼いた理由は、鶴岡八幡宮が昔から鳩を神の使いとして崇めていたことと、本殿の額の「八幡宮」の「八」の字が、2羽の鳩を向き合わせた形であることに由来する。
- 小鳩豆楽（こばとまめらく）　鎌倉の豊島屋の和菓子。ふっくらした小さな鳩の形をした、豆の風味のする落雁。
- 亀楽煎餅（きらくせんべい）　横浜名物の小麦の煎餅で、1871（明治4）年に長谷川弥三郎が考案したといわれる。小麦粉に砂糖、卵を混ぜ合わせ、バター、牛乳、落花生、シ

ナモンを加えた粘性のある生地を、型に流し込み焼き上げた。形は丸型、四角、巻物などがある。
- **はだのドーナツ**　秦野市のご当地スイーツ。秦野市では、市内の農商工関係者と商工会議所、市観光協会、市農業協同組合で「はだのブランド推進協議会」を設置して地域の活性化を目的として"ブランド認証"を行っている。秦野産の小麦粉を100％使い、新鮮な卵で作った生地を油で揚げないで焼いたヘルシーなドーナツ。トッピングにもこだわり、秦野特産の相州落花生や、地元産のイチゴの"あきひめ"の手作りジャム、全国シェア１位の秦野の八重桜の塩漬けの３種類ある。ドーナツは小麦本来の香りとコクがあり、落花生は香ばしく、ジャムは甘さと酸味が絶妙、桜は上品な甘さと塩加減が特長。秦野菓子組合のお店が、生地や形を工夫して作っている。取り寄せもできる。また、スマートフォン向けのゲームアプリもある。

新潟県

〈鶏肉、卵を使った料理〉
- **笹寿司**　熊生川周辺に伝わる笹寿司は、長野や富山の笹寿司とは異なり、笹の葉の上に一口分の酢飯を小判型に置き、その上に、鯖の甘煮や薄焼き卵、椎茸の含め煮、漬物など色とりどりの具材を載せる。
- **レッド焼きそば**　妙高市赤倉温泉の"赤"にちなんだ焼きそばで、パプリカやトマトといった赤い高原野菜を、米粉のもちもち麺に練り込んだ焼きそば。具も赤い物を使い、赤い麺に赤い具、その中央に白と黄色の温泉卵が載る。基本的に味は辛くない。日本海で獲れた新鮮イカのイカ墨を使った糸魚川の"ブラック焼きそば"や、上杉謙信が敵に塩を送った故事にちなみ、上越産のコシヒカリの米粉入りの麺と地元の海鮮で作った"塩ホワイト焼きそば"とともに、新潟三大焼きそばとよばれている。
- **えび千両ちらし**　新発田駅で売っている駅弁。弁当の蓋を開けると一面を覆う厚焼き玉子が現れる。黄色い玉子焼きの表面にはピンク色の海老のそぼろがふりかけられる。玉子焼きの下には、うなぎの蒲焼、イカの一夜干し、蒸し海老、酢で締めたコハダなどの具が隠れている。さらにこの下にはとろろ昆布ときざみ生姜が敷かれ、最後にれんこんとかんぴょうの精進合わせの酢飯が詰まっている。包装紙も黄金色の和紙を使い豪華だが、蓋の裏側は郵便葉書になっており、旅先から便りが出せる。

〈卵にちなんだ菓子〉
- **朱鷺の子**　新潟銘菓。新潟県の鳥の"朱鷺（トキ）"の卵をイメージして作っ

た銘菓。さっくりとした黄味餡を桃山で包んで焼き上げ、口溶けの良いホワイトチョコレートで表面をコーティングした。トキの子が誕生したのを記念して創作した。黄味餡の中に、さらに胡麻餡と胡麻だれを入れた、胡麻の香りが楽しめる「朱鷺の子ごまだれ」もある。加茂市のあめ友が作る。

富山県

〈鶏肉、卵を使った料理〉
- **富山おでん** ご当地グルメ。おでん種の定番、卵、大根は必須アイテムだが、昆布の消費量日本一の富山だけあって、とろろ昆布をトッピングする。他には、キャベツをさつま揚げ風にまとめて揚げた具や、竹輪のように中心に穴のあいたくるま麩などが入る。
- **黒部つべつべ焼き** 黒部市のご当地グルメ。美肌の湯として知られる宇奈月温泉の源泉水と海洋深層水から作った塩で味付けした焼きそばに、温泉で作った温泉卵を載せた焼きそば。黒部の海苔が付く。"つべつべ"とは富山弁で"つるつる"とか"すべすべ"の意味。

石川県

〈鶏肉、卵を使った料理〉
- **ハントンライス** ハンガリー料理をヒントに開発された郷土料理。名前は、国名のハンガリーの「ハン」にフランス語のマグロの「トン」に由来する。ケチャップライスのオムライスの上に、白身魚のフライを載せ、タルタルソースを掛けた料理。スーパーの惣菜コーナーやコンビニエンスストアでも扱っている。

〈卵を使った菓子／卵にちなんだ菓子〉
- **落雁**（らくがん） 伝統菓子の一種。落雁（雁は鴨科の鳥）の名の由来は、江戸後期の浮世絵師歌川広重の「近江八景」の"堅田の落雁"にちなんだという説と、中国伝来の菓子「軟楽甘（なんらくかん）」を略して「らくかん」「らくがん」となったという説がある。江戸時代、加賀藩が菓子製造を奨励したので金沢では技術が進歩した。うるち米の粉を煎り砂糖と混ぜて木型で押し固める落雁の製法は、1718年刊行の『古今名物御前菓子秘伝抄』にも載っているが、ルーツは不明な部分が多い。
- **生しば船** 加賀百万石の伝統銘菓「芝船」を、現代風にアレンジした、㈱清

香室町の代表お菓子。卵を加えたふんわり生地で自家製餡を包んで焼き上げ、表面に口溶けの良い生姜砂糖を塗った、上品な味が持ち味の焼き菓子。第25回全国菓子大博覧会「名誉総裁賞」受賞。
- **御朱印** ㈱御朱印が作る代表銘菓。卵の黄身餡を薄い生地で包んで焼き上げ、表面をチョコでコーティングしたチョコレート饅頭。チョコの色が、赤、白、黒の三色あり、お祝いや仏事にも使える。
- **わくたまごロール** 白鷺が発見したと伝わる和倉温泉、そのゆるきゃら"わくたま君"の誕生日を祝うために開発されたロールケーキ。卵の白身だけを使い白いふわふわのスポンジに焼き上げた生地で、黄身をたっぷり使った風味豊かなカスタードクリームを巻く。
- **五郎島金時芋のバームクーヘン** 金沢市の「ブル・マーレ」が作る、こぼこぼ（方言で"ほくほくした"の意味）した食感と、黄金色が特徴の加賀野菜の五郎島金時芋を使ったバームクーヘン。石川県のブランド製品に認定されている。五郎島の土地の通気性と保水性がさつまいも栽培に適しており、栽培は300年以上の歴史がある。

福井県

〈鶏肉、卵を使った料理〉
- **おおびら** お祝いに作られる郷土料理。鶏肉や竹輪、大根、人参、ごぼう、椎茸、こんにゃく、油揚げなどを、1cm角くらいに切り、沸騰しただしを入れた鍋で煮る。味付けは醤油味。ちなみに福井市は油揚げの年間購入金額1位。霊山としての白山信仰や永平寺等の精進料理、また、冬の貴重なタンパク源として昔から"油揚げ"が親しまれていたからだといわれる。

〈卵を使った菓子〉
- **みそせんべい** 卵を使ったお菓子。砂糖、小麦粉、卵に味噌を練りこんで焼いた郷土銘菓の煎餅で、素朴な中にも旨さがある。創業180年の大本山永平寺御用達のお味噌屋などでも焼いている。
- **五月ヶ瀬煎餅** 卵を使った銘菓。特製の石窯で一枚一枚じっくりと焼き上げた福井の代表的な焼き菓子で、㈱五月ヶ瀬が製造する。生地に落花生の美味しさが染み込み、香ばしくクッキー風のお煎餅。世界的な食品品評会のモンドセレクションの金賞を受賞している。
- **常太郎** 卵を使った銘菓。福井発祥のコシヒカリを全国にアピールするために開発された。西洋菓子倶楽部が製造する洋風饅頭。福井県産コシヒカリの米粉、鶏卵、牛乳、水あめを使った、ご飯のおこげの香りがするミルク饅頭。

山梨県

〈鶏肉、卵を使った料理〉

- **巻き寿司**　郷土料理。お祝いやお祭りなど人が集まるときに作られる代表的な料理。海苔で巻く具は、厚焼き玉子やずいき（里芋の茎）、かんぴょう、煮椎茸、ごぼう、でんぶなど。

- **ほうとう**　山梨を代表する麺料理で、昔から伝わる山梨県の懐かしい家庭の味。ほうとうは、小麦粉で作るやや幅広の麺で、地元でとれるかぼちゃ、ジャガイモ、白菜、ニンジン、長ネギ、きのこ類と、鶏肉などを、味噌で煮込む郷土の鍋料理。各家庭で具材は工夫されるが、かぼちゃは必須の具材。戦国時代、高僧から作り方を教えられた武田信玄が、野戦食として食べたと伝えられている。麦の種を蒔き終えた11月上旬の「蒔き上げ」の行事には、汁粉を入れた"あずきぼうとう"が食される。

- **煮貝めし**　小淵沢駅で販売される名物駅弁。甲府名物の煮貝の煮汁でご飯を炊き、その上に錦糸玉子を敷き詰め、スライスした煮貝と、アサリに煮物、鶏のから揚げ、姫たけ、きゃらぶきやワラビといった山菜が載った丼物型の弁当。錦糸玉子の黄色いバックグランドに各食材が映える。昔は今のように交通の便も良くなく、冷蔵技術も発展していなかった。その時代には、駿河（現在の静岡県）で獲れる海産物を運ぶのは難儀なことだった。美味しいあわびを届けようと醤油に漬けて馬の背に乗せて峠を越えた運んだところ、甲府に着いたときに一番美味しい漬かり加減になっていたので、海産物の"あわび"の醤油煮が、海の無い山梨県の名物となった。

- **山伏茸の茶碗蒸し**　郷土料理。鶏のささ身、海老、栗、竹の子、百合根、乾燥した山伏茸があると季節を問わずに作ることが出来るので便利。山伏茸は他のキノコと異なり傘も柄もなく球状のキノコで、山伏の装束に形が似る。中国では4大珍味といわれている。

〈卵を使った菓子〉

- **清里のソフトクリーム**　高原地帯の清里では牧畜が盛んで、新鮮な絞りたての牛乳とこだわりの地元の卵でソフトクリームが作られている。フルーツ王国の山梨の特長を生かして、ぶどう、もも、いちごと言ったフルーツを混ぜたソフトクリームも販売されている。昭和初期に建てられた清泉寮のソフトクリームは、ジャージー牛のミルクで作られ、濃厚でおいしいと評判。

長野県

〈鶏肉、卵を使った料理〉

- **お煮かけ**　秋から春にかけて、信州のどこの家庭でも作られていたお蕎麦。具は、鶏肉、大根、人参、油揚げ、椎茸、ねぎ、インゲンなど。掛け蕎麦の汁で具を煮て、先に茹でて冷水にとっておいた蕎麦を、竹製の"とうじかご"に三口分くらい入れて、汁の中でほぐして味をしみこませてお椀に移し、汁と具をかけて、何杯もお代わりをして食べる。奈川では、"投汁(とうじ)蕎麦"とよび、名物となっている。冬至(1年の中で一番昼の時間が短い日)には、"冬至そば"といって、人参、インゲン、かぼちゃ(なんきん)など、"ん"が2つ付いた食材を入れて、縁起を担ぐ風習が日本各地に伝わっている。
- **笹寿司**　戦国時代の武将、上杉謙信に献上された握り寿司で、謙信寿司ともいわれる飯田地方の郷土料理。もち米を混ぜた酢飯を笹の葉の上に軽く握り、上にくるみなどの山の幸と紅しょうがと、錦糸卵で彩を添える素朴な山里の味。
- **池盛り**　精進料理。標高の高い岩場に自生する岩茸を主にして、春雨、キュウリ、人参、筍、うどなどと、薄焼き卵を千切りにして彩り良く皿に盛り付け、炒り酒、砂糖、みりんで作ったつけ汁をお猪口に入れてお皿の中央に置き、その汁を付けていただく郷土料理。
- **大平(おおひら)**　祝儀、不祝儀の時の煮込みものの最後に、"大平"といわれる塗物の器にたくさん盛って出す、煮汁の多い醤油味の煮物。来客はお代わりを所望しながらいただく。里芋、大根、人参、椎茸、結び昆布と、片栗粉をまぶした鶏肉を煮込む。作り方は、新潟の代表的な家庭料理の"のっぺい"に似ており、日本各地で作られる。

岐阜県

〈鶏肉、卵を使った料理〉

- **漬物ステーキ**　白菜の漬物などを、油と醤油や味噌で焦げ目が付くほど炒め、卵でとじ、鰹節と紅しょうがを添える人気の郷土料理。野菜のない冬は、漬物が貴重な野菜源となる。寒い飛騨では、凍った漬物を焼く食習慣が昔からあり、その習慣が由来といわれる。
- **ほうば寿司**　岐阜県の郷土料理。朴(ほう)の木の葉にご飯を載せて、玉子焼き、しめ鯖、蛤のしぐれ、椎茸、しそ、さやいんげんなどを彩り良く盛り付ける。農休みや来客のある時に作られた。朴の葉には、殺菌効果もあり、また良い香

りもする。

〈卵を使った菓子〉
- **味噌松風**　1908（明治41）年創業の「玉井屋本舗」が製造する岐阜の銘菓。小麦粉に卵、砂糖とともに白味噌を混ぜ合わせ、カステラのように焼き上げるが、味噌によって香りがよく生地もしっとり仕上がる。表面には華やかになるようにケシの実が散らしてある。松風とは一種の料理方法を指し、表は豪華に飾り、裏は何も施さないこと。すなわち、うらが寂しいことから、浦さびしい、浦といえば松、風を受けて音を立てる松が浦さびしいので"松風"となった。
- **味噌煎餅**　岐阜銘菓の小麦煎餅。岐阜は、朴葉味噌や味噌の天ぷらなど、味噌を活かした食文化が根付いている。味噌煎餅は一枚一枚丁寧に焼き、表面に砂糖蜜をハケで塗る。小麦の香ばしさと風味ある味噌の香り、そして甘さがほど良い。素朴だが懐かしい味。江戸時代から焼き続けられている。高山の1908（明治41）年創業の味噌煎餅井之廣製菓舗では、厳選した秋田の大豆と能登の粗塩とたまり醤油、飛騨古川産の米で作った米麹などで仕込んだ熟成3年の味噌と、高山産の卵と小麦粉で丹精込めて生地を作り焼いている。

静岡県

〈鶏肉、卵を使った料理〉
- **静岡おでん**　削り節と牛すじでだしをとり、醤油で味を付けるが、だしを毎日継ぎ足しながら煮込むので汁の色は"茶色"がかっている。ゆで卵や大根、牛すじなどの具は、すべて串に刺してある。また、具のはんぺんは鯖と鰯を骨も皮も丸のまま使って作った静岡名物の"黒はんぺん"を使う。食べるときには、鯖や鰯の削り粉の"だし粉"や青海苔をかける。好みで練り辛子を付けてもよい。「静岡おでんの会」が全国に情報発信をしている。
- **黒はんぺん**　焼津地方独特の黒っぽいはんぺん。骨や皮の付いた鯖や鰯をすり身にして、卵、みじん切りの生姜、白味噌、酒を入れてよくこね、小さい小判型にまとめ、湯の中で茹でて作る。温かいうちにわさび醤油か生姜醤油で食べる。冷めたものは、表面に粉、卵、パン粉を付けてフライにしても美味しい。
- **遠州焼き**　浜松・遠州地方で昔から食べられている漬物のたくあんの入ったお好み焼き。小麦粉に卵と漬物のたくあん、紅しょうが、ねぎを混ぜて焼く。たくあんの黄色、紅しょうがの赤、ねぎの緑が生地の所々から顔を出すカラフルなお好み焼き。静岡県は、伊豆・箱根連山に堆積している富士山の火山

灰が大根の栽培に適しており、また、海から吹き付ける潮風が漬物用の大根の乾燥に適しているので、たくあんは身近な食品。
- **しぐれ焼き、洋食焼き** 焼きそばの入った富士宮風のお好み焼き。小麦粉を卵と水で溶いて、桜海老やいわしの粉も入れる。具には、ラードを取った後の脂身の"肉かす"が特徴的。キャベツをたっぷり使い、生地は薄くパリッと焼き上げる。焼きそばは蒸し焼きにしないのでカリッと仕上がる。味付けは醤油ではなくてソースを使うので洋食焼きともよばれる。昔は駄菓子屋で提供されていた。富士宮焼きそばより前から食べられていたようだ。

愛知県

〈鶏肉、卵を使った料理〉
- **味噌煮込みうどん** 愛知県の郷土料理。この地方独特の八丁味噌などの豆味噌で煮込んだうどん料理。麺は太くて硬く、一人前ずつ小さな土鍋で調理されて、提供される。土鍋の蓋には蒸気抜きの穴がないので、熱々の具やうどんを冷ます小皿代わりに使える。だしは鰹節や干し椎茸、昆布。具は、生卵、鶏肉、ねぎ、かまぼこ等。八丁味噌は味が濃厚なので、長時間煮込んでも風味が落ちない。冬だけでなく夏も食べる。インスタントの袋麺やカップ麺も販売されている。
- **きしめん** 名古屋の郷土の麺料理。塩を入れないで小麦粉を練るので、緩やかなグルテンが形成される。幅が5mmくらいの短冊状の幅広の平打ち麺。食感はやわらかい。スープは醤油ベースで鰹節だしが主。具は茹でたほうれん草、かまぼこ等で、山盛りの花かつお(削り節)は必須。名前の由来は、その昔「雉肉」を入れていたところから「きじめん」とも、紀州和歌山から伝わった麺「きしゅうめん」ともいわれている。
- **イタリアンスパ** 名古屋の喫茶店のスパゲッティの定番メニュー。パスタとベーコン、玉ねぎ、ピーマンを炒めてトマトケチャップで味付けしたナポリタンスパゲッティを、熱々のステーキ皿に盛り付け、パスタの周りに溶き卵を流し入れた名古屋独特の料理。なお、ナポリタンスパゲッティも本場イタリアにはない日本独自に進化した料理。
- **ひりゅうず、飛竜頭** がんもどきに似た豆腐で作る揚げ物。つぶした豆腐に卵、人参、ごぼう、椎茸、昆布を混ぜ、塩、砂糖で味付け、団子にして油で揚げる。法事や葬式では、海藻が入った"ひりゅうず"が振る舞われる。
- **冷やし中華にマヨネーズ** 中京地区では、冷やし中華に甘酸っぱいたれとともに、マヨネーズをかける人が多い。名古屋を中心にラーメン店を展開する「す

がきや」が、お店でマヨネーズを使っていたことも影響しているようだ。
- **西尾おでん**　ご当地グルメ。三河特産の豆味噌仕立ての「赤おでん」と、同じく三河特産の白醬油仕立ての「白おでん」がある。具は、ゆで卵、大根、こんにゃくなどの他に、トマトや野菜も使う。国内有数の生産量を誇る西尾の抹茶と海老煎餅、この粉や唐辛子粉を掛けて食べる。
- **豊橋カレーうどん**　日本一のうずら卵の産地、豊橋のご当地グルメ。豊橋の美味しいうどんをもっと多くの方に楽しんでもらいたい、そして、残ってしまうカレールーも美味しく食べてもらいたいという思いから誕生したのが、豊橋カレーうどん。丼の底にご飯を敷き、その上にとろろを載せ、さらにその上にカレーうどんを盛り、トッピングに豊橋産のうずらの卵を載せるのが定番。カレーうどんを味わった後に、とろろご飯のカレーが楽しめる、二度美味しいうどん。

〈卵を使った菓子〉
- **カエルまんじゅう**　名古屋銘菓の焼き菓子。こし餡を、小麦粉と卵、砂糖を混ぜた生地で包み焼き上げた。かわいいカエルの顔をしたお菓子。季節限定の「お芋」の餡もある。他にもカエルの顔をしたサブレもある。ういろうで有名な1879（明治12）年創業の青柳総本家が製造する。青柳総本家のロゴマークは、小野道風故事「努力で無理を乗り越えて目標の柳に飛びついた蛙」に由来して"青柳に蛙"だが、英語での「柳」をいう「Willow（ウィロウ）」と「ういろう」にもかけてある。ちなみに、愛知県出身者は青柳ういろうのCMソング「青柳ういろうの歌」を歌える。
- **名古屋天守閣**　名古屋銘菓。「尾張名古屋は城でもつ」と昔からいわれる金の鯱で有名な名古屋城の天守閣をイメージして、徳川家の三つ葉葵の紋を模った和菓子。小麦粉と卵、ミルクでやさしく作った生地で白餡を包んで焼いた乳菓。1862（文久2）年創業の松河屋老舗が作る。

三重県

〈鶏肉、卵を使った料理〉
- **松阪でアツアツ牛めしに出会う!!**　松阪駅で注目の駅弁。マンガ『駅弁ひとり旅』とのコラボ商品で、食べる前に温めることができる加熱式駅弁。県内産のご飯の上に錦糸玉子を敷き、その上にガーリック風味の黒毛和牛が山盛り載る。黄色い錦糸玉子の上に、美味しそうな牛肉、お肉の中央にはオレンジ色が綺麗な人参と緑のなばなが載る。見た目の彩りと加熱によるガーリックの香りが鼻を刺激して食欲をそそる。1892（明治25）年創業のあら竹が作る。

〈卵を使った菓子〉
- **平治せんべい**　津市の平治煎餅本店の代表銘菓。大正時代に誕生した、砂糖と卵、小麦粉だけのシンプルな煎餅。名前の由来は、能や歌舞伎、浄瑠璃にも取り上げられている親孝行者の平治の悲しい伝説による。津の阿漕ヶ浦に住む貧しい漁師の平治が、病の母に栄養を摂らせようと、伊勢神宮御用の禁漁区で魚を捕り食べさせていた。そのおかげで母親の容体は良くなったが、禁漁区での漁が見つかり、平治は殺されてしまったという話。一方、「あこぎ」が転じて「たび重なる」や「しつこい」「あくどい」の意味になったともいわれている。

滋賀県

〈鶏肉、卵を使った料理〉
- **じゅんじゅん**　湖北や琵琶湖沿岸のすき焼き。醤油と砂糖、みりんを使うすき焼き風の料理を"じゅんじゅん"とよぶ。具材は牛肉に限らず、鶏肉や川魚のホンモロコやうなぎ、なまずなど。野菜も肉などと一緒に煮て、ネギ、春菊、椎茸、しらたき、焼豆腐などを、溶いた生卵をつけて食べる。名前は、肉を鉄鍋で焼く時の音が、"じゅんじゅん"するところからきているようだ。

〈卵を使った菓子〉
- **曳山**　大津銘菓。湖国三大祭の一つの"大津祭り"の曳山の車輪の形をした、黄味餡の焼き菓子。光風堂が作る。"大津祭り"は、400年以上前から続く湖都大津の秋を彩る豪華絢爛な祭り。ゴブラン織りや装飾金具に飾られた13基の曳山が市内を巡行する。江戸時代の大津の莫大な経済力を垣間見ることができる祭り。
- **湖上の月**　小麦粉と卵、砂糖で作ったカステラ生地で、大納言小豆、手亡豆、えんどう豆で作った自家製餡を包み込んだ上品な饅頭。日本一の琵琶湖の湖面に映える月に因んで名づけられている。1809（文化6）年創業、彦根藩伊井家御用達の「いと重菓舗」が作る。同店は井伊直弼にもお菓子を納めていたという老舗。

京都府

〈鶏肉、卵を使った料理〉
- **丹後のばら寿司**　甘辛く煮付けた鯖のおぼろ（最近はさばの缶詰を利用）を

使い、煮しめた椎茸、干ぴょう、筍などと酢飯を層状に段々に重ね、錦糸卵、蒲鉾、青豆、しょうがを彩りよく載せた、昔から京丹後で、正月やお祭り、祝い事に食べられる郷土料理。
- 蒸し寿司　冬に提供されることが多い、蒸籠(せいろ)で蒸した温かい散らし寿司。酢飯に焼き穴子や海老、椎茸を散らし、上に錦糸卵が彩り良く載る。丼に盛り付けて出す店と蒸籠で出す店、竹の皮や笹の葉で包んで出す店がある。京都が発祥とも大阪が発祥ともいわれる。
- 京都風雑煮　具は鶏肉、頭芋(かしらいも)(里芋の親芋)か海老芋、大根、にんじん、三つ葉、など。丸餅を白味噌仕立ての汁で煮た雑煮。芽が出て人の上に立ち「頭」になるようにと、芽が出た頭芋が使われる。
- 衣笠丼　親子丼や他人丼の肉の代わりに、京揚げ(薄揚げ)を使い、九条ねぎと割り下で炊いて卵でとじた丼物。地名の衣笠山に由来する。卵でとじない物を、京都では"きつね丼"という。衣笠山は京都の右京区と北区にあるなだらかな山で、絹蓋山ともいう。

〈卵を使った菓子〉
- 蕎麦ぼうろ、蕎麦ほうる　京都の銘菓。蕎麦屋を営むかたわら菓子店も営業していた店が、蕎麦粉と鶏卵と砂糖で生地を作り焼いたのが始まりといわれる。今は梅の花の形に抜いて焼いた和風クッキー、香ばしい香りとさくさくした食感が特徴。南蛮菓子のボーロに似ているところから"ほうろ"と命名。
- 阿闍梨餅(あじゃり)　江戸末期創業の京都の阿闍梨餅本舗京菓子司満月の代表銘菓。餅粉をベースに、氷砂糖や卵などを練り合わせた生地に、丹波大納言小豆の粒餡を包み焼いた半生菓子、比叡山で修行する僧にちなみ命名。
- 千寿せんべい　昭和38年に生まれた京都銘菓。波型の小麦煎餅にあっさりとしたシュガークリームをサンド。季節により材料の配合や焼き加減を調整している。煎餅表面は、波を現し、波間を飛ぶ鶴の影が描かれている。ありがたい情景と千代の寿ぎを願って命名。京都の鼓月が作る。
- 華　桃山の饅頭。まだバターやクリームが京菓子では珍しい時代に、京の伝統をふまえつつ生まれた京都銘菓。外観は菊の花の形を模して王朝の雅を醸しだす。手亡豆の白餡に黄身、バター、ミルククリーム、水あめ、葛で作り焼き上げた、バニラ味の桃山。京都の鼓月が作る。

大阪府

〈鶏肉、卵を使った料理〉
- 関東炊き　おでんのこと。種は、玉子(ゆで卵のことを"煮抜き"という)や

大根、こんにゃくも定番だが、牛肉文化の関西では、牛スジ（アキレス腱）やタコが定番。一般に"おでん"は、昆布や鰹節でだしをとり、醤油などで味付けをしたつゆで、ゆで卵や大根、こんにゃくなどさまざまな具材を煮込んだ料理で、具材や味付けは各地で異なる。"関東炊き"の語源は諸説あり、大正末期に関東で流行っていた"煮込み田楽"が大阪にもたらされて"関東から来た炊いたもの"とする説と、醤油味の煮物なので"広東煮"とする説と、江戸時代の蛸の料理の"関東煮"とする説があるが定かでない。しかし、今の"関東炊き"には蛸も入っているので最後の説が有力か。おでんの語源は青森県参照。

- **大阪寿司** 箱寿司。江戸で握り寿司が流行する以前から全国にあった押し寿司を発展させたのが大阪の箱寿司といわれている。箱型の木型に寿司飯を敷いて、その上に酢で締めた魚や玉子焼き、焼いた穴子やクツクツ煮込んだ椎茸などを載せ、さらにその上に酢飯を敷いて具材を何段にも重ねて上から押し固め、木型から外し、食べやすい大きさに切って提供される。クツクツ煮込んだ椎茸や具材の味が"まったり"とした味となり、醤油を付けずにいただける。細長い木型を使うと棒寿司になる。また、箱寿司を竹の皮や植物の葉に包んで蒸す蒸し寿司も木型で作られる。
- **蒸し寿司** 大阪が発祥とも京都が発祥ともいわれる。京都府（p.286）を参照。
- **雀寿司** 尾頭付きの小鯛を開いてお腹に寿司飯を詰めて作った押し寿司で、ヒレや膨れたお腹が雀に似ていることに由来する。本来はボラの幼魚の江鮒（えぶな）を使った。現在は、和歌山の名物になっている。江戸時代初期に大阪府摂津で作られ始めたと記録が残っている。
- **たこ焼き** 明治時代の中頃に、兵庫県明石にあった「明石焼き」をヒントに、第二次世界大戦後、大阪に出現したといわれる。ゴルフボールほどの大きさの窪みのある鉄板のたこ焼き器に、小麦粉、卵黄を混ぜた濃度の薄い生地を流して、茹でたタコのぶつ切りを入れて球状に焼く。
- **恵方巻、招福巻、丸かぶりずし** 江戸時代から大阪地方に伝わる習慣で、春の節分の日の夜に、恵方の方角を向いて、黙って食べると願い事がかなうという太巻きの巻寿司。今はコンビニエンスストアやスーパーチェーンが販売するようになり、全国区になった。具は、福をもたらす七福神にちなんで7種類といわれたが、現在は、玉子焼き、椎茸、かんぴょう、穴子、きゅうり、インゲン等各家庭で異なる。最近は、アボカドやサーモンなども入れられる。
- **お好み焼き** 小麦粉を卵と水で溶き、そこに刻んだキャベツやイカやエビといった具材を混ぜ合わせて鉄板で焼き、ソース、マヨネーズ、青海苔を掛けて食べる。お昼にはお好み焼きにご飯と味噌汁をつけた、お好み焼き定食も提供される。江戸時代に流行った文字焼きが、明治時代にどんどん焼きとなり、

お好み焼きに変化したといわれている。お好み焼きが広く普及したのは第二次世界大戦後で、戦後の食糧不足の時に、小麦粉やあり合わせの食材で作れるお好み焼きは、都合の良い節約料理であった。焼きそばの入ったお好み焼きを"モダン焼き"とよぶ。

- **とん平焼き** 豚肉を使った鉄板焼きの一種で、鉄板にお好み焼き風の生地を小判型に広げて、その上に卵を2つ割り、黄身を崩し、豚肉のスライスを載せて焼き、ソースやマヨネーズで味をつける。名前の由来は、豚を平たく焼くことからきているが、最近は、オムレツ風に焼き、中に明太子やチーズなどを入れるお店もある。お好み焼き屋や居酒屋で提供される。
- **一銭洋食、洋食焼き** 大阪、神戸、広島の駄菓子屋で、戦前に提供されていた軽食で、小麦粉を水と卵で、お好み焼きの生地よりゆるく溶き、刻んだ野菜、肉を入れて、鉄板に広げて薄く焼いたもの。今は食堂でも提供されている。駄菓子屋のどんどん焼きに肉が入り、洋食のソースを塗って、しかも、子供のおこづかいの1銭でも買えるところから「一銭洋食」とよばれた。
- **うずら豆腐** 大阪では、うなぎの頭を、「うなぎの面」から"うずら"とよぶ。関西の蒲焼は、関東とは異なり、割いた後、頭付のまま焼き、最後に頭を落とす。このたれの浸み込んだ香ばしい"うずら"を、焼き豆腐、大根と共に砂糖と醤油で煮た料理。うなぎの脂が豆腐や大根に浸み込み美味しい。体が温まり、お酒の肴にもなる。うなぎの頭を"半助"ともよぶので「半助の煮物」ともいわれる。

兵庫県

〈鶏肉、卵を使った料理〉
- **すき焼き** 名は、農具の鋤で肉類を焼いたことに由来する。当初は、ハマチや鴨、雁を焼いたと記録にある。江戸時代には獣肉を調理するときには、けがれを嫌って厨房ではなく土間で料理をしたり、通常の調理道具の鍋釜ではなく鋤で料理をしたといわれている。熱したすき焼き鍋に牛の脂をひき、薄切りの牛肉を焼いて牛肉のうまみを鍋に残す。この肉の上に砂糖や醤油、お酒を掛けて手早くからめて好みの焼加減で鍋から取り出して、生卵を溶きほぐした銘々の取り皿に取り、溶き卵をくぐらせて肉を味わう。続けて牛肉を味わっても良いが、入れた牛肉の脇に白菜など水分の出る野菜を入れて焼き、水分が出たら醤油と砂糖、お酒で味を調えて、青ネギや椎茸、焼き豆腐、しらたきなどほかの具も入れて煮て、煮えた具から溶き卵をくぐらせて食べる。調理の仕方は家庭ごと、お店ごとで流儀がある。

- **お好み焼き、すじ焼き** 基本は大阪のお好み焼きと同じようだが、具と生地を混ぜずに、重ね焼きにする。最後に、ソースや青海苔は使うが、マヨネーズを掛けない店が多い。牛の筋をよく使うので"すじ焼き"ともよばれる。
- **どろ焼き** 姫路発祥のお好み焼き風の食べ物。お好み焼き風の小麦粉の生地に、だしと卵、明石のタコなどの具を入れ、表面をぱりぱりに、中はとろとろに鉄板で焼いたもの。明石焼きのように特製のだしをつけて食べる。
- **ねぎまみれ丼** 日本三大ねぎといわれる朝来市の"岩津ねぎ"を使った丼。焼いたねぎと白髭ねぎ、青い部分は小口切りにして丼に盛り付け、中央に生卵の黄身を載せて、特製たれで食べる。ねぎの甘味と卵、たれの相性が良い。"岩津ねぎ"は、1800年頃(享和時代)から、生野銀山で働く工夫の貴重な栄養源として栽培されてきたといわれている。
- **穴子ちらし寿司** 瀬戸内海は穴子が有名。焼いた穴子と三つ葉を酢飯に混ぜて、お皿にこんもりと盛り、上から薄焼き卵と三つ葉、紅生姜、海苔で飾ったちらし寿司。

〈卵を使った菓子〉
- **瓦煎餅** 神戸で生まれた伝統銘菓。1877(明治10)年創業の㈱亀の井亀井堂本家が製造する。小麦粉、砂糖、卵、蜂蜜を合わせた生地を鉄板で焼いた、歯ざわりと卵の風味が持ち味の小麦の煎餅で、屋根瓦のように湾曲した形をしている。唐の時代に中国に渡った弘法大師空海が、皇帝に招かれた席で食べた煎餅に感銘を受け、帰国後に伝えたのが始まりといわれている。瓦煎餅は、後に東京、神奈川、香川にも伝わり、地元の銘菓となった。
- **バームクーヘン** 一層一層焼いては生地を付けて焼く、切り口が木の年輪のようになったドイツの伝統的な焼き菓子で、ドイツでは「お菓子の王様」とよばれる。明治初頭の神戸は、鎖国が解かれて、砂糖や卵をふんだんに使った菓子とともに海外の文化が流入した。日本では、神戸のユーハイムが、バームクーヘンを初めて焼いた。

奈良県

〈鶏肉、卵を使った料理〉
- **飛鳥鍋** 今から1300年ほど前の万葉の時代に、唐から来た使臣が、酥という乳製品を献上したことから、宮中で乳牛を飼うようになった。その当時から、作り続けられる飛鳥地方の郷土料理。鶏肉、白菜や人参、椎茸、もやしなどの野菜を、牛乳を入れた鶏がらスープで煮込む鍋料理。食べる時には、生卵に醤油と生姜汁を入れたつけ汁を使うと旨い。

- **大和鍋** 平城遷都1300年を記念して創作された郷土料理。鶏ガラで豆乳仕立ての白濁したさっぱりスープに、すりおろして油で揚げた特産の大和芋が入るのが特徴。白菜、ニンジン、椎茸、絹ごし豆腐、素麺も入る。
- **奈良のっぺ** 毎年12月17日には、900年近い歴史のある五穀豊穣、万民安楽を祈る奈良春日大社若宮の「おん祭り」が行われる。この時、国中から集まった大和士にのっぺを振る舞ったといわれている。これにあやかり、奈良ではこの日"のっぺ"を食べる習慣が昔からある。"奈良のっぺ"は、里芋、鶏肉、大根、人参、ごぼう、椎茸、こんにゃく、油揚げなど具だくさん。里芋からとろみが出て体が温まる。

〈卵を使った菓子〉

- **すりやき** 空豆の餡を入れ、茗荷の葉で包み蒸したお餅。茗荷の葉の香りが移り、風味ある素朴ななつかしい昔のおやつ。春の農作業や田植えが終わった時に作って、皆でいただく。ボールに卵を割り、塩と水を入れてよくかき混ぜ、小麦粉をいれて、さっくり合わせ、食べやすい大きさに丸め、空豆の漉し餡を入れ、茗荷の葉に包んで蒸す。固くなったら、茗荷の葉のまま焼いていただく。
- **しきしき** 郷土のおやつ。小麦粉、砂糖、卵、水を入れて溶いた生地をフライパンに薄く広げて両面を焼き、好みのジャムなどを塗り、巻いて食べる。

和歌山県

〈鶏肉、卵を使った料理 / 鳥にちなんだ料理〉

- **かきまぜ、おまぜ** 昔から伝わる、冠婚葬祭だけでなく人が集まる時によく作られるちらし寿司。お祝いの時は、錦糸玉子や紅生姜で彩り良くされて豪華に飾られる。具には、人参やごぼう、椎茸、鶏肉、ひじき、まぐろなどの魚介類などが使われる。
- **柏葉のすし、かしゃばずし** 那智勝浦地方で作られる、"かきまぜ(ちらし寿司)"を柏の葉で包んだお寿司。"かきまぜ"と同様に、お祝いでは錦糸玉子や紅生姜で彩り良く豪華に飾られる。
- **雀寿司弁当（すずめずしべんとう）** 和歌山駅名物の駅弁で、天然の尾頭付きの小鯛を開いてお腹に寿司飯を詰めて作った押し寿司。名前は、ヒレや膨れたお腹が雀に似ていることに由来する。江戸時代初期に大阪府摂津で作られ始めたと記録が残っている。
- **こけら寿司** 郷土の押し寿司で、上乗せの具は、縁起を担ぎ7種類使う。高菜の葉を敷き、その上に、地元特産の高野どうふ、玉子焼き、川海老、黒豆、

しいたけ、にんじん、紅しょうがを彩り良く豪華に盛り付ける。
- **僧兵鍋**　武家政治の横暴に対して寺院が自衛のために武装したのが僧兵の始まり。根来寺は、種子島に伝来した鉄砲をいち早く取り入れて武装した僧兵、根来衆は各地の武将から恐れられるほどの勢力を誇っていた。この僧兵が、戦のスタミナ源として食べていたのが"僧兵鍋"。現在再現された"僧兵鍋"は、キジ肉、鴨肉、イノシシ肉から選ぶことができる。他に、トマトやとうふ、椎茸、竹の子、白菜、ねぎといった季節の野菜と、ワラビやフキなどの季節の山菜などたくさんの材料を秘伝のスープで煮た野趣あふれる鍋。トマトが肉のアクを抑えてくれるようだ。僧兵鍋は、滋賀県の比叡山延暦寺周辺や三重県菰野の山岳寺周辺にも残っている。

〈卵を使った菓子〉
- **かげろう**　創業80余年の福菱が作る南紀白浜を代表する銘菓。口の中でホロリと溶けてなくなるサクサクの焼き生地で、やさしい甘みが特長のクリームサンド。浜や川岸にそこはかとなく立ち上るかげろうをイメージした。
- **やたがらす煎餅**　熊野銘菓。昔から熊野ではカラスは神として信仰されており、日本神話にも"やたがらす"が登場する。その熊野の"やたがらす"にちなみ、小麦と砂糖、卵、そして地元産の蜂蜜と水にこだわって焼いた土産用のお菓子。
- **グリーンソフト**　卵を使ったお菓子。1854（安政元）年創業の緑茶専門店の玉林園が、昭和33年に世界で初めて作った抹茶入りのソフトクリーム。市内のグリーンコーナーで販売されている。

島根県

〈鶏肉、卵を使った料理〉
- **角寿司**　石見銀山が栄えていた頃から伝わる押し寿司（箱寿司）で、当時は特大の木型に、酢飯とかんぴょうやごぼう、にんじん、山菜、油揚げと、錦糸卵や薄焼き卵、白や紅色のでんぶで豪華に彩られていた。江戸から石見銀山へきた代官の奥方から伝えられ、発展したといわれる。山口県岩国でも作られる。
- **いずみや**　小魚の多い瀬戸内海の代表的な料理で、おからを使って作る。元禄のころ、新居浜の別子銅山の開発に来た住友家が大阪から伝えたといわれている。住友の屋号が「泉屋」だったので、料理名となった。宴会や祝いの席に作られる。米に恵まれなかった新浜地方では、米の代わりに"おから"を使った。おからを炒り、卵黄を加え、味を調え俵型にして、酢で締めたさよ

りや鯵、このしろを載せる。
- **白魚の卵はり**　島根の郷土料理。宍道湖の"七珍味"の一つの、白魚を使ったすまし汁で、溶き卵を入れる。薄口醤油と塩で味付けをしただし汁を温め、白魚を入れて加熱して、茹でた高菜を加え、溶き卵を回し入れる。卵は一食に2個くらいがよい。半透明に輝く宍道湖の白魚は、身がしまり旨味が濃いのが特長。漁期は1月から4月に限られる冬の珍味。海水と川の水が混じり合う汽水湖の宍道湖は栄養が豊富なのでさまざまな生き物が育つ。その中の"宍道湖七珍"は、白魚、シジミ、うなぎ、鯉、スズキ、アマサギ、ヨシ海老を指す。
- **松江おでん**　松江市は人口比でおでん屋の日本一多い町、玉子や大根の他に地元のあご（飛び魚）のつみれが入ったおでん。春菊やセリなど葉物が入る。だしはあごだしが多い。

〈卵を使った菓子〉
- **菅公子（かんこうし）**　小麦と卵で焼いた生地に、裏ごしした梅肉と羊羹をあわせ餡を包んだ松江の銘菓。横から見ると、梅色の羊羹が皮からのぞき、白潟天満宮にあった花縁梅の種のように見える。
- **どじょうすくい饅頭**　山陰銘菓。小麦粉と卵で作った生地で、白餡や地元特産の二十世紀梨の餡、抹茶餡、イチゴ餡を包み焼いた焼き菓子。「どじょうすくい」の踊りに使う"ひょっとこ"のお面を模した、ひょうきんだが可愛らしい菓子で、松江の中浦本舗が作る。「どじょうすくい」は、島根県安来地方の代表的な民謡「安来節（やすぎぶし）」で踊られる、全国的に知られる伝統芸能。

鳥取県

〈鶏肉、卵を使った料理〉
- **ののこめし、いただき**　県西部の弓ヶ浜半島に伝わる郷土料理。大きな三角形の油揚げに、生米と具材（鶏肉、椎茸、にんじん、ごぼう等）を合わせて詰め、だし汁で炊き上げる。その昔、弁当としてよく食べられていた。"ののこ"は、着物の綿入れの"布子（ぬのこ）"がなまったものといわれる。一方、"いただき"は、三角の油揚げに、ふっくらとご飯が詰まった形が、中国地方一の秀峰大山（だいせん）の頂に似るとする説と、まだお米が貴重な時代に、感謝の気持ちを込めて"頂いた"に由来する説などがある。この郷土料理の魅力を全国に広めようと「米子いただきがいな隊」がPR活動を行っている。
- **大山おこわ**　県西部の郷土料理。大山山麓の食材を使った五目おこわ。もち米に、鶏肉やごぼう、人参、竹輪、椎茸などを入れて炊く。"深山おこわ"、"あせりおこわ"ともよばれる。もともとは戦の際に戦勝祈願として山鳥と山草を

入れたご飯を食べたのが始まりといわれている。その後、祭りや祝い事の時に作るようになった。

〈卵を使った菓子〉
- **しょうが煎餅** 江戸時代から因幡地方に伝わる伝統の小麦煎餅。小麦粉と砂糖、卵に、江戸時代からこの地で栽培されている名産の生姜を加えた生地を焼き、反りを付けて波型に仕上げる。表面には、鳥取砂丘にうっすらと積もった雪を模して、白い生姜蜜（生姜汁に砂糖を入れて煮詰めたもの）が塗ってある。いずみ屋製菓、城北たまだ屋、宝月堂などが作る。
- **栃の実煎餅** 栃の実に卵、小麦粉を加えて焼いた小麦煎餅。栃の実のアクを抜いて乾燥させて細かく砕いた粉を、小麦粉の生地に混ぜて作る。古くから"かり"とした食感が好まれ、古代書にも栃の実煎餅の製法や食感の記録が残されている。鳥取県は、栃餅など栃の実を利用した製品が多い。

岡山県

〈鶏肉、卵を使った料理〉
- **ばら寿司、岡山寿司、祭り寿司** 煮しめ椎茸を酢飯に混ぜ込み、上置きには、酢で締めた岡山名産のままかりや鰆、穴子等の魚介類、人参、蓮根、絹さやなどを彩りよく、酢飯が見えないくらい豪華絢爛に盛り付け、一番上を錦糸玉子で飾ったちらし寿司。寿司一升金一升といわれた。秋祭りには県内各地で特色ある寿司が作られる。由来は、江戸前期、池田藩の財政を立て直すために、厳しい倹約令が出され、農民の食事は、おかずが一品の一汁一菜とされた。そこで、主食のご飯の中に、おかずに相当する海や山の幸をふんだんに混ぜて、一汁一菜と称したのがこの寿司の始まりといわれている。
- **倉敷ぶっかけうどん** 倉敷で親しまれているご当地グルメ。倉敷は"ぶっかけうどん"発祥の地といわれる。茹でたうどんの中央に生卵を載せるのが基本。甘めのだし汁を少量かける。トッピングは、ねぎ、天かす、きざみ海苔など各種ある。釜揚げにはうずらの卵が付く。"水"と"塩"、"だし"、"小麦粉"にこだわる、黄色い丸印に黒い"ぶ"の文字が目立つ「ぶっかけ亭本舗」が有名。同店は「うどん日本一決定選手権U-1グランプリ」で"売り上げ第1位"を受賞した。
- **かきおこ** 日生(ひなせ)の牡蠣を使ったお好み焼き。県東南の日生町は有数の牡蠣の産地で、肉厚で鮮度が良く火を通しても縮まないのが特長。小麦粉と卵、水で作ったトロトロの生地にキャベツを混ぜて、鉄板に広げて焼く。そこに、海の町ならでは牡蠣が豪快にどっさり入る。ソースを塗り長ネギと紅しょうが

が載る。広島風でも関西風でもない日生風。外はふんわり焼けて中はトロトロ、牡蠣が蒸し焼きになり、口に入れると口中に牡蠣の濃厚なエキスが広がる。夏は冷凍牡蠣になるが、地元で獲れる"がら海老"をふんだんに使った"えびおこ"も味わえる。

〈卵を使った菓子〉
- **調布**　岡山銘菓の焼き菓子。同量の小麦粉と卵と砂糖を水で溶き、鉄板に楕円形に延ばして焼き、焼き色が付いたところで求肥を包み、表面には"調布"の文字の焼印が押される。調布とは、清流に晒した献上用の布のこと。昔、県中央を流れる旭川で調布が作られていた。

広島県

〈鶏肉、卵を使った料理〉
- **尾道ラーメン**　鶏がらをベースに魚介スープを合わせた透明のしょうゆスープが特徴のラーメン。具は、チャーシュー、メンマ、ねぎと普通だが、ミンチ状の大きな豚の背脂がころころ浮かんでいるのが特徴。1990年代以降有名になった。
- **尾道の中華そば**　昔から食べ続けられている尾道のラーメン。現在の尾道ラーメンと異なり、スープは鶏がらのみを使用。味はしょうゆ味。老舗のお店では、尾道ラーメンと差別化するため中華そばと標記している。
- **呉冷麺**　呉風の冷やし中華。朝鮮半島にルーツをもつ"盛岡冷麺"とは異なり、西日本では"冷やし中華"を"冷麺"とよぶことが多い。"呉冷麺"の特長は、幅広の平麺と3日間寝かしたゴマ風味のピリ辛の鶏がらスープ。具は中央に半分に切ったゆで卵をのせる。
- **尾道焼き**　卵を使った料理。尾道のお好み焼きで、広島風のお好み焼きに似るが、特徴は尾道のイカ天と鶏の砂肝が入り、もやしは使わない。
- **府中焼き**　府中市で昔から食べられているお好み焼き。特徴は、たくさんのキャベツと、肉は挽肉を使い、挽肉の脂と肉汁で、外側をカリッと焼き、中はふっくらと焼き上げる。昭和の初期に工業都市として栄えた府中市は、共働きの家庭が多く、安くて旨みのある挽肉料理が流行った。

山口県

〈鶏肉、卵を使った料理〉
- **岩国寿司、殿様寿司、角寿司** 江戸時代、合戦時の保存食として発展した押し寿司で、大勢が一度に食べられるように、一度にお米を1斗（約18リットル）炊いて作られた。ほぐした鯛や鯵、穴子、椎茸、岩国名産のれんこんの酢漬け、大葉、錦糸玉子、薄焼き玉子、白や紅色のでんぶ、赤い寒天、春菊などを、甘めの寿司飯と交互に何層にも重ねた、彩りも鮮やかで、豪華な押し寿司。各段の境には岩国名産の蓮（れんこん）の葉が使われる。刃の長い専用の寿司包丁で切り分ける。現在は、お祝いの時に作られる。島根県でも作られる。

〈卵を使った菓子〉
- **ふくの宿さぶれ** 小麦粉と卵、牛乳、油脂の生地で作ったサブレ。ふくとは魚のふぐのことで、にごらない「福」に通じる。下関は日本有数のふぐの産地。

徳島県

〈鶏肉、卵を使った料理〉
- **そば米雑炊** "そば米"を使った県下全域で食べられる郷土料理。源平の合戦で敗れ、東祖谷地方に身を潜めた平家の一族から伝わったといわれ、祝い事に必ず作られた料理。そば米とは、蕎麦の実の殻をとった粒のもので、醤油仕立てのだしで鶏肉、人参、椎茸、豆腐を煮て、茹でたそば米をいれて温め、お椀に盛り、薄焼き玉子の千切り、三つ葉、ねぎを載せる。今は一般にすまし汁として飲まれる。そば米雑炊の派生メニューとして"玄米雑炊"もある。
- **徳島ラーメン** 生卵と豚ばらの甘辛煮がトッピングされる、醤油豚骨のご当地ラーメン。麺は細めん。黒系（茶系）、白系、黄系がある。徳島で豚骨醤油のラーメンが主流になった一つの理由として、県内に日本ハムの前身の徳島ハムの工場があり、豚骨が安く大量に手に入ったからといわれている。
- **豆玉** 甘く煮た金時豆入りのお好み焼き。

〈卵を使った菓子〉
- **小男鹿（さおしか）** 徳島の代表的な銘菓。米粉、自然薯、阿波特産の和三盆糖、卵を混ぜて作った生地に、大納言小豆を点々と散りばめた蒸し菓子。この生地から顔を出した小豆が、鹿の斑模様にみえる。徳島は、古くから茶の湯が盛んで、茶会に欠かせない菓子が発達した土地。阿波和三盆糖は、吉野川北岸で栽培したサトウキビから昔ながらの方法で作った日本古来の砂糖。小男鹿は、『万

葉集』でも詠まれる牡鹿のこと。
- **なると金時饅頭** 菓匠孔雀が作る洋風饅頭。第24回全国菓子大博覧会「名誉総裁賞」受賞。小麦粉と卵、砂糖に黒糖を混ぜ込んだ生地で、徳島特産の糖度が高くホクホク感の強い"鳴門金時芋"で作った餡を包み込み焼き上げる。生地の黒糖の香ばしい香りと鳴門金時の食感と甘さが口の中に広がる。県の土産新作コンテストで知事賞受賞を報じた新聞記事が印刷された包装紙で包み、外箱は金時芋の出荷に使う段ボールを模している。

香川県

〈鶏肉、卵を使った料理〉
- **讃岐おでん** 坂出市の卵を使った料理。讃岐うどんのお店で提供されるおでんで、からしを合わせた「からし味噌」を付けて食べる。おでんの語源は青森県を参照。

〈卵を使った菓子〉
- **かまど** 坂出の銘菓。小麦粉、砂糖、卵、蜂蜜でつくった皮で、白いんげん豆の一種の大手亡豆の白餡を包む。瀬戸内海沿岸は、昔から海水から塩を作る産業が盛んで、かまどとは、海水を煮詰める塩焼きかまどのこと。
- **オリーブソフトクリーム** 小豆島特産のオリーブを使ったソフトクリームで、オリーブの香りが特徴。オリーブの葉の粉末を入れることで、抹茶のような風味がする。お店によってはオリーブの実を入れ食感にアクセントをつけている。道の駅などで販売。

愛媛県

〈鶏肉、卵を使った料理〉
- **あじ飯** 鯵飯。伊予水軍が船上で食べた丼物。鯵を甘辛に煮て、ほぐした身と玉ねぎを卵でとじる。地元産の夏みかんの皮のスライスや果汁をかけていただく。今は鯵よりも鯛を使う場合が多い。
- **日向飯**（ひゅうがめし） あじ飯。南予地区の日振島の郷土料理で、新鮮な魚が入った卵掛けご飯（TKG）。新鮮な魚をたれに漬け込み、ご飯の上に載せ、卵と醤油、みりんでつくったたれを掛け、わけぎとみょうが、夏みかんの皮のみじん切り、海苔を振って食べる丼物。名前の由来は、日振島のひぶりがなまったという説と、宮崎県の日向から伝わったという説がある。最近は鯵ではなくて鯛を使う場

合が多く、"鯛めし"とよばれる場合もある。
- **鯛めし**　熱いご飯に鯛の刺身を載せ、生卵を入れて熱い調味液をかけて食べる料理。もともと漁師の料理で、重労働の漁師に体力をつける格好の食べ物。南北朝、室町、戦国時代に瀬戸内海で横行していた海賊（村上水軍）も好んだことから「海賊飯」の別名もある。
- **いもたき**　芋炊。中秋の名月のころに、人々が河原に出て作る愛媛の郷土料理。鶏肉や里芋、こんにゃく、油揚げ等を魚介のやや甘い醤油だしで煮た郷土の鍋料理。東北地方の芋煮（芋煮会）と同じように、秋に戸外で家族や友人と楽しまれている。岩手県では、鶏肉を使った醤油味。山形市では牛肉を使ったすき焼き風。庄内地方では豚肉を使った味噌仕立ての豚汁風。宮城や福島では同じく豚汁風だが野菜が多く使われる。
- **ふくめん**　宇和島に伝わる郷土料理。宇和島のおもてなし料理は鉢盛りにする風習がある。ゆで卵の黄身と白身を別々に裏ごしにして、白身魚で作った白と紅のでんぶ、小口切りの万能ねぎを、うっすら甘醤油で味付けした千切りのこんにゃくの上に、放射状に盛り付けた彩りのきれいな料理。宇和島では、こんにゃくのことを「山ふく」といい、糸こんにゃくなので「ふく麺」となったとする説と、卵やそぼろが、こんにゃくを覆面するので"ふくめん"といい、「福面」の字を当てる説がある。
- **五色素麺**　松山の名産品。1635（寛永12）年に作られたといわれる五色の色をした素麺。白地の素麺を、鶏卵（黄色）、抹茶（緑）、梅肉（赤）、そば粉（茶）のそれぞれの食品がもつ色素を活かして染めた素麺。その昔、時の天皇に献上したところ、五色の唐糸のように美しいと褒められたことから、それまで"長門そうめん"とよばれていた物を"五色そうめん"に改称したといわれる。伊予節のなかでも歌われている。
- **鯛めん**　五色素麺の上に浜焼きした小鯛を盛り合わせた、彩が見事な、豪華な接待料理。祝い事には欠かせない。"鯛めん"は、"対面"に因んでいる。広島でも作られる。
- **押しぬきずし**　だし汁で煮たにんじんや椎茸、ごぼうを、お酒で炊いた酢飯に混ぜ、上に酢で締めた旬の魚、季節の山菜を載せ、錦糸玉子で彩り良く飾ったおもてなしの型寿司。
- **うずら豆入りお寿司**　東予地方に昔から伝わる郷土料理で、代々姑から譲られて作り続けられており、お祝いのとき、お客様のおもてなしに作られる、少し甘めのちらし寿司。具は、煮たうずら豆、穴子、小エビ、椎茸、人参、油揚げなどと、甘めにつくった錦糸玉子で飾る。うずら豆は、表皮に褐色と赤紫色の斑紋が入ったいんげん豆の一種で、表皮の模様がうずらの卵の模様に似ていることから"うずら豆"とよばれる。

- **醤油めし** 松山駅で評判の、シンプルだが懐かしい味がする駅弁。醤油で炊いた炊き込みご飯の上に錦糸玉子が敷かれ、その上に鶏肉、椎茸、タケノコ、レンコン、ぜんまい、人参、ごぼうなどの煮物と、赤いシロップ漬けのさくらんぼが載っている。包装紙には愛媛の方言、伊予弁が相撲の番付表で紹介されている。もともとは松山に伝わる郷土料理をアレンジしている。

〈卵を使った菓子〉
- **あん巻き** 土居町で、身内の集まりのときに用意するおやつ。小麦粉に卵、砂糖を混ぜ、水を加えて薄い生地にして、ほうろくで薄い皮を焼き、小豆の餡を包み熱いうちに食す。

高知県

〈鶏肉、卵を使った料理〉
- **こけら** 高知県室戸の東洋町に伝わる押し寿司。何段もの層を重ね、一度に大量に作る豪快な押し寿司で、見た目も錦糸玉子、にんじん、椎茸で彩り良く豪華に仕上げる。酢飯には特産の柚子酢を使う。「こけら」とは、木の切れ端、木っ端のことで、木っ端を重ねたような寿司という意味のようだ。喜びを重ねるに通じて、婚礼や祭り、祝いの席に、郷土料理の皿鉢(さわち)料理の一品として作られた。お米をたくさん使う農家ならではのお寿司。
- **鍋焼きラーメン** 須崎市名物の郷土の麺料理。"日本一熱いラーメン"ともいわれ、7つの定義がある。①スープは親鳥の鶏がらのしょうゆ味。②麺は細麺のストレート麺。③具は、親鳥の鶏肉、ねぎ、生卵、薄切りのちくわ、もしくは、すまき（中が白色、外が桃色のすり身を、巻き簾で巻き蒸し上げた土佐の練り物）等。④器は土鍋（ホーロー、鉄鍋）⑤スープは沸騰状態で提供。⑥古漬けのたくあんが提供されること。⑦すべてに「おもてなしの心」を込めること。発祥は戦後まもなく開店した「谷口食堂」で、出前の時にラーメンが冷めないように鍋に入れて届けたのが始まりといわれている。現在このお店は残念ながら閉店してしまっているが、この伝説の名店の味が、今も須崎市の各お店に受け継がれている。
- **じねん丼** 安田町の特産品の自然薯を使ったご当地グルメ。鶏肉と玉ねぎを卵でとじた親子丼の上に、すりおろした自然薯が載る。自然薯の実の"むかご"が採れる季節には、ほくほくの"むかご"がトッピングされる。四国活性化プロジェクトで開発された。
- **しいたけ丼** 四万十町大正地区特産の肉厚で大ぶりの椎茸の裏には、興津の海で獲れたシイラのすり身が詰めてある。ニンジンなどの野菜とともに卵で

とじた丼物。四万十町が運営する道の駅「四万十大正」で食べることができる季節限定の丼。シイラは、雄と雌の仲が良いことで知られる魚で、この地方では結納の時にシイラの干物を贈る風習がある。
- きびなご丼　宿毛市名物の丼。豊後水道に面した宿毛湾は、天然の養殖場といわれるほど豊かな海。宿毛産の生のきびなごをたっぷり使った丼。きらきらと銀色に輝くきびなごが丼の中心から放射状に並べられ、その中央には生卵の黄身が載る。市も「きびなご丼マップ」を作って応援している。
- うつぼ丼　ご当地グルメ。からっと揚げたうつぼを卵でとじた丼。うつぼはコラーゲンが豊富で上品な旨味がある。ぷりぷりした肉と半熟の卵、ご飯が良く合う。うつぼは小骨が多くさばくのに技術が必要だが、高知県では昔から食べられている。

〈卵を使った菓子〉
- アイスクリン　アイスクリームでもないシャーベットでもない独特の食感の高知を代表するスイーツ。砂糖、卵、脱脂粉乳、香料（定番はバナナ）などで作られる。乳脂肪分が少ないのでJAS規格（日本農林規格）上はアイスクリームではないが、アイスクリームよりすっきりとした味とあっさりした、でもクリーミーな食感がくせになる。街道でパラソルを立てて販売している。味は、抹茶やあずきの他に、果物王国高知ならではの柚子や文旦、ポンカン、いちご、メロン、みかんなどもある。
- かんざし　土佐の高知の"はりまや橋"のお隣に呉服屋として明治に創業した「浜幸」が作る土佐銘菓。「よさこい節」に唄われる、意中の娘にかんざしを買うという「坊さんかんざし買うをみた」のほろ苦い恋物語にちなみ、1962（昭和37）年に作られた。小麦粉と卵、バターで作ったマドレーヌ風の生地で柚子風味の白餡を包みホイル焼きにしてある。夏は冷蔵庫で冷やして、冬はトースターで焼いて食べると美味しい。

福岡県

〈鶏肉、卵を使った料理〉
- がめ煮　筑前煮ともいう。鶏手羽肉や大根、レンコン、にんじん、里芋など、油で炒めてから煮ることを特徴とした博多の郷土料理。筑前とは今の博多のこと。1592（文禄元）年、豊臣秀吉が朝鮮出兵の際、多くの大軍が博多に宿営し、博多の入江や沢にたくさんいたすっぽんを筑前煮にした。すっぽんのことを川亀、どろ亀とよんでおり、そこから"亀煮""がめ煮"となったとする説と、いっさいがっさい合わせてごった煮にするので、博多ことばの「が

めくりこんで煮る」から付いたとする説がある。お正月や客料理には欠かせないが、お惣菜としても各家庭でつくられる。来客の際は、白い野菜、赤い野菜などを別々に煮て、彩り良く盛り付ける。
- **焼きカレー** 北九州市門司のご当地グルメ。門司のレストランで、残ったカレーに卵を載せて焼いたまかない飯から発生したという説と、子どもの頃のお袋の味を再現したという説がある。ご飯の上にカレーを掛けて、卵とチーズを載せてオーブンで焼く。門司には30軒ほどの店がある。
- **うなぎの蒸籠蒸し** 柳川の名物料理。福岡では「うなぎといえば柳川」というほど有名。うなぎ料理といえば、うな重やうな丼が一般的だが、柳川ではせいろ蒸しが主流。幕末の1863年、江戸で評判のうなぎの蒲焼に注目して創作された、独特のうなぎ料理。関東風に背開きにしたうなぎを、一度、関西風の素焼きにして、次にたれをつけてさらに焼き、弁当箱くらいの大きさの、すのこ敷きの木の入物にご飯を入れ、うなぎと錦糸玉子を載せ、蒸篭で蒸しあげ、漆塗りの蓋付きの外枠に入れて食卓に出す。最後まで温かく食べることができて、蒸すことでうなぎの旨味がご飯に染み込み美味しい。
- **鯛茶漬け** 昔から食べられている郷土料理。対馬海流とともに日本海を北上した真鯛は玄界灘の荒波にもまれ身がしまっている。この身のしまった真鯛の刺身を温かいご飯の上にのせ、醤油、ミリン、胡麻、卵黄、焼き海苔、わさびなどお好みの味を付けて、熱い番茶を注いで食べる。"たいちゃ"ともいう。

〈卵を使った菓子〉
- **千鳥饅頭** 文豪の松本清張も愛した九州を代表する銘菓。小麦粉と卵、砂糖、蜂蜜で作った生地で、手亡豆とザラメで作った純白のこし餡を包んで黄金色に焼き上げた饅頭。天面の千鳥の焼印が可愛らしい。昭和2年開店の「千鳥屋」が作る。

佐賀県

〈鶏肉、卵を使った料理〉
- **だぶ** "ざぶ"、"さぶ"、"らぶ"ともよばれる郷土料理で、鶏肉、椎茸、れんこん、筍、にんじん、こんにゃくなどを1cm角に切り、甘辛のだしで煮た郷土料理。
- **須古寿し** 白石町の500年以上昔から伝わる郷土料理。祭りや祝い事で振る舞われた郷土の押し寿司(箱寿司)である。使う酢は、ムツゴロウの蒲焼の骨を漬けたまろやかな酢。もち米を混ぜて酢飯を作るので、もちもち感のある押し寿司に仕上がる。この酢飯を木型で押し固め、具を載せる前に切り分け、

その上に、椎茸、ごぼう、にんじん、海老、錦糸玉子、三つ葉、奈良漬、紅しょうがなどを彩り良く盛り付ける。

〈卵を使った菓子〉
- さが錦　佐賀の銘菓。小豆や栗が入ったふわふわでしっとりしたスポンジ生地の上と下に、層の模様が美しい薄いバームクーヘンでサンドした和洋折衷な焼き菓子。モンドセレクション最高金賞を受賞。1928（昭和3）年創業の菓子舗心村岡屋が作る。江戸時代の佐賀藩鍋島家が創作した、絢爛豪華で気品と優雅な美しさを持つ伝統の織物「佐賀錦」をイメージして作られている。
- けいらん　唐津の銘菓。地元の浜玉粉を蒸して薄く延ばし、餡を包んだ菓子。上品であっさりした甘さ。名前は、残念ながら"鶏卵"とは関係はない。豊臣秀吉が朝鮮に出兵する時に戦勝祈願に立ち寄った際、地元の人々がこの菓子を作ったのが始まりといわれている。名前は、「勝つまで帰らない」の「帰えらん」に由来するといわれている。「伊藤けいらん」「佐々木けいらん」「茂八けいらん」などが作る。

長崎県

〈鶏肉、卵を使った料理〉
- 蒸し寿司　卓袱料理に出される料理。黄色い錦糸玉子、紅色のデンブ、そぼろが彩り良く盛られている。老舗の「吉宗（よっそう）」では、丼に盛られた茶碗蒸しとともに、丼の蒸し寿司が、夫婦蒸しとよばれて提供されている。
- 大村寿司　大村市に伝わる具だくさんで、甘い押し寿司。室町時代に、領土奪還の戦に勝ったお祝いとして作ったことから始まった押し寿司。角型の寿司桶に、魚介類や野菜、酢飯を3層重ね、重石を載せて押す。錦糸玉子の上置きで豪華に飾り、お祝い事に提供される。野菜を煮る時も、酢飯にも、錦糸玉子にも砂糖を使い、甘く仕上げる。地元では甘くないと「長崎が遠い」と言う。口直しに梅干を添えることが多い。
- 長崎具雑炊　具は、鶏肉、ブリ、里芋、白菜、こんにゃく、凍豆腐、かまぼこなどで、丸餅を、アゴ（飛び魚）、かつお、昆布、鶏がらのだしで煮た、島原地方の具だくさんな雑炊。正月だけでなく一年中お祝いの時に食べる。
- 長崎ちゃんぽん　皿うどんとともに長崎の代表的な麺料理。明治時代に、中国の福建省から伝わった料理で、"ちゃんぽん"とは福建省で"喰飯（シャポン）"といって、簡単な食事という意味。豚肉、イカ、小エビ、キャベツ、玉ねぎ、もやし、はんぺん、竹輪、たけのこ、椎茸、キクラゲなどを炒め、そこにスープを入れて少し煮て、麺に掛ける麺料理。最近の流行は、食べる時に生卵

を載せたり、ウースターソースが使われる。
- **ひかど**　郷土料理。鶏肉とマグロやぶりなどの魚、大根や人参、椎茸、サツマイモを細かくさいの目に切って煮込み、塩、醤油で味を整え、最後にサツマイモをすりおろして入れる。和風仕立てのシチューのような料理で、寒い季節に作られる。"ひかど"とは、ポルトガル語で細かく刻むことをいう。

熊本県

〈卵を使った菓子〉
- **武者がえし**　お菓子の香梅が作る和洋折衷のパイ菓子。小麦粉と卵、バターで作ったパイ生地で小豆餡を包み焼き上げる。パイ生地は100層になるように手作業で折り、小豆餡はまろやかさと紫色が綺麗に仕上がるように豆の皮を取り除いた小豆を使用。名前は、熊本城の特長の1つの石垣の積み上げ方から命名。この石垣は加藤清正が率いてきた特殊技術を持つ石工「穴太衆」によって造られ、上に行くにしたがって勾配が急になり攻めてきた敵が登れない、武者を返すので「武者返し」とよばれている。

大分県

〈鶏肉、卵を使った料理〉
- **別府冷麺**　郷土料理。別府冷麺の麺は大きく2系統ある。冷麺専門店に多いタイプは、モチモチの弾力がある太麺で、焼肉店に多いのはツルツルで喉越しの良い中細麺。スープはどちらも和風ダシがベース。載せる具は、半分に切ったゆで玉子、キムチやチャーシュー、きゅうりなどで、小口切りのネギを散らす。別府では専門店や焼肉店に限らず食堂や居酒屋、ラーメン屋でも"冷麺"が提供される。昭和25年ごろ旧満州から別府に引き揚げてきた料理人が提供したのが始まりといわれている。

〈卵を使った菓子〉
- **臼杵煎餅**　臼杵市の銘菓。安土桃山時代に、臼杵城主となった稲葉貞通が、非常食として菓子職人に作らせたと伝わる小麦粉の煎餅。小麦粉に卵、砂糖を混ぜ、厚めに焼き、表面に臼杵特産のしょうが汁で溶いた砂糖を塗り、さらに焼き上げる。形は、地名の"臼"を模して湾曲させ、仕上げのしょうが砂糖しょうが汁の白いラインは"臼"の木目を表している。現在は、平らな煎餅に、餡やアイスクリームをサンドしたものもある。

宮崎県

〈鶏肉、卵を使った料理〉
- **レタス巻き**　ご当地グルメ。1960年代に考案された巻き寿司で、酢飯の上にレタス、マヨネーズで和えた海老を海苔で巻く。このレタス巻から、アボガドを巻いたカルフォルニア巻に発展したといわれている。
- **ちごべい寿司**　郷土料理。小さな"ちごべい"という貝が入ったちらし寿司。煮た貝を剥き、椎茸、人参、ごぼう、木くらげ、油揚げ、しらす干しを酢飯に混ぜ、上を錦糸玉子と木の芽で飾る。

〈卵を使った菓子〉
- **チーズ饅頭**　宮崎で評判の焼き菓子。基本は、小麦粉と卵、砂糖で生地を作り饅頭の餡の換わりにチーズを包み込み焼き上げる。生地もサクサク派やしっとり派、そして、生地にチョコや抹茶、アーモンド、クルミを混ぜたり、餡のチーズにレーズンや宮崎特産のマンゴーを混ぜたりいろいろ発展している。菓子処わらべ、南国屋今門、風月堂等々多くの店がそれぞれ工夫してオリジナルな味を出している。

鹿児島県

〈鶏肉、卵を使った料理〉
- **溶岩焼き**　鹿児島のシンボルの活火山「桜島」、その溶岩石を利用して肉や野菜を焼く料理。熱した溶岩盤から出る遠赤外線が、肉などの表面をこんがり香ばしく焼き、中をしっとりジューシーに仕上げる。コンビニエンスストアの弁当にも「桜島どりの溶岩焼きあがったもんせ弁当」など"溶岩焼き"が登場している。
- **温たまらん丼**　指宿のご当地グルメ。普通の温泉の3倍から4倍の効果がある指宿の「砂蒸し温泉」。この天然の砂蒸し温泉で作った温泉卵が仕上げに載る丼物。地元の食材をふんだんに使った丼物。「たまらんおいしさの丼」から命名。醤油で甘辛く炒めた牛肉と温泉卵、オクラを組み合わせた「はいから温たまらん丼」や県産の黒毛和牛と季節の野菜で作ったビビンバ風の「モーたまらん丼」など、いろいろな味が市内のお店で味わうことができる。
- **酒ずし**　古くから伝わる、当地随一の豪華絢爛なちらし寿司。黒と朱の漆塗りの酒ずし桶に、鯛や海老、イカ、貝、さつま揚げなどの海の幸と、蕗やたけのこ、木の芽などの山の幸をご飯を入れ、お酢ではなく、地酒を掛けて蓋

をして重石を置き、4、5時間ねかせて、ご飯がお酒を吸収したころに、上に錦糸玉子を豪華に盛っていただく。
- **きびなご丼** ご当地グルメ。手開きしたきびなごを、等量の醤油とみりんで作った付けダレに一晩漬け込み、丼のご飯の上に綺麗に盛り付け、中央に卵黄を載せて、もみ海苔やごま、万能ネギを散らす。そのままでも美味しいがお茶漬けにしてもよい。甑島島は"きびなごの島"とよばれるほどきびなご漁が盛んで、鮮度の低下が早いきびなごを、特殊な冷凍術で流通に乗せている。"こしきの里"ブランドで展開している。

〈卵を使った菓子〉
- **鶴せんべい** 出水市の「お菓子のリッチモン松元」が作る鹿児島銘菓の小麦の煎餅。出水市には毎年1万羽以上の鶴が渡ってくる。渡来羽数と種類が多いことで知られ、この渡来地は国の特別天然記念物に指定されている。渡来する鶴が優雅に大空を舞う姿を表したのが、この小麦せんべい。九州産の原料にこだわって作り、味はアーモンド、カシューナッツ、黒糖クルミ、ピーナッツ、胡麻がある。一枚一枚鶴が羽ばたいているように反りが付けられている。第24回全国菓子大博覧会で「金賞」受賞。

沖縄県

〈鶏肉、卵を使った料理〉
- **チャンプルー** チャンプルーはいろいろ混ぜたの意味。ゴーヤチャンプルーはにがうりと豆腐、卵を炒めて味を付けた沖縄独特の料理。フーチャンプルーは車麩を使う。この車麩に卵液を吸い込ませて炒めるとさらに食味が増す。青いパパイヤやヘチマのチャンプルーも沖縄では一般的。
- **カツ丼** 豚カツを卵でとじてあるが、野菜の量が多い。野菜は、人参、もやし、葉物野菜など店により異なる。中にはご飯の上に野菜炒めを載せて、その上に卵でとじたカツを載せるお店もある。
- **ヒラヤーチー** "ヒラ"は平たくの意味で、"ヤーチー"は焼くという意味。沖縄風お好み焼きで、どちらかというと、韓国のチジミに近い。よく溶いた卵に小麦粉を入れ、水で生地の硬さを調整し、刻んだニラやねぎを混ぜ、薄く延ばして焼き、ウースターソースや醤油を付けて食べる、沖縄の家庭料理。各家庭で作り方を工夫し「もっちり」「ふんわり」「しっとり」の食感とする。
- **たて汁** お産が近い妊婦の栄養補給として作られた郷土料理。生卵、味噌、削り鰹、しょうがをお椀に入れ、お湯で溶かして作る。

〈卵を使った菓子〉
- **サーターアンダギー、砂糖てんぷら**　沖縄の最も代表的な揚げ菓子。卵と砂糖をよく混ぜて、この中に振るった小麦粉を入れてさくさくと軽く混ぜ、落花生の粉を加える。このたねを丸めて低めの温度の油でゆっくりと揚げると、丸いたねの片方が花のように割れて、チューリップ型に開く。昔からお祝いの際に作られた。
- **ちんびん**　沖縄風黒糖クレープ。本来は、5月5日に子供の健康と成長を祈願する行事の時に作られたが、今は一年中売られており、"ちんびんミックス粉"もスーパーなどで売られている。小麦粉にベーキングパウダーと黒砂糖を水で溶かし、卵と油を入れ、フライパンで両面を焼き、くるくると巻いて食べる。

付録5 都道府県ごとの鶏／鳥に関するトリビア

青森県

鷹岡城（たかおかじょう）

弘前城の別称。青森県弘前市。津軽統一を成し遂げた津軽為信が1603（慶長8）年に計画し、1610（慶長15）年に2代津軽信牧が鷹ヶ岡（高岡）に築城した。以後、弘前城は津軽氏の居城として廃城になるまでの260年間、津軽藩政の中心地として使用されてきた。

岩手県

金鶏山

世界遺産に登録されている平泉の中尊寺と毛越寺の中間に位置する円錐状の信仰の山。「平泉を守るため、雌雄つがいの黄金の鶏を埋めた」や「北上川まで人夫を並べて一晩で築いた山」など数々の伝説が残っている。松尾芭蕉の『奥の細道』でも詠まれている。

秋田県

鳥海山

深田久弥の日本百名山にも選ばれている。日本海の波打ち際からすらりと立ち上がり、秋田県と山形県の両県を分ける。出羽富士、秋田富士ともよばれる秀峰。大物忌神を祭る山。古来より幾度となく噴火し、あがめられた聖山。遠方からの山容とは異なり、変化に富んだ地形、豊富な残雪、高山植物にも恵まれ、多くの登山者が訪れる。

鳥追い

　鳥類に関係する行事。農村で行われる行事で、正月の14日の夜から15日の朝にかけて、鳥追い歌を歌いながら行われる。お米などの穀物を害する鳥類を追い払う願いを込めた行事で、かつては、東北各地で大人たちが行っていたが、現在では子供の行事となっている。横手では子供たちが「鳥追いにまいりました」と言って各家を回る。

山形県

カセ鳥

　山地方で旧正月に"カセ鳥"が町をまわり行われる火防（ひぶせ）の行事で、寛永年間から続いた。現在は保存会が結成されて、毎年2月11日建国記念日に一般披露される。"カセ鳥"は、手拭で顔を包み、その上から三角形の上半分が隠れるくらいの大きさのワラの"ケンダイ"という蓑のようなものを被る。この"カセ鳥"を"火勢鳥"や"稼ぎ鳥"という当て字から、火難を防ぎ商売繁盛を願う。

福島県

鶴ヶ城

　一般には会津若松城とよばれるが、地元では鶴ヶ城とよぶ。会津若松のシンボル。南北朝時代の1384（元中元）年に芦名直盛が始めて築いた。その後、蒲生氏郷が1592（文禄元）年に大改修を行った。かつては7層の天守閣を有していたが、現在は5層。白虎隊で有名な幕末の戊辰戦争でも西軍の猛攻に耐え、難攻不落の城とよばれた。

茨城県

舞鶴城

　常陸太田市にある太田城の別称。佐竹氏が約470年間居城した城。城主が入城する際に城の上を鶴が優雅に飛翔していたのでこの名前がある。佐竹氏は江戸時代に徳川家康によって、平安時代から親しんだ常陸の国から秋田への転封を命ぜられ、城は廃城となった。

埼玉県

初雁城
越城の別称。1457（長禄元）年太田道真、道灌親子が築城。川越は、陸路の川越街道と水路の新河岸川の要で栄えており、大江戸に対して小江戸とよばれた。城内には、晩秋に渡ってくる雁が毎年とまった杉の木があるので初雁城とよばれた。また、「ここはどこの細道じゃ。天神様の細道じゃ」で知られるわらべ歌の「通りゃんせ」のご本尊、三芳野天神が城内に祀られている。

鴨場
越谷市の「埼玉鴨場」と千葉県市川市の「新浜鴨場」が、宮内庁によって維持管理されている。江戸時代の将軍家や大名家に伝わる、池（元溜）に集まる野生の鴨を、訓練したアヒルを使い堀に誘導し、鴨が飛び立つところを手網で傷つけることなく捕獲する独特の技法で、皇室が継承している。伝統の継承と、内外の来賓の接遇の場として用い日本文化を理解してもらうこと、市民の自然観察の場を目的としている。なお、捕獲した鴨は、国際鳥類標識調査に協力して、各種データを記録した後、すべて放鳥している。

千葉県

鴨場
市川市の「新浜鴨場」。上述の埼玉県の鴨場を参照。

東京都

木製のウソ（鷽）
江東区の亀戸天神では、正月の初天神（1月24日、25日）に菅原道真侯ゆかりの縁起物の木製のウソを、新しいウソに替える「ウソ替え神事」が行われる。"ウソ"は幸福を招く鳥といわれ、毎年新しいウソに替えることで、今までの悪いことがウソになり、一年の開運、幸運を得ることができるといわれている。亀戸天神の木製のウソは、この2日間しか手に入れることができないので非常に人気がある。ウソ替えの神事は、香川の滝宮天満宮や九州の太宰府天満宮でも行われている。

すすきミミズク

　雑司が谷の鬼子母神の門前で売られる土産物。ススキの穂を丸く束ねてミミズクの形にした縁起物。丸い目と赤い耳、ふっくらしたふわふわの体が可愛らしい。翼の中に子供のミミズクを抱えた、親子ミミズクもある。すすきミミズクの由来は、昔、貧乏で病気の母の薬が買えない娘の夢に鬼子母神様が現れ、すすきみみずくを作り売るようにいった。言われたようにしたところ評判になり薬が買えるようになり病気も治ったといわれている。

玉子塚

　築地市場の近くの「波除神社」の境内にある。東京鶏卵加工業協同組合の創立30周年記念で建立された。「波除神社」は寿司の板前や調理人、漁師などがお参りする神社で、他にも「活魚塚」や「海老塚」「あんこう塚」「すし塚」などがある。

新潟県

舞鶴城（村上市）

　村上市にある村上城の別称。臥牛山舞鶴城は、永禄の頃に本庄繁長が築城し、1661（寛文元）年に松平直矩が天守閣などを造った。

舞鶴城（長尾市）

　長岡市栃尾大野町にある"栃尾城"の別称。戦国の名将で、越後の"龍"とよばれた上杉謙信が幼年期を過ごした城として有名。鶴城山の険しい自然を利用した山城。

燕市

　地名の由来は、伝説と学説があるようだ。伝説では、今から440年ほど前、氾濫した河川に小さな祠が流されてきて、この祠をたくさんの燕が守っていたからとする説。学説では、510年ほど前の記録にある、信濃川の舟運の要所で、荷の積出し港「津」の中心「目」という意味の「津波目」に由来するという説がある。

富山県

鷲羽岳（わしばだけ）

　日本百名山の一つ。北アルプスの中央に位置し、富山県黒部市と長野県大町市にまたがる、鷲が羽ばたいたように威風堂々とそびえる標高2,924mの火山。中

部山岳国立公園、飛騨山脈の山々の見晴らしが良い。

石川県

玉宝(ぎょくほう)
　1868(明治元)年創業の七尾の鮨の名店「松乃鮨」が作る評判の玉子焼きの巻き寿司で、駅弁が七尾駅で売られている。「玉宝」の発祥は200年ほど前の江戸の寿司の名店「安宅松が鮓」といわれ、将軍にも献上されたといわれている。能登産の卵とつなぎを一切使わない薄焼き玉子、昔ながらの直焚き製法のかんぴょう、白身魚のでんぶ、能登産のお米など、江戸時代以来美味しさとこだわりが代々受け継がれている。

福井県

たまご人形
　日本の郷土玩具。小浜で作られる鶏卵の卵殻に目鼻などの彩色を施し、髪の毛や衣装を着せた人形。近年の流行は歌舞伎の連獅子。卵殻の表面に歌舞伎独特の化粧の隈取りを施し、赤や白の髪の毛を付け、豪華な衣装で飾る。

山梨県

舞鶴城(しろね)
　甲府城の別称。1582(天正10)年、武田氏滅亡後、甲斐の国は織田信長の領国となった。本能寺の変以後は徳川家康が支配したが、豊臣秀吉が天下統一を果たすと、関東の徳川家康に対抗するために甲府城の築城を命じた。関が原の戦い後の徳川体制になってからは西方への備えとして重要性な城となり、幕末まで存続した。

鳳凰山(ほうおうざん)
　鳳凰三山。南アルプス明石山脈北部の、韮崎市と南アルプス市、北杜市の境に位置する、日本百名山。薬師岳(2,780m)、観音岳(2,840m)、地蔵ヶ岳(2,764m)の三山を合わせて、鳳凰三山と呼ぶ。日本第二位の高さの北岳(3,192m)を含む白峰三山(しらね)、富士山(3,776m)の展望がすばらしい。地蔵岳頂上の高さ60mの花崗岩のオベリスクが特徴的。鳳凰は伝説上の動物で、姿は孔雀に似て羽色が美

しく、縁起の良い鳥とされており、数々の日本画や、鹿苑寺（金閣寺）など建物の装飾に使われている。

長野県

烏城（からすじょう）
　松本市にある松本城の別称。戦国時代の永正年間（1504～1520）に、小笠原氏によって「深志城」として築城されたといわれている。1593（文禄2）年、豊臣秀吉のもとで、石川数正・康長親子が天守閣や城下町の整備を開始した。5重6階の天守閣としては日本最古で、400余年前の戦国時代の姿を見せている。天守閣は国宝に指定されている。

白鶴城
　小諸市にある小諸城の別称。武田信玄によって築城され、豊臣秀吉の天下統一の際城主となった仙石秀久によって完成された城。城下町より低い位置に城を築いた「穴城」で、全国的にも珍しい構造。浅間山の火山灰で出来ている谷と丘を利用して造られ、崩れやすい断崖が堅固な要塞となっている。「日本百名城」の一つ。

鳩ぐるま
　野沢地方の郷土玩具。牛に引かれて善光寺で弘化年間（1844～48）に売り出された。あけびのつるを編んで鳩を形作る。

静岡県

とんび凧
　郷土凧の横須賀凧。1560年代頃、当時の浜松城主の長男誕生を祝って城内外で凧を揚げたことに始まり、遠州のからっ風、そして、江戸時代には大須賀町横須賀の城主、西尾忠尚も凧揚げを奨励していたので、この地域でいろいろな凧が発展した。子どもの誕生には「初凧」を揚げて祝う。他には、だるま凧、奴凧など。横須賀では新年を迎えた頃「遠州横須賀凧揚げまつり」が毎年行われ、横須賀凧の他、全国から凧の愛好家が集い大空を彩る。また、浜松では毎年5月に凧揚げ合戦の「浜松まつり」が行われる。牧之原市の「さがら凧あげ大会」は江戸時代から続く伝統行事。

三重県

白鳳城
　三重県伊賀市にある上野城（伊賀上野城）の別称。1585（天正13）年、筒井定次によって築城された。徳川家康は信任厚く築城の名手の藤堂高虎に豊臣秀吉の大阪城を攻める目的で上野城の拡張を命じ、白亜の城となった。日本100名城の一つ。

京都府

舞鶴城（ぶかくじょう）
　京都府舞鶴市にある田辺城の別称。細川藤孝によって1579（天正7）年に築城。関が原では、石田三成率いる西軍の誘いを退け、徳川家康の東軍に参加を示したので、西軍の大軍に攻められ田辺城に籠城した。弾薬や食糧が尽きた細川氏は、家宝を天皇に献上し、天皇御勅命で石田軍の包囲が解かれて命を救われたと伝わっている。

楠鳩
　八幡町の石清水八幡宮で売られる縁起物。楠木で作った神鳩。子供の食卓に載せると、食事が喉につまらなくなるという。

三宅八幡の鳩
　土製の鳩。頭は赤色、首は白、体は藍ねずみ色に彩色されている。三宅八幡は"虫八幡"ともいわれ子供の虫封じのおまじないに使われる。

兵庫県

白鷺城
　姫路城の別称。国宝、日本初の世界文化遺産に指定されている。1346年に、赤松貞範が姫山に築いた山城が姫路城の始まりといわれている。現在の城は1601（慶長6）年、徳川家康の命を受けた池田輝政が、徳川政権を脅かすかもしれない西側諸大名けん制の目的で、8年の歳月をかけて雄大で優美な江戸城に匹敵するほどの城郭を築いた。

奈良県

鷹取城

　高取城の別称。標高583.9mの高取山の山頂にある城で、日本三大山城の1つ（岡山県備中松山城、岐阜県美濃岩村城）。1332年、高取の豪族の越智八郎が築城した。200年間は越智家が居城したが、1583年、豊臣秀吉の命を受けて本多氏が入城し、その後上村氏が城主となり、明治まで14代にわたり居城。現在、楼閣はなく、石垣が残るのみ。

孔雀岳

　吉野郡下北山村と十津川村の境に位置する1,779mの山、山頂に孔雀明王（仏教を日本に伝えた仏様の一人で、"毒蛇を倒す孔雀"の姿から"悪に対する正"とされた）の座石があり、この石の分け目で、吉野までを金剛界、熊野までを胎蔵界という。

和歌山県

闘鶏神社

　平氏と源氏の両方から援軍要請された熊野水軍が、どちらに味方をするべきか、神意を確認するために鶏を戦わせた故事に由来する。武蔵坊弁慶や源義経など多くの伝説が伝わる田辺市にある神社。

島根県

千鳥城

　日本三大湖城の松江城の別称。千鳥の名は、天守閣3層目の入母屋破風が、千鳥が羽を広げた三角形の形に由来する。天守閣最上階からは、宍道湖など360度の展望が広がる望楼式。鯱鉾は、木彫りに銅板が張ってあり、現存する木造の鯱鉾では日本一の大きさ。関が原の戦いの功績で、堀尾氏が出雲・隠岐の太守となり築城した。その後、京極氏、松平氏が城主となる。今も、外堀、内堀に水を湛え、船からゆっくりと観光ができる。

鳥取県

鳥取県
「日本書紀」によると、垂仁天皇の第一皇子は言葉を発することができなかったが、ある時大空を飛ぶ白鳥を見て「あれはなにか」と初めて声をあげた。これに驚いた天皇は臣下に白鳥の捕獲を命じた。天湯河板挙が白鳥を追い出雲の国で捕獲して献上した。その後、皇子は白鳥と遊び物を言うことができるようになった。この功績に天皇から「鳥取造」の姓を賜り、白鳥が渡来する現在の鳥取の辺りに住みついた。その後も死者の魂を運ぶ神聖な白鳥を捕る仕事「鳥取部」を続け、「鳥取部」の人々が住み暮らす地域「鳥取郷」とよばれるようになったといわれている。

鳥取県の県章
飛ぶ鳥の姿を平仮名の「と」に造形したマーク。自由と平和と鳥取県のあすへの進展を象徴した。

岡山県

烏城（うじょう）
岡山城の別称。豊臣五大老の宇喜多秀家が1597（慶長2）年に竣工した西国屈指の名城。築城事業は、その後、小早川氏、池田氏と引き継がれ、4重6階の天守閣や35の櫓、25の門を擁する堂々たる城郭となった。関が原の合戦前に築造された現存する数少ない天守閣で、構造は古式な展望楼となっている。天守閣は戦災で消失したが再建された。国宝に指定されている。外壁に黒塗りの下見板が張ってあるので外観は黒く"烏城"とよばれる。また、瓦には金箔が施されており、黒に金の華やかな彩を添えているので"金烏城"ともよばれる。

鶴山城（かくさんじょう）
津山市にある津山城の別称。津山城は、森忠政が1603（慶長8）年から13年の歳月をかけて鶴山に築いた大城郭の城。明治まで城郭の偉容を誇ったが廃城と共に建物はすべて取り壊された。昭和になって天守閣のみ復元されたが、太平洋戦争中に、空爆の標的になるとの理由で再び解体された。現在、史跡は整備保存され見事な石垣群が往時の偉容を偲ばせている。日本100名城の一つ。

香川県

ウソ守

　縁起物。綾歌の滝宮天満宮で毎年4月24日に開催されるウソ替神事で授与される木製のウソ（鳥のウソの形を模して彩色も施されている）。お互いに"ウソ"を取り替えることで、1年間に知らず知らずのうちに犯した過ちを祓い清めて開運を招くといわれている。九州の太宰府天満宮や東京の亀戸天神社でも行われている神事。この"ウソ"の色形は九州の大宰府天満宮の物に似る。

愛媛県

鶴島城

　宇和島城の別称。現在の地に天守が築かれたのは、1601（慶長6）年、築城の名手藤堂高虎の時といわれている。その後、仙台藩主伊達家から政宗の子秀宗が入城し、2代目の宗利の時に天守以下城郭の大改修を行い、1671（寛文11）年に現在の姿に完成した。基本的な城の構えは高虎時代のものが引き継がれている。

子育て鳩

　子供の虫除けの郷土玩具。土製の鳩。

高知県

土佐鶴

　土佐の銘酒。千有余年前、土佐国司の任を終えた紀貫之は、帰洛の途上、蒼海と松原に舞う鶴の一群を眺め、土佐への慕情たっぷりに歌を一篇読んだ。「見渡せば松のうれごと　棲む鶴は　千代のどちとぞ　おもうべらなる」。土佐鶴の酒銘はこの歌の吉兆鶴にちなむ。悠久の昔から続く雄大な土佐の自然。酒と夢をこよなく愛する土佐の人々。日本国土佐の風土は千年の時を超え、今もしっかりと息づいている。1773（安永2）年創業の安芸郡の土佐鶴酒造㈱が造る。

鷹城（たかじょう）

　高知城の別称。高知城は、関が原の戦いの功績により土佐藩主となった山内一豊が、1601（慶長6）年に着工し10年の歳月をかけて完成した城。1727（享保12）年に天守をはじめほとんどの建物を消失するが、1749（寛延2）年に天守閣の再建が完了し現在に至っている。1873（明治6）年廃城令にもとづき天守を除

く城郭建造物が取り壊された。

福岡県

舞鶴城

　福岡市にある福岡城の別称。関が原の戦いで功績を上げた黒田長政が1601（慶長6）年に築城。現在周辺は整備され、裁判所や福岡市立美術館、平和台陸上競技場などがある。かつては福岡ダイエーホークスの本拠地の平和台球場もあった。また、平安時代の海外交易の施設「こうろう館」の遺構が見つかっており現在調査が行われている。

ウソ替え

　太宰府天満宮で、毎年1月7日に行われる神事で、鳥の鷽を模した木彫りの鷽を取り替える。1年間についた嘘や災いを、木彫りの鷽と共に取り替えて、幸せが手に入るといわれている。ちなみに、鳥の鷽の名前は、嘘には関係なく、その鳴声に由来する。各地の天神を祀る神社でも縁起物として作られている。ウソ替えの神事は、東京の亀戸天神社や香川の滝宮天満宮でも行われている。

清水寺のきじ車

　九州地方特有の郷土玩具。みやま市の清水寺の雉車で日本最古の記録に残るきじ車。開運、縁結び、家庭円満のお守りとして門前で売られている。赤松の枝木からナタで鳥の雉の形を削り出し、青と赤で彩色した木製の素朴で野趣あふれる玩具。雉に4つの車が付き、雄と雌で背中や尾羽の形が異なる。また、背に3つの俵と子どもの雉が載るタイプもある。平安時代、道に迷った僧に雉が道を案内した故事に由来する。

吉井のキジ車

　うきは市、旧吉井町の若宮八幡宮の祭礼で売られていた。鳥のキジの形に作った木製の玩具で雉の頭が小さく尾羽が長い。黄色地に赤と緑で羽が描かれ、車は二輪つく。九州地方特有。平家の落武者が人吉の山奥に住みつき、生活の糧に作り売ったと伝わる。

佐賀県

カチカチ車

　郷土玩具。大町産の杵島山人形の一つ。スズランアカギの木を、県の鳥のカササギドリ（カチ鳥）の姿に似せて彫り、二輪の車が付く。「カチカチやーえ、そ

の巣が高けりゃ米の穂が伸びるよえー」と民謡にも唄われる。
舞鶴城
　唐津市にある唐津城の別称。1602（慶長7）年に豊臣秀吉の家臣の寺沢広高によって築城。東西に伸びる松原が両翼を広げる鶴に見えることから「舞鶴城」とよばれる。唐津城には天守閣は築かれたことはありませんが、現在の天守閣は、昭和41年に文化観光施設として建てられた。

熊本県

しらさぎじょう
白鷺城
　八代城の別称で、松江城ともいう。肥後国は、薩摩の島津氏への抑制のため、一国一城令の例外として本城の熊本城と支城の麦島城の一国二城体制が、徳川幕府に認められていた。加藤清正の子で熊本城主加藤忠広が、地震で崩壊した麦島城の代わりに幕府の許可を得て加藤正方に命じて、1622（元和8）年に松江村に竣工した城が八代城。現在、城跡には建物の遺構は残っていない。当時の熊本城主加藤忠広の父の加藤清正は、新田開発や灌漑用水、道路網の整備などを行い藩内の暮らしを良くしたので、今日でも「清正公さん」とよばれて人気が高い。
舞鶴城
　県南部の津奈木町にある山城、津奈木城の別称。1334（建武年間）年ごろ豪族の名和顕興が築城したと伝わる。頂上からは町を一望できる巨大な岩山の上に建てられている。城の名は、攻めてきた敵が、鶴が舞うように崖から落ちるからといわれているが定かでない。緑の中から岩肌が突き出した風景は「熊本100景」にも選ばれている。

人吉のキジ車
　九州地方特有の郷土玩具。樹皮を剥いだはぜや朴、桐、藤の丸太や枝木からノミで鳥の雉の形を削り出し、美しく彩色し車輪を2つ付けた木製の玩具。多くは農家の冬の副業として作られ春の市で売られていたようだ。買ってもらった子どもたちは、キジ車を引きまわしたり、馬乗りになったりして遊んだ。人吉の大塚に住み着いた平家の落人が作り始めたと伝わる。キジ車の頭にある"大"の文字は、大塚に由来するようだ。

鶴の子いも（阿蘇）
　小芋。熊本県で栽培される里芋。形が鶴の首に似ているのでこの名前が付いた。

大分県

キジ車、キジ馬
九州地方に多い郷土玩具。ホオの木をナタ1本で鳥の雄の形に削り出し、白木製で色付けはしない。車は二輪。素朴な独特の味わいがある。玖珠町と北山町のキジ車が有名。英国の陶芸家の"バーナード・リチャード"が、その芸術性をほめたといわれる。キジ車をこの地方では"馬"とよび、シュロでタテガミや尾を付けたものもある。

鳩笛
宇佐八幡の招福の張子の縁起物。鳩は八幡宮の神様のお使いで、虫封じや咽喉のつまり除けとして授与される。白いハトで目と吹き口赤い。宇佐神宮は全国に数ある八幡様の大元の総本営で、三重県の伊勢神宮に次ぐ宗廟。西の日光といわれるほど豪華絢爛で、本殿は国宝に指定されている。福岡の太宰府天満宮の"ウソ替"と同じように"鳩替"神事が毎年2月に行われる。"鳩替"の鳩には番号が振ってあり"みくじ鳩（おみくじ）"。

宮崎県

鶴松城 (かくしょうじょう)
佐土原城の別称。築城年代は定かでないが建武年間（1334～1338年）に田島の領主伊東祐賀によって築かれたといわれている。1572（元亀3）年の日向国の支配をかけた木崎原の戦いで伊東氏は島津氏に破れ、佐土原は島津の支配下となった。豊臣秀吉の九州遠征で島津氏は敗れるが、佐土原は島津氏の支配のままであった。関が原の戦いに敗れた佐土原は、一時期幕府の直轄領となるが、その後島津氏が藩主となり、代々支配を続けて明治を迎えた。この間、佐土原城は日向国の政治と文化の中心地として栄えた。

舞鶴城
児湯郡高鍋町にある高鍋城の別称。地形が鶴が羽ばたく姿に似ているので舞鶴城とよばれる。平安時代後期に日向の豪商土持氏により築城といわれている。その後、九州の覇者の島津氏が豊臣秀吉に降伏した後は秋月氏が明治の廃城まで居城した。史跡公園は、春は梅、桜、ツツジ、そして新緑と住民に親しまれている。

うずら車
長寿の縁起物の郷土玩具。九州地方に多い"キジ車"に対して宮崎では"うずら車"と特異的。男性的な"法華岳薬師"のうずら車と、女性的な"久峯観音"

の物がある。どちらも、タラの木を三角形に切り出し、うずらの絵を描き、車が付く。玩具マニアに人気がある。県の伝統工芸品。
太陽のたまご
　宮崎名産の完熟マンゴーで全国的に人気がある。樹上で完熟させるので、樹の下に落下防止のネットが張ってある。全体を赤く色付けるために太陽光の当て方も工夫している。糖度は15度以上。
たまたま
　樹上で完熟させた柑橘類の"キンカン"で、宮崎県経済連が商標登録している。糖度16度以上が「たまたま」で、糖度18度以上は「たまたまエクセレント」として販売している。

鹿児島県

鹿児島神宮の鳩笛
　八幡宮の神の使いの鳩を模した笛。虫封じや咽喉のつまり除けとして授与される。白地に頭と嘴、翼、吹き口が赤で、首の後ろが青く彩色される。なお、本殿の天井画には当時日本にはなかったサボテンの花の絵が描かれており、薩摩藩の海外との活発な貿易を窺い知ることができる。

参考文献等

全国友の会編『伝えてゆきたい家庭の郷土料理―全国友の会創立50周年記念』婦人之友社(1980)
日本伝統食品研究会編『日本の伝統食品事典』朝倉書店(2007)
清水桂一編『たべもの語源辞典』新訂版、東京堂出版(2012)
小林祥次郎『くいもの"食の語源と博物誌"』勉誠出版(2011)
岡田哲編『たべものの起源事典』東京堂出版(2003)
田村秀『B級グルメが地球を救う』集英社新書(2008)
総務省統計局家計調査　http://www.stat.go.jp/data/kakei/5.htm
農林水産省大臣官房統計部、畜産統計、鶏卵流通統計
秋篠宮文仁編著『鶏と人』小学館(2000)
安部直哉／解説、叶内拓哉／写真『野鳥の名前』山と渓谷社(2008)
吉井正監修『コンサイス鳥名事典』三省堂(1988)
中村浩『動物名の由来』東京書籍(1998)
秋篠宮文仁、小宮輝之監修・著『日本の家畜・家禽』フィールドベスト図鑑　特別版、学習研究社(2009)
日本畜産学会編『新編　畜産用語辞典』養賢堂(2001)
高木信一『たまご大事典』工学社(2013)
鵜飼良平『そば入門』幻冬舎(2009)
東京農大バイオインダストリー・オホーツク実学センター編『エミュー飼いたい新書』東京農業大学出版会(2009)
徳久球雄ほか編『日本山名事典』三省堂(2011)
日本食鳥協会HP　http://www.j-chicken.jp/museum/map/05.html
日本食鳥協会「全国地鶏銘柄鶏ガイドブック」　http://www.shokucho.co.jp/books/guidebook.html
農林開発企画委員会、郷土料理百選　http://www.rdpc.or.jp/kyoudoryouri100/ryouri/23.html
ごはんを食べよう国民運動推進協議会HP　http://www.gohan.gr.jp
日本食品衛生協会HP　http://www.n-shokuei.jp
日本唐揚協会HP　http://karaage.ne.jp
各県市町村HP　各商工会議所HP　観光協会HP

索　引

A～Z

- ATP ……………………………… 15
- COME 店そば ……………………… 67
- e のちから ……………………… 111
- pH ………………………………… 16

あ 行

- アーサーの玉子焼き …………… 248
- アイガモ（合鴨）………………… 8, 174
- アイスクリン ……………… 106, 299
- 会津あかべえサブレ ……………… 72
- 会津地鶏 …………………… 73, 256
- 会津地鶏のたまご ………………… 73
- 愛奈ハーブチキン ………………… 96
- 合い盛り …………………………… 81
- 愛をとりもつラーメン …………… 66
- 青空たまご ……………………… 178
- 青森おでん ………………………… 44
- 青森シャモロック ………………… 46
- 青森シャモロックバーガー ……… 44
- 明石焼き ………………………… 168
- 赤玉卵 ……………………………… 24
- 赤鶏さつま ……………………… 246
- あがら丼 ………………………… 177
- 阿岸の七面鳥 …………………… 120
- 揚げ足鳥 ………………………… 206
- 揚巻ソフトクリーム …………… 276
- あごの厚焼き …………………… 181
- 朝霧高原たまご ………………… 141
- 朝どり紅花生たまご ……………… 68
- 味付ゆで卵 ……………………… 168
- 鯵のかんぼこ …………………… 225
- あじ飯 …………………………… 296
- 阿闍梨餅 ………………………… 286
- 味わい茜 ………………………… 147
- あじわい丹波鶏 ………………… 161
- あじわい鶏 ………………………… 96
- 飛鳥鍋 …………………………… 289
- 小豆（やきとり）……………… 267
- 阿つ焼き ………………………… 221
- 厚焼き玉子 ……………………… 239
- 安曇のめぐみ …………………… 157
- 穴子ちらし寿司 ………………… 289
- アヒル ……………………… 8, 251
- あひる卵 …………………………… 31
- 油つぼ …………………………… 266
- 油麩丼 …………………………… 270
- 天草大王 ………………………… 232
- 甘食パン ………………………… 276
- 甘ったれうどん …………………… 57
- アミノ酸 …………………………… 17
- アミノ酸（卵）…………………… 30
- あやめ卵 …………………………… 63
- ありあけ ………………………… 105
- ありたどり ……………………… 222
- アローカナ ………………………… 97
- 阿波尾鶏 …………………… 21, 198
- 阿波すだち鶏 …………………… 199
- あわ雪 …………………………… 145
- 阿わ雪 …………………………… 194
- 淡雪羹 …………………………… 225
- あんかけカツ丼 ………………… 134
- アンセリン ………………………… 12
- あんぱん ………………………… 276
- あん巻き ………………………… 298

- イーハトーヴ物語 ………………… 53
- 池盛り …………………………… 281

石巻やきそば	57
いずみや	291
伊勢赤どり	152
伊勢地鶏	151, 256
伊勢の卵	91
伊勢二見ヶ浦夫婦地鶏	152
いただき	292
イタリアンスパ	283
一黒シャモ	139
一銭洋食	288
絲印煎餅	151
因幡の白うさぎ	184
イノシン酸	17
今治の焼き鳥	205
いもくり佐太郎	272
いも子汁（いもっ子汁）	271
いもたき	297
芋煮	269
いものこ汁	270
伊予路しゃも	207
彩どり	199
岩国寿司	295
岩手地鶏	51, 256
石見の国鬼村の昔の玉子	182
インギー鶏	256
ウイングスティック	265
烏骨鶏	4, 256
烏骨鶏のたまご	247
烏骨鶏卵	24, 31
臼杵煎餅	302
ウズラ	8, 147, 251
鶉尾	257
うずら車	318
うずら卵（鶉卵）	24, 31, 147
鶉矮鶏	257
うずら豆腐	288
うずらのプリン	38
うずら豆入りお寿司	297
ウソ替え（福岡県）	317

ウソ替え神事（東京都）	308
ウソ守	315
ウタイチャーン	257
うつぼ丼	299
うなぎの蒸籠蒸し	300
うなぎパイ	139
うに丼	45
旨〜e赤玉子	123
うまかハーブ鳥	233
うま味成分	17
雲仙温泉たまご	225
雲仙しまばら鶏	227
衛生ボーロ	161
栄養バランスたまご	218
エーコク	257
エキソンパイ	272
えごまたまご	182
越後ハーブ鶏	110
えびす	118
えび千両ちらし	277
恵方巻き	287
エミュー	40, 252
笑友生どら焼き	38
えんがわ	267
遠州焼き	282
媛そだち	208
媛っこ地鶏	207
媛っ子みかんたまご	208
オイルキャップ	266
奥州いわいどり	52
横斑プリマスロック	4, 257
近江黒鶏	156
近江しゃも	156
近江鶏	156
近江プレノワール	156
おおいた冠地どり	236
大阪寿司	287
大凧焼き	90

おおびら	279
大平	281
大村寿司	301
岡崎おうはん	146
岡崎おうはん卵	237
岡山県産森林どり	189
おかやま地どり	188
岡山寿司	293
お狩場焼き	61
沖縄髭地鶏	257
沖縄風ちゃんぽん	249
奥伊勢七保どり	152
奥伊予地鶏	207
奥久慈しゃも	77
奥久慈卵	79
奥久慈法度汁	272
奥丹波どり	162
奥の都どり	52
奥三河どり	147
奥美濃古地鶏	135
お好み焼き	287
お好み焼き（すじ焼き）	289
おしどりミルクケーキ	67
押しぬきずし	297
おたふく	267
小田巻蒸し	164
小田原おでん	105
おっきりこみ	274
尾長鶏	4, 258
お煮かけ	281
おにささ	249
尾道の中華そば	294
尾道焼き	294
尾道ラーメン	294
おび（やきとり）	265
尾曳	263
おぼろ汁	109
おみたまプリン	77
オムそば	168
親子丼	100
おやべ火ね鶏炭火焼	113
おやべホワイトラーメン	113
オリーブソフトクリーム	296
おわら玉天	114
温たまらん丼	303

か 行

開運老松	130
開化丼	275
貝焼き味噌	44
カエルまんじゅう	284
香り	17
香鶏	102
かきおこ	293
かき丼	160
かきまぜ（おまぜ）	290
家禽類	8
撹拌方法	28
かぐや姫たまご	233
かげろう	291
笠岡鶏そば	188
賢いママのこだわり卵	192
かしみん焼き	165
加寿萬喜	226
かしわ（柏）	8, 252
かしわうどん（福岡県）	215
かしわうどん（佐賀県）	220
かしわ肉	252
かしわぬき	37
かしわのすき焼き	173
柏葉のすし（かしゃばずし）	290
かしわ味噌	44
かしわめし（駅弁）	215
かしわめし（福岡県）	215
かしわめし（宮崎県）	239
かしわ料理	144
カステラ	226
カステラかまぼこ	248
かすてらせんべい	194
カステラ巻き	226

カスドース	226	瓦煎餅	289
かす巻き	226	関から揚げ	134
カセ鳥	307	菅公子	292
カチカチ車	316	かんざし	299
がちょう卵	31	岩石卵	206
ガツ	266	肝臓	10
郭公団子	269	がんづき	269
合掌土偶マドレーヌ	268	関東炊き	286
カツ丼	304	雁鶏	258
角寿司（島根県）	291	かんぴょうの卵とじ	81
角寿司（山口県）	295	冠	267
蟹オムレツクリームソース	104		
かに玉丼	184	キジ馬	318
蟹飯麺	160	キジ車	316, 317, 318
かぶら煎餅	151	雉子中華そば	113
かまくら	62	キジ丼	210
かまくらカスター	105	キジ鍋	150, 210
カマタマーレ応援たまご	203	キジ肉	213
釜玉うどん	202	きしめん	283
かまど	296	紀州うめたまご	178
窯焼き玉子	100	紀州うめどり	178
神山鶏	199	紀州鶏	178
がめ煮	299	北のこく卵	40
亀の甲煎餅	194	北の卵	53
鴨すき	155	きつね丼	165
鴨鍋	117	気になるりんご	268
かも鍋	210	衣笠丼	286
鴨南蛮	101	絹鹿の子	114
鴨ねぎ丼	165	きぬのとり	86
鴨場	308	きびなご丼（鹿児島県）	304
かもめの玉子	50	きびなご丼（高知県）	299
鴨料理	155	岐阜地鶏	5, 135, 258
かやき	61	黄身返し卵	160
唐津エッグバーガー	221	黄身自慢	106
カルノシン	12	きみちゃんのもっこりたまご	46
カロチンE卵	91	きみに愛	102
かわ	10	黄身美人	219
皮（やきとり）	264	きも	10, 266
河内奴鶏	258	きも玉焼き	202
川俣シャモ	72	肝焼き	194

木屋平高原放し飼いたまご……199	久連子鶏……………………259
究極のたまごかけごはん専用たまご	呉冷麺………………………294
……………………………199	黒柏………………………5, 259
九州の赤どり………………236	黒さつま鶏…………………245
キューポラ定食………………90	黒たまご……………………105
京赤地どり…………………161	黒はんぺん…………………282
京地どり……………………161	黒部つべつべ焼き……………278
京都風雑煮…………………286	くんせい玉子………………134
玉宝…………………………310	軍配せんべい…………………90
清里のソフトクリーム………280	
亀楽煎餅……………………276	鶏醤……………………………37
霧島山麓とれとれ村庭先たまご…242	鶏ちゃん焼き………………134
霧島鶏………………………241	鶏飯…………………………244
きりたんぽ鍋………………59, 61	鶏卵(青森県)………………268
キリン………………………265	けいらん(秋田県)…………270
筋胃……………………………10	けいらん(佐賀県)…………301
きんかん……………………267	鶏卵せんべい………………194
銀山赤どり…………………182	鶏卵素麺……………………216
きんし重……………………155	鶏卵饅頭(愛媛県)…………207
きんし丼……………………155	鶏卵饅頭(島根県)…………181
錦爽どり………………………96	鶏卵饅頭(兵庫県)…………169
錦爽名古屋コーチン……………95	健21…………………………203
くじら弁当……………………95	元気くん……………………110
銀皮(ぎんぴ)………………266	けんけん丼…………………150
金萬……………………………62	健康鶏………………………119
	げんこつ……………………265
クイーン卵…………………228	源氏巻………………………181
孔雀岳………………………313	げんなり寿司………………138
くじら弁当……………………95	げんまんE…………………192
釧路ラーメン…………………38	健味赤どり…………………127
楠鳩…………………………312	健味どり……………………127
首ズル………………………265	
熊野地鶏……………………151	小岩井農場のアイスクリーム……50
熊本コーチン………………232	高原ハーブどり……………240
熊本種………………………258	高原比内地鶏卵………………63
倉敷ぶっかけうどん…………293	抗酸化作用……………………12
グリーンソフト……………291	甲州地どり…………………126
くりからハーブたまご………114	甲州とりもつべんとう………125
グルタミン酸…………………16	甲州頬落鶏…………………127
くるま麩の卵とじ……………109	コーチン…………………4, 259
久留米のやきとり……………216	

索　引　325

黄門様の印籠焼	77	彩たまご	91
ゴーレン	225	彩の国地鶏タマシャモ	91
声良鶏	259	在来種	7, 252
コクうま赤たまご	114	採卵用鶏	23
国産鶏種はりま	101	幸味どり	228
黒糖ふくさ餅	118	さえずり	265
こけら	298	蔵王地鶏	57
こけら寿司	290	小男鹿	295
五穀味鶏	53	坂網鍋	120
こころ	266	佐賀県産若鶏骨太有明鶏	222
心残り	266	酒ずし	303
越谷かもねぎ鍋	89	さが錦	301
五色素麺	297	相模の赤玉子	106
越の鶏	110	桜島どり	246
湖上の月	285	桜島どりゴールド	246
子育て鳩	315	さくらたまご	136
こだわりたまご(滋賀県)	157	桜っ子	119
こだわりたまご(奈良県)	174	桜姫	39
こっこ	138	笹寿司(新潟県)	277
御殿地鶏	139	笹寿司(長野県)	281
五島地鶏しまさざなみ	227	ささみ	9, 264
木の葉丼	165	五月ヶ瀬煎餅	279
コハクチョウ	47	さつま地鶏	245
小鳩豆楽	276	さつま純然鶏	240
小判焼き	114	薩摩汁	245
コマーシャル鶏	4	さつま知覧どり	21
ごまたま	78	薩摩鶏	5, 259
ごまたまご(卵)	147	さつまどりサブレ	245
ごまたまご(菓子)	275	薩摩ハーブ悠然どり	246
五味せんべい	191	さつま雅	240
米たまご	195	さつま若しゃも	245
米と大麦でつくったたまご	73	佐渡髱地鶏	260
米の子	242	讃岐赤どり	203
五郎島金時芋のバームクーヘン	279	讃岐おでん	296
コロンブスの卵	38	讃岐コーチン	202
コロンブスの茶卵	213	佐野ラーメン	273
		沙羅	169
さ 行		サラダ気分	40
サーターアンダギー	305	サルモネラ	18
菜・彩・鶏	52	さわやかあべどり	52

さわやか健味どり	127	寿恵卵	174
三角	266	じゅんじゅん	285
ざんぎ（愛媛県）	206	純和鶏	51
ざんぎ（北海道）	36	地養赤どり	199
山菜とりめし	231	しょうが煎餅	293
山賊焼き	130	小国鶏	260
三陸地鶏	51	焼酎けーき霧島	240
		地養鳥（岩手県）	52
しいたけ丼	298	地養鳥（千葉県）	96
塩川の鳥モツ	72	地養鳥（静岡県）	140
鹿野地鶏ピヨ	185	地養鶏（徳島県）	199
しきしき	290	正肉	264
しぐれ焼き	283	小肉	265
脂質	11, 30	招福たまご	91
シシリアンライス	221	招福巻き	287
静岡おでん	282	縄文鍋	44
地すり	232	醤油めし	298
自然卵朝のたまご	222	地養卵	97
七面鳥	8, 213, 252	松露饅頭	221
しっぽくうどん	202	食彩の風	186
しっぽくそば	273	食彩の夜明け	186
地毒蒸し焼きプリン	235	食中毒	18
地頭鶏	260	植物育ち	192
地鶏	5, 253	食用鳥	2
地鶏瀬戸赤どり	202	白河ラーメン	272
地鶏丹波黒どり	161	白子	267
じねん丼	298	シルクカステラ	85
芝鶏	260	シルクメレンゲ	85
治部煮	117	知床どり	40
脂肪酸強化卵	29	白魚の卵はり	292
島根牛みそ玉丼	181	白玉卵	24
四万十鶏	212	白レバー	266
凍みっぱなし丼	270	信玄あばれ兜	126
凍み豆腐入りたまご丼	71	信玄軍配せんべい	126
下仁田ネギ丼	85	信州黄金シャモ	131
軍鶏	4, 260	信州鶏	132
しゃもすき鍋	210	信州のたまご	132
軍鶏鍋	99	信州ハーブ鶏	132
じゃんがら	272	心臓	10
十万石相傳カステラ	90	神代カレー	271

しんたまご	102
新得地鶏	39
身土不二	46
神話	2
水郷赤鶏	96
すいだぶ	216
すき焼き（東京都）	275
すき焼き（兵庫県）	288
須古寿し	300
巣ごもり	131
健やか都路育ち	78
すしぶち	271
すすきミミズク	309
雀寿司	287
雀寿司弁当	290
すずめ焼き	160
すだち丼	198
スタミナエッグ	239
砂肝（すなぎも）	10, 266
砂ずり	266
砂たまご	184
スモっち	67
ずりした	266
スリム e	189
すりやき	290
駿河シャモ	139
ずんだブッセ	270
成分（卵白）	30
背肝（せぎも）	266
せせり	265
せんざんぎ	206
千寿せんべい	286
せんべい汁	45
総州古白鶏	95
漱石まんじゅう	232
僧兵鍋（滋賀県）	155
僧兵鍋（三重県）	150

僧兵鍋（和歌山県）	291
そうめんちり	216
そばカステーラ	110
蕎麦ぼうろ	286
そば米雑炊	295
そり、ソリレス（ソリレース）	265
そろばん	265

た 行

ターザン焼き	143
大阿蘇どり	241
帝釈峡しゃも地鶏	191
大正コロケット	273
大聖寺どら焼き	118
大山おこわ	292
大山産がいなどり	185
大山産ハーブチキン	186
大山どり	185
鯛煎餅	95
大地のめぐみ	152
鯛茶漬け	300
太平燕	230
鯛めし	297
鯛めん	297
太陽チキン	140
太陽のたまご	319
タウチー	249
高崎のだるま弁当	274
高菜めし	231
高浜とりめし	144
高山ラーメン	134
滝上町の七面鳥	40
だご汁	231
たこやき	287
だし巻き玉子	159
但馬すこやかどり	170
但馬の味どり	170
ダチョウ	68, 79, 106, 242, 250, 253
龍田（竜田）揚げ	173
脱藩定食	210

伊達男たまご	73
伊達男プリン	72
たて汁	304
伊達鶏	73
伊達鶏ゆず味噌焼き弁当	71
館林うどん	85
伊達巻き寿司（大阪府）	164
伊達巻き寿司（千葉県）	94
田辺サンド	177
他人丼（大阪府）	164
他人丼（東京都）	275
たぬき丼	165
旅がらす	274
だぶ	300
卵入りうー麺	56
卵かけご飯	25, 56 184
卵かけご飯醤油	25
たまごサンド（大阪府）	164
たまごサンド（兵庫県）	169
たまごジャム	126
だまこ汁	49
玉子塚	309
玉子とじラーメン	145
たまご人形	310
たまごのてんぷら	202
卵の味噌漬け	231
玉子ふうふう	130
たまごふわふわ	22, 138
卵巻き寿司	275
たまごみそ	44
だまこもち	61
玉子焼き（東京都）	100
玉子焼き（兵庫県）	168
たまごやさんのこだわり	132
卵用ニワトリ	6
たまたま	319
たまの温玉めし	188
たまひも	267
玉風味	114
玉蒸豆腐	118

たらし（垂らし焼き）	273
タルタルカツ丼	84
タルト	206
俵まんじゅう	181
淡海地鶏	156
だんご汁	235
丹後のばら寿司	285
坦々焼きそば	104
丹波あじわいどり	161
たんぱく質	10, 30
丹波地どり	169
チーズ饅頭	303
鶏蛋湯	50
チキン南蛮	238
ちごべい寿司	303
乳ボーロ	165
千鳥饅頭	300
矮鶏	261
知也保の卵	139
茶碗蒸し（青森県）	43
茶碗蒸し（長崎県）	225
茶碗蒸し（北海道）	36
チャンプルー	304
長州赤どり	195
長州黒かしわ	195
長州どり	195
ちょうちん	267
調布	294
調味料の影響	27
ちょく焼き	224
チレ	267
ちんびん	305
月世界	114
月で拾った卵	194
つくね	264
つくば茜鶏	78
筑波地鶏	78
つくばしゃも	77

筑波の黄身じまん	78	豆腐カステラ	271
九十九島せんべい	226	蜀鶏（唐丸鶏）	261
漬物ステーキ	281	朱鷺印	279
津沢あん・うどん	113	朱鷺の子	277
対馬地鶏	227, 262	徳島バーガー	198
つしま地どり	227	徳島ラーメン	295
つなぎ	266	特殊卵	29
常太郎	279	特別飼育豊後どり	241
つぼん汁	231	土佐維新バーガー	211
釣鐘饅頭	177	土佐九斤	262
つるぎTKGY	118	土佐地鶏	262
鶴子まんじゅう	268	土佐ジロー	212
鶴せんべい	304	土佐ジローの卵	212
鶴乃子	217	土佐ジロープリン	211
鶴の子いも	317	土佐はちきん地鶏	212
つるの玉子	188	土佐はちきん地鶏そぼろ弁当	210
		どじょうすくい饅頭	292
テール	266	どじょう鍋	155
手羽	9, 264	栃木しゃも	82
手羽先	264	栃木路いちご街道	82
手羽先唐揚げ	143	と畜	16
手羽中	265	栃の実煎餅	293
手羽元	265	徳利	266
天下とりかつサンド	126	鳥取県の県章	314
天狗せんべい	122	とて焼き	81
天使の贈物	135	殿様寿司	294
天使のたまご（千葉県）	97	富山おでん	278
天使のたまご（山梨県）	127	豊のしゃも	236
伝統カレー	276	豊橋カレーうどん	284
天然記念物のニワトリ	7	とら巻き	226
てんぷらー	249	ドラム	265
天領軍鶏	182	ドラムスティック	265
		どら焼き	184
東京しゃも	101	どら焼きヌーボ	38
東京風串焼き	100	鶏一番	140
東京風雑煮	101	鳥インフルエンザ	18, 19
闘鶏神社	313	鳥追い	307
峠の釜飯	274	鶏王	53
道後地鶏	207	鶏刺し	239
東天紅鶏	5, 261	鳥雑炊	95

鶏つくね ・・・・・・・・・・・・・・・・・・・・・・ 81
とり天 ・・・・・・・・・・・・・・・・・・・・・・・・・234
とり鍋野猿峠の焼き鳥 ・・・・・・・・・・ 99
鶏のたたき ・・・・・・・・・・・・・・・・・・・・・239
鳥のもつ煮 ・・・・・・・・・・・・・・・・・・・・・ 66
鳥羽田農場の平飼いたまご ・・・・・・・ 78
とりめし（愛知県）・・・・・・・・・・・・・145
鶏めし（大分県）・・・・・・・・・・・・・・・235
鶏めし（長崎県）・・・・・・・・・・・・・・・225
鶏めし弁当（秋田県）・・・・・・・・・・・ 62
鶏めし弁当（群馬県）・・・・・・・・・・・ 85
鶏めし弁当（栃木県）・・・・・・・・・・・ 81
鳥モツ煮 ・・・・・・・・・・・・・・・・・・・・・・・125
とりもつバーガー ・・・・・・・・・・・・・・ 67
とり野菜鍋 ・・・・・・・・・・・・・・・・・・・・・118
鶏わさ ・・・・・・・・・・・・・・・・・・・・・・・・・239
どろめの卵とじ ・・・・・・・・・・・・・・・・・211
どろ焼き ・・・・・・・・・・・・・・・・・・・・・・・289
とろろ汁 ・・・・・・・・・・・・・・・・・・・・・・・138
とんび凧 ・・・・・・・・・・・・・・・・・・・・・・・311
とん平焼き ・・・・・・・・・・・・・・・・・・・・・288

な 行

内臓 ・・・・・・・・・・・・・・・・・・・・・・・・・・・・ 10
長崎貝雑煮 ・・・・・・・・・・・・・・・・・・・・・301
長崎香味鶏 ・・・・・・・・・・・・・・・・・・・・・228
ながさき自然鶏 ・・・・・・・・・・・・・・・・・228
長崎ちゃんぽん ・・・・・・・・・・・・・・・・・301
長崎てんぷら ・・・・・・・・・・・・・・・・・・・225
長崎ばってん鶏 ・・・・・・・・・・・・・・・・・227
中札内産雪どり ・・・・・・・・・・・・・・・・・ 39
中津風から揚げ ・・・・・・・・・・・・・・・・・234
長門のやきとり ・・・・・・・・・・・・・・・・・193
長鳴鳥 ・・・・・・・・・・・・・・・・・・・・・・・・・・ 2
長野焼きそば ・・・・・・・・・・・・・・・・・・・130
長浜風親子丼 ・・・・・・・・・・・・・・・・・・・155
名古屋コーチン ・・・・・・5, 20, 145, 262
名古屋種 ・・・・・・・・・・・・・・・・・・・・・・・262
名古屋鶏 ・・・・・・・・・・・・・・・・・・・・・・・ 20
那須御養卵 ・・・・・・・・・・・・・・・・・・・・・ 82

那須野卵 ・・・・・・・・・・・・・・・・・・・・・・・ 82
なとり雑炊 ・・・・・・・・・・・・・・・・・・・・・101
鍋焼きラーメン ・・・・・・・・・・・・・・・・・298
生しば船 ・・・・・・・・・・・・・・・・・・・・・・・278
浪花津 ・・・・・・・・・・・・・・・・・・・・・・・・・165
行方バーガー ・・・・・・・・・・・・・・・・・・・ 76
奈良のっぺ ・・・・・・・・・・・・・・・・・・・・・290
なると金時饅頭 ・・・・・・・・・・・・・・・・・296
南国元気鶏 ・・・・・・・・・・・・・・・・・・・・・246
軟骨 ・・・・・・・・・・・・・・・・・・・・・・・・・・・265
南部かしわ ・・・・・・・・・・・・・・・・・・・・・ 51
南部どり ・・・・・・・・・・・・・・・・・・・・・・・ 52

にいがた県鶏 ・・・・・・・・・・・・・・・・・・・110
煮貝めし ・・・・・・・・・・・・・・・・・・・・・・・280
肉用ニワトリ ・・・・・・・・・・・・・・・・・・・・ 5
西尾おでん ・・・・・・・・・・・・・・・・・・・・・284
二色たまご ・・・・・・・・・・・・・・・・・・・・・105
二重巻き ・・・・・・・・・・・・・・・・・・・・・・・206
日南どり ・・・・・・・・・・・・・・・・・・・・・・・241
日光のオムレツライス ・・・・・・・・・・ 81
煮ほうとう（煮込みうどん）・・・・・274
日本鶏 ・・・・・・・・・・・・・・・・・・・・・5, 253
ニューハンプシャー ・・・・・・・・・・・・・・ 4
二〇加煎餅 ・・・・・・・・・・・・・・・・・・・・・217
ニワトリ ・・・・・・・・・・・・・・・・・・・3, 254
庭鶏 ・・・・・・・・・・・・・・・・・・・・・・・・・・・233
鶏の半身揚げ ・・・・・・・・・・・・・・・・・・・ 36

ねぎま ・・・・・・・・・・・・・・・・・・・・・・・・・264
ねぎまみれ丼 ・・・・・・・・・・・・・・・・・・・289
熱凝固 ・・・・・・・・・・・・・・・・・・・・・・・・・ 26
ネック ・・・・・・・・・・・・・・・・・・・・・・・・・265

のっぺい汁 ・・・・・・・・・・・・・・・・・・・・・109
能登地どり ・・・・・・・・・・・・・・・・・・・・・119
能登地どりの自然卵 ・・・・・・・・・・・・・119
能登どり ・・・・・・・・・・・・・・・・・・・・・・・119
ののこめし ・・・・・・・・・・・・・・・・・・・・・292
登り鮎 ・・・・・・・・・・・・・・・・・・・・・・・・・135

は 行

ハート ……………………………266
ハーブ赤鶏 ……………………228
ハーブ育ちチキン ……………228
バームクーヘン ………………289
ハイカラ丼 ……………………122
梅肉入り炒り豆腐 ………………77
はかた地どり …………………217
博多のやきとり ………………216
博多華味鳥レッド90 …………218
萩の月 ……………………………57
白色コーニッシュ ………………4
パスティ ………………………224
はだのドーナツ ………………277
はちきんカレー ………………211
鉢の木 ……………………………85
八戸うみねこバクダン …………45
八戸ばくだん ……………………44
鉢伏鍋 …………………………168
八郎潟の鴨鍋 ……………………61
八郎潟のまがも …………………63
ハツ ……………………………266
初栗あわせ ……………………131
ハツもと ………………………266
鳩 ………………………………254
鳩ぐるま ………………………311
鳩サブレー ……………………276
鳩杖最中 ………………………273
華 ………………………………286
花たまご …………………………58
花菜っ娘 …………………………95
華味鳥（千葉県） ………………96
華味鳥（福岡県） ……………218
羽二重巻き ……………………123
浜千鶏 …………………………208
はまゆうどり …………………241
ばら寿司 ………………………293
はらみ …………………………266
春雨茶碗蒸し …………………184

榛名うめそだち …………………86
播州百日どり …………………170
ハントンライス ………………278

ピーナッツサブレ ………………95
美黄卵 …………………………141
ひかど …………………………302
ひきずり鍋 ……………………143
曳山 ……………………………285
肥後の赤鶏ピザチキン弁当 …231
肥後のうまか赤鶏 ……………233
瓢亭の玉子 ……………………160
ビタミン …………………………30
ビタミン強化卵 …………………29
必須アミノ酸 ……………………11
比内地鶏 …………………20, 60, 62
比内地鶏弁当 ……………………61
比内鶏 ………………5, 20, 60, 262
美味鶏（静岡県） ……………140
美味鶏（鳥取県） ……………185
姫黄味 ……………………………86
姫路おでん ……………………168
百年カレー ……………………273
冷やし中華 ……………………270
冷やしとりそば …………………67
日向鶏 …………………………241
日向飯 …………………………296
ひょうご味どり ………………169
ひよ子 …………………………217
平飼いの鶏（の卵） ……………23
飛来寺地鶏 ……………………242
ヒラヤーチー …………………304
飛竜頭 …………………………283
広島しゃも地どり ……………191
広島焼き ………………………191
枇杷たまご ……………………229

ブエノチキン …………………248
深川丼 …………………………275
福岡県産はかた一番どり ……218

ふくの宿さぶれ	295
ふくめん	297
ふこい卵	250
富士あさひどり	140
ふじのくにいきいきどり	140
富士の鶏	140
藤姫	247
富士ファームのおいしい赤卵	170
ふすべもち	50
府中焼き	294
普通卵	29
豚玉毛丼	90
太巻き祭り寿司	94
麓どり	222
冬六代	165
フライ	89
フライドチキン	249
ふりそで	265
ぷりんどら	235
ブロイラー	5, 254
ふわ	267
豊後赤どり	236
ぶんご活きいき卵	237
ふんどし	266
平治せんべい	285
米粉シュークリーム	39
ぺた	264
べっこう	113
別府温泉たまご	235
別府冷麺	302
ペプチド	12
べろべろ	118
ぼうしパン	211
宝達志水オムライス	117
ほうとう	280
ほうば寿司	281
放牧甲州山懐卵	127
母恵夢	207
ポーク玉子おにぎり	249
星の里たまご	189
北海地鶏	39
骨付鳥	202
ボルガライス	122
ホルモン焼き	264
ホロホロ鳥	8, 53, 178, 254
ホワイトロール	67
ほんじり	266
ぼんぼち	266

ま行

巻き寿司	280
まごころ	46
マジックパール	168
松江おでん	292
松風地鶏	169
松阪地鶏	151
松阪でアツアツ牛めしに出会う！！	284
松葉	265
祭り寿司	293
ままどおる	272
豆玉	295
まるかぶりずし	287
マルセイバターサンド	38
丸ハツ	266
丸ぼうろ	221
まんてん宝夢卵	170
美唄中村の鶏めし	37
美唄のもつそば	37
美唄の焼き鳥	37
三笠焼き	173
美河赤鶏	146
三河種	263
水炊き	215
みそせんべい	279
味噌煎餅	282
味噌たま	144

味噌煮込みうどん・・・・・・・・・・・・・・・・・283
味噌松風・・・・・・・・・・・・・・・・・・・・・・・・・282
みちのく清流味わいどり・・・・・・・・・53
みちのく鶏・・・・・・・・・・・・・・・・・・・・・・・58
みつせ鶏・・・・・・・・・・・・・・・・・・・・・・・・・222
南信州地どり・・・・・・・・・・・・・・・・・・・131
蓑曳矮鶏・・・・・・・・・・・・・・・・・・・・・・・・・263
蓑曳鶏・・・・・・・・・・・・・・・・・・・・・・・・・・・263
耳うどん・・・・・・・・・・・・・・・・・・・・・・・・・273
宮城栗駒高原森のあおば・・・・・・・・58
宮城県産森林どり・・・・・・・・・・・・・・・58
三宅八幡の鳩・・・・・・・・・・・・・・・・・・・312
都城の雑煮・・・・・・・・・・・・・・・・・・・・・239
みやざき霧島山麓雉・・・・・・・・・・・242
宮崎県産森林どり・・・・・・・・・・・・・242
みやざき地頭鶏・・・・・・・・・・・・21, 240
宮崎の親子丼・・・・・・・・・・・・・・・・・・・239
宮崎都味どり・・・・・・・・・・・・・・・・・・・241
宮地鶏・・・・・・・・・・・・・・・・・・・・・・・・・・・263

麦巻き・・・・・・・・・・・・・・・・・・・・・・・・・・・271
夢向山・・・・・・・・・・・・・・・・・・・・・・・・・・・119
武者がえし・・・・・・・・・・・・・・・・・・・・・302
夢想丸・・・・・・・・・・・・・・・・・・・・・・・・・・・166
むね・・・・・・・・・・・・・・・・・・・・・・・・・・・・・264
むね肉・・・・・・・・・・・・・・・・・・・・・・・・・・・・・9
室蘭のやきとり・・・・・・・・・・・・・・・・・37

銘柄鶏・・・・・・・・・・・・・・・・・・・・・・7, 255
めがね・・・・・・・・・・・・・・・・・・・・・・・・・・・265
めぎも・・・・・・・・・・・・・・・・・・・・・・・・・・・267
めぐみどり・・・・・・・・・・・・・・・・・・・・・・46
面鳥鍋・・・・・・・・・・・・・・・・・・・・・・・・・・・188

もみじたまご・・・・・・・・・・・・・・・・・・・136
もみじ饅頭・・・・・・・・・・・・・・・・・・・・・191
もも・・・・・・・・・・・・・・・・・・・・・・・・・・・・・264
もも肉・・・・・・・・・・・・・・・・・・・・・・・・・・・・・9
もも焼き・・・・・・・・・・・・・・・・・・・・・・・239
盛岡冷麺・・・・・・・・・・・・・・・・・・・・・・・269

もろこしうどん・・・・・・・・・・・・・・・145

や 行

焼きカレー・・・・・・・・・・・・・・・・・・・・・300
やきとり（埼玉県）・・・・・・・・・・・274
焼き鳥（福島県）・・・・・・・・・・・・・・71
やきとろ・・・・・・・・・・・・・・・・・・・・・・・138
焼き豚卵飯・・・・・・・・・・・・・・・・・・・・・206
野鶏・・・・・・・・・・・・・・・・・・・・・・・・・・・・・255
薬研軟骨・・・・・・・・・・・・・・・・・・・・・・・265
やさと本味どり・・・・・・・・・・・・・・・・78
やたがらす煎餅・・・・・・・・・・・・・・・291
柳川鍋（東京都）・・・・・・・・・・・・・100
柳川鍋（福岡県）・・・・・・・・・・・・・216
柳津のソースかつ丼・・・・・・・・・・・271
柳にけまり・・・・・・・・・・・・・・・・・・・・・268
山形県産ハーブ鶏・・・・・・・・・・・・・・68
やまがた地鶏・・・・・・・・・・・・・・・・・・・・68
山形の活卵・・・・・・・・・・・・・・・・・・・・・・68
大和なでしこ卵・・・・・・・・・・・・・・・174
大和鍋・・・・・・・・・・・・・・・・・・・・・・・・・・・290
大和肉鶏・・・・・・・・・・・・・・・・・・・・・・・173
大和肉鶏そぼろ弁当・・・・・・・・・・・173
大和肉鶏弁当・・・・・・・・・・・・・・・・・173
山伏茸の茶碗蒸し・・・・・・・・・・・・・280
やんばる地鶏・・・・・・・・・・・・・・・・・・・249

有精美容卵・・・・・・・・・・・・・・・・・・・・・152
雪だるま弁当・・・・・・・・・・・・・・・・・109
雪の朝・・・・・・・・・・・・・・・・・・・・・・・・・・・202
ゆで卵・・・・・・・・・・・・・・・・・・・・・・・・・・・・27

溶岩焼き・・・・・・・・・・・・・・・・・・・・・・・303
養鶏場・・・・・・・・・・・・・・・・・・・・・・・・・・・・24
葉酸たまご・・・・・・・・・・・・・・・・・・・・・162
洋食焼き（静岡県）・・・・・・・・・・・283
洋食焼き（大阪府）・・・・・・・・・・・288
葉らん押し寿司・・・・・・・・・・・・・・・145
ヨード卵・光・・・・・・・・・・・・・29, 106
横手の焼きそば・・・・・・・・・・・・・・・・62

ら 行

落雁 ··································· 278
ラジウム玉子 ························· 72
卵黄 ·································· 24
卵王 ·································· 136
蘭王 ·································· 236
卵黄の乳化性 ························ 29
卵太郎 ································ 86
卵白の起泡性 ························ 28
卵めん ································ 49

凛 ···································· 147

ルテインたまご ····················· 165

レタス巻き ··························· 303

レッグ ································ 265
レッド焼きそば ····················· 277
レバー ································ 266
檸檬 ·································· 72
レンコン団子汁 ····················· 76

ロードアイランドレッド ······· 4, 263
ロールケーキ割烹術 ··············· 160

わ 行

和歌浦せんべい ····················· 177
わかさいも ··························· 38
若鶏の半身揚げ ····················· 109
和歌山ラーメン ····················· 177
わくたまごロール ·················· 279
和っぷりん ··························· 235

47都道府県・地鶏百科

平成26年7月31日　発行

著作者　　成　瀬　宇　平
　　　　　横　山　次　郎

発行者　　池　田　和　博

発行所　　丸善出版株式会社
　　　　　〒150-0001 東京都千代田区神田神保町二丁目17番
　　　　　編　集：電話(03)3512-3264／FAX(03)3512-3272
　　　　　営　業：電話(03)3512-3256／FAX(03)3512-3270
　　　　　http://pub.maruzen.co.jp/

© Uhei Naruse, Jiro Yokoyama, 2014

組版印刷・富士美術印刷株式会社／製本・株式会社 星共社

ISBN 978-4-621-08801-2　C 0577　　　　　Printed in Japan

JCOPY 〈(社)出版者著作権管理機構　委託出版物〉
本書の無断複写は著作権法上での例外を除き禁じられています。複写される場合は、そのつど事前に、(社)出版者著作権管理機構(電話03-3513-6969, FAX 03-3513-6979, e-mail：info@jcopy.or.jp)の許諾を得てください。

【好評関連書】

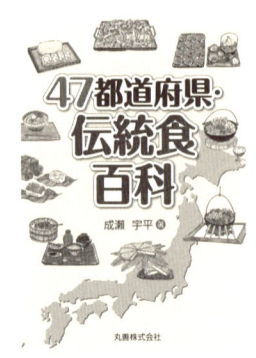

ISBN 978-4-621-08065-8
定価（本体3,800円＋税）

ISBN 978-4-621-08204-1
定価（本体3,800円＋税）

ISBN 978-4-621-08406-9
定価（本体3,800円＋税）

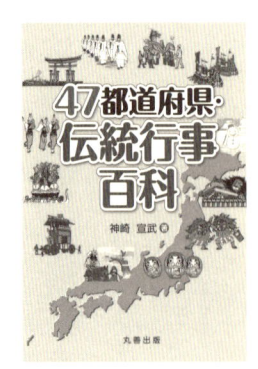

ISBN 978-4-621-08543-1
定価（本体3,800円＋税）

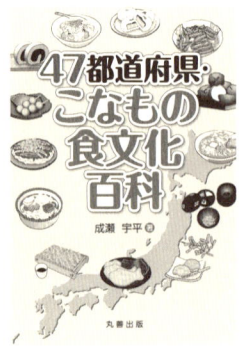

ISBN 978-4-621-08553-0
定価（本体3,800円＋税）

ISBN 978-4-621-08681-0
定価（本体3,800円＋税）